固态电化学
Solid State Electrochemistry

〔英〕 彼得·布鲁斯(Peter G. Bruce) 编著

陈立桅 彭章泉 沈炎宾 译

科学出版社

北 京

图字：01-2020-6562 号

内 容 简 介

本书共 11 章，主要介绍固态电化学基础和原理。内容包括无机晶相、玻璃态和聚合物固体电解质结构，离子传输动力学基础理论和设计原则，插嵌电极材料的原子和电子结构，电子和离子在电极中的传输机理，聚合物电极的反应机理和动力学，界面电化学和固态电化学器件等。本书注重固态离子学和电化学基本原理的阐述，同时对一些关键材料和应用实例进行了介绍。

作为固态电化学的经典著作，本书能为入门者提供该学科的必要基础，还可为相关专业的研究生和相关领域的学者提供参考。

图书在版编目（CIP）数据

固态电化学 / (英)彼得·布鲁斯(Peter G. Bruce)编著；陈立桅，彭章泉，沈炎宾译. —北京：科学出版社，2024.3

书名原文：Solid State Electrochemistry

ISBN 978-7-03-078148-2

Ⅰ. ①固… Ⅱ. ①彼… ②陈… ③彭… ④沈… Ⅲ. ①固体–电化学 Ⅳ. ①O646

中国国家版本馆 CIP 数据核字（2024）第 042653 号

责任编辑：丁 里 / 责任校对：杨 赛
责任印制：赵 博 / 封面设计：陈 敬

科学出版社 出版
北京东黄城根北街 16 号
邮政编码：100717
http://www.sciencep.com

保定市中画美凯印刷有限公司印刷
科学出版社发行 各地新华书店经销

*

2024 年 3 月第 一 版 开本：787×1092 1/16
2025 年 10 月第二次印刷 印张：14 3/4
字数：344 000

定价：128.00 元
（如有印装质量问题，我社负责调换）

中 译 本 序

Solid State Electrochemistry(《固态电化学》)由国际著名电化学家 Peter G. Bruce (彼得·布鲁斯)教授领衔编著，于 1995 年首次出版。各章均由业内国际著名教授撰写，特别是 2019 年诺贝尔化学奖获得者 J. B. Goodenough(古迪纳夫)教授。内容涵盖了固态电化学各重要专题，包括：晶态电解质典型材料和材料设计，玻璃态电解质和聚合物电解质及离子传输机理，插嵌电极和聚合物电极的热力学和动力学，固体电解质和固态电极的界面结构和动力学，以及固态电化学器件的应用和发展趋势等。该书的一个特点是注重理论框架的建立，因此具有广泛的适用性，既可作为高等学校教材，又可为专业技术人员提供重要参考。

20 多年后的今天，碳达峰和碳中和面临巨大挑战。我国的能源结构是"富煤、少气、缺油"。2021 年能源状态是煤、石油和天然气占 83.4%，水电、风电、光电、核电占 16.6%。自产原油 1.99 亿 t，进口原油 5.13 亿 t，对外依存度 72%。2015 年，习近平主席倡议构建全球能源互联网，以清洁和绿色方式满足全球电力需求。这就需要大力发展可再生能源，亟需发展储能。储能的主体将是电化学储能，特别是锂离子电池和钠离子电池。我国锂离子电池的全球市场占有率已居世界第一，钠离子电池产业处于国际领先地位。为了保持电化学储能产业的优势，已开展了固态电池的研究并加速其产业化。因此，固态电化学知识将更加重要。该书不仅不过时，而且对于固态电池和固态离子学领域的研究和技术人员来说更是一本经典的教科书和参考书。

经过 Bruce 教授的同意，上海交通大学陈立桩教授联合中国科学院大连化学物理研究所彭章泉研究员和苏州纳米技术与纳米仿生研究所沈炎宾研究员共同将该书翻译为中文，由科学出版社出版。这三位研究人员均长期从事二次电池和固态电化学相关的工作，非常出色地完成了该书的翻译。希望该书的翻译出版能对我国固态电化学教学、研究和产业化做出重要贡献，大力促进"双碳"目标的实现。

热烈祝贺该书的出版。

中国工程院院士、中国科学院物理研究所研究员

2022 年 10 月 24 日于深圳

译 者 前 言

近几年，我国提出了"碳达峰""碳中和"能源结构转型的目标，随之掀起了一波电化学储能技术的研究热潮，越来越多的研究人员投身相关领域，如二次电池特别是安全性更高的全固态电池的研究之中。随着目前研究队伍的不断壮大，尤其是相应研究生数量的不断增多，出版一本介绍固态电化学基础理论的书籍，将其作为刚进入该领域研究生的教科书以及相关从业人员的参考书十分有必要。

Solid State Electrochemistry(《固态电化学》)一书由杰出的电化学家、英国圣安德鲁斯大学 Peter G. Bruce 教授主编，于 1995 年由英国剑桥大学出版社出版。译者之一彭章泉博士于 2007 年 11 月至 2012 年 12 月在 Bruce 教授实验室从事锂-氧电池反应原理的博士后研究工作，期间有幸阅读了本书的英文原版。本书对固态电化学基础知识进行了深入浅出的介绍，对提升科研人员的理论水平及开展具体科研工作都有很大帮助。本书共 11 章，第 1~6 章主要介绍固体电解质的相关内容，第 7~11 章讲述离子插嵌电极和界面电化学，其中的每一章均由相关领域的顶级专家撰写完成，如第 3 章是由 2019 年诺贝尔化学奖得主 J. B. Goodenough 教授撰写的有关晶态固体电解质内容。本书汇聚了 J. B. Goodenough、A. R. West、J. L. Souquet、F. M. Gray、W. Weppner、B. Scrosati、D. F. Shriver、M. R. McKinnon、O. Yamamoto、R. D. Armstrong 和 M. Todd 等固态离子学、电化学领域诸多顶尖科学家的共同智慧，学术水准极高。本书不仅包含了对材料结构和性能的介绍，更强调从固态电化学的物理本质和一般性原理如晶体结构、电子结构、热力学性质和动力学行为等角度出发，为读者尤其是研究生提供一个系统且贯通的固态电化学知识框架。因此，译者认为非常有必要将这一优秀书籍翻译成中文，作为国内相关领域研究人员系统学习固态电化学知识的教科书和参考书。

本书由上海交通大学陈立桅教授联合中国科学院大连化学物理研究所彭章泉研究员和苏州纳米技术与纳米仿生研究所沈炎宾研究员共同翻译完成。各位老师在繁忙的科研工作中抽出时间参与本书的翻译工作，希望各位老师的共同努力可以让读者从中受益。在本书翻译过程中得到北京大学李子臣教授，上海交通大学郭云龙教授、张熠霄博士、胡晨吉博士、贾欢欢博士、黄雅格博士及任洲宏、薛国勇、郑钦锋、陈靖钰、姜绪恒等同学，中国科学院大连化学物理研究所钟贵明博士、王超博士，中国科学院长春应用化学研究所刘锦文硕士、李小龙硕士，中国科学院苏州纳米技术与纳米仿生研究所杨冰筱博士、易若玮博士、李静博士及唐凌飞、樊颖竹、陈博文、罗文婷、解思杰等同学的大力帮助，在此致以诚挚的谢意。

本书中若存在翻译不当或不准确的地方，欢迎广大读者批评指正。

陈立桅(上海交通大学)

彭章泉(中国科学院大连化学物理研究所)

沈炎宾(中国科学院苏州纳米技术与纳米仿生研究所)

2022 年 10 月

原 著 序 言

在过去的 30 年间，人们对于固态电化学的理解已经取得了巨大的进展。正如本书第 1 章所述，自大约 150 年前 Faraday(法拉第)在液态和固态电化学做出开创性工作以来，固态电化学这一学科在现阶段得到了快速发展，比以往任何时候都更加接近液态电解质电化学的成熟度。尽管目前已经出现了一些从材料结构角度来理解离子传导材料的相关书籍，但是鲜有教科书介绍固体的物理电化学。本书的目标是介绍固态电化学的基本原理并着重强调其中的物理部分。本书主要针对的读者是首次进入该领域的研究生、科研人员以及活跃在固态电化学相关领域如电池、燃料电池、电化学传感器和电致变色器件等相关领域的科研人员。对初学者来说，阅读本书仅需要具有少量固态电化学相关的预备知识，然而本书的一些重要内容是以一个相对高水平的方式阐述的，因此仍然会引起电化学家以及长期活跃在固态电化学领域科研人员的极大兴趣。尽管对固体电解质和插嵌电极基本原理的认识是建立对其电化学性质理解的重要基础，但本书并没有忽视具体的结构和材料方面的内容。

尽管编者尽了最大努力来避免本书各章节内容的重复，但是仍有一些主题在多位作者的章节中被重复提到。一般来说，保留这些重复内容是因为不同作者对其处理的深度和方式截然不同。例如，第 2 章和第 3 章都是介绍晶态固体电解质，West(韦斯特)在第 2 章中从固态化学角度对该领域进行了深刻的介绍，并且描述了一些关键的晶态固体电解质材料；而在第 3 章中 Goodenough 以一个独特的方式，从固态物理学的角度对离子传输行为进行描述，为读者提供了一个理解电子和离子传输更加连贯和先进的框架，会让很多人觉得深受启发。

为了兼顾固态电化学相关主题的广度以及教科书对篇幅的限制，本书省略了一些重要内容。特别是除锂离子之外的其他离子的传输过程，如对质子传导的介绍被大幅删减，部分原因是该内容已经出现在了最近出版的一本同系列的书中：《质子导体》，Philippe Colomban(菲利普·科隆邦)编著，英国剑桥大学出版社(1992)。同样，离子插嵌石墨这一重要内容在本书中也被大量省略，因为有很多优秀的教科书已经提供了这一内容的介绍。

最后，感谢所有为本书做出贡献的作者。在目前的科研环境下，越来越难找到时间静下心来为一本书撰写一章内容。各位作者都抱着极大的耐心和带着极强的幽默感来承受我催稿时带给他们的巨大压力。

圣安德鲁斯

Peter G. Bruce

编著者简介

Peter G. Bruce(彼得·布鲁斯)爵士，现任牛津大学教授，国际著名固态电化学家，英国皇家学会会员，英国电化学储能研究中心法拉第研究所的创始人和首席科学家。Bruce 教授的主要研究兴趣为固体化学和电化学，尤为关注离子导体和插嵌化合物中的固态离子学研究。在陶瓷、聚合物和插嵌化合物的基础科学问题，氧气和固相中氧的氧化还原机理研究等方面做出了重要贡献。因其出色的科研工作，Bruce 教授于 2008 年获得英国皇  家化学学会 Tilden 奖，2011 年获得英国电化学学会 Carl Wagner 奖，2016 年获得英国皇家化学学会 Liversidge 奖，2017 年获得英国皇家化学学会 Hughes 奖章。2015～2021 汤姆森路透/科睿唯安高被引科学家。2018 年 11 月任英国皇家学会副主席。2022 年被英国女王伊丽莎白二世封为爵士。

目　　录

1 引　言

——Peter G. Bruce

圣安德鲁斯大学化学系

　　我曾发现银的硫化物的导电能力随着温度的升高而增强；在那之后，我又以同样的方式发现铅的氟化物的导电能力也极易受温度影响。当我们将这类物质经过熔化并冷却后接入伏打电池的电路中时，会发生断路现象，说明该物质此时不导电。而当它被加热时，它会在变得红热前就获得导电能力，甚至在其仍然是固体的情况下就会出现因导电而产生的电火花。

　　　　　　　　　　M．Faraday(迈克尔·法拉第)；伦敦皇家学会哲学会刊(1838)

1.1　固态电化学简史

　　固态电化学可以分为两大主题：

　　(1) 固体电解质，其特征是通过离子的运动导电，电子的传输基本可以忽略。固体电解质包括晶态和无定形的无机固体及离子导电聚合物。

　　(2) 插嵌电极，其特征是能同时传导离子和电子。插嵌电极材料包括许多无机固体和聚合物。

　　固态电化学并不是一个新兴学科。1838 年，电化学领域的开拓者 M.Faraday 发现了 PbF_2 和 Ag_2S 是良好的导体。基于此发现，他首次建立了固体电解质和插嵌电极的概念 (Faraday，1838)。Faraday 一直秉承将固态电化学和液态电化学统一考虑的睿智。然而遗憾的是，在 Faraday 的开创性工作之后，这种智慧在很大程度上被遗忘了。固态电化学和液态电化学两个分支开始各自独立发展，直到最近研究人员才又将其统一考虑。液态电化学的优势在于液态电解质种类繁多且其制备和纯化较为容易。而固态电化学直到 20 世纪 60 年代末期才开始稳步发展。在那个时期，导电聚合物还没有被发现，固态电化学的主要研究对象是无机固体和玻璃。Warburg(1884)证明了 Na^+ 可通过玻璃传输，并与 Tegetmeier(Warburg 和 Tegetmeier，1888)一起首次进行了固体中离子迁移数的测量。20 世纪初，固体中的离子传输首次得到了技术应用，当时的电化学家 Nernst(能斯特)(1900)提出了一种新型电灯，即"能斯特灯"。他描述了 ZrO_2 掺杂少量能传导氧离子的 Y_2O_3 后，在高温下有电流通过时如何发出明亮的白光。"能斯特灯"目前仍然是固体电解质研究中少数非电化学应用之一。直到 20 世纪 60 年代，固态离子学主要局限于氧离子导体(如掺杂 ZrO_2)和 Ag^+ 离子导体(如 AgI)的研究，AgI 在温度高于 147℃时仍能保持很高离子电导率的特殊结构。事实上，Tubandt 和 Lorenz(1914)很早就发现，AgI 固体在略低于熔点温度条件下的电导率比其熔融盐状态的电导率还要高！早期的研究对象也包括插嵌电极，值得一提的是 Ag_2S。这种离子和电子混合导体中的传输理论很大程度上要归功于 C. Wagner (Wagner，1956) 的出色工作，值得一提的是，他的学生 W. Weppner 也是这本书的撰稿人之一。

20 世纪 60 年代后期及 70 年代初期，人们对固态电化学产生了浓厚的兴趣。1966 年，福特汽车公司的 Kummer 和 Weber 开发了一种新型电池，即钠/硫电池。这种电池重量轻且能量密度大，它由固态钠离子导体(也就是 β-钠氧化铝)、熔融状态的钠负极和硫正极组成。该电池最显著的特征是分离熔融电极的**固体**电解质。含钠离子的 β-氧化铝(通常称为 β-Al_2O_3)在玻璃熔炉的炉壁中首次被发现，由熔融玻璃中的苏打粉和炉壁的砖块在高温下反应形成，该砖块中含有常见的 α-Al_2O_3 相。20 世纪 70 年代初期的石油危机将人们的注意力集中在储能电池和燃料电池的开发上(Steele，1992)，众多的竞争者涌入了钠/硫电池研究领域，大部分研究都依赖于固体电解质或插嵌电极。对新型插嵌电极的深入探索和研究使人们认识到，先前的电池技术，如锌/二氧化锰和铅/二氧化铅电池，也依赖于电化学插嵌过程。20 世纪 90 年代，从对电池和气体传感器研发的角度来看，严峻的环境问题在某种程度上已取代了石油危机，成为固态离子学领域发展的驱动力。同样重要的驱动力是为便携式电子设备(包括心脏起搏器、移动电话、笔记本计算机等)，以及电致变色器件(如**智能窗**)等，开发小型低功耗电池。这些应用相关的问题将在第 11 章中详细讨论。

为了实现技术的突破，人们发现了许多基于晶态和无定形无机固体的新型固体电解质和插嵌化合物。此外，P. V. Wright(1973)和 M. B. Armand、J. M. Chabagno、M. Duclot(1978)还发现了一类全新的离子导体，即聚合物电解质。聚合物电解质可以加工成只有几微米厚的软膜，并且它们具有较好的柔韧性，可以与固体电极形成紧密接触界面。当对电池进行充电和放电时，该界面能始终保持完整。这使得**全固态**电化学器件的开发成为可能。

自 20 世纪 60 年代以来，随着新的电化学固体材料的不断出现及对其应用开发的不懈努力，人们对固态电化学基本原理的理解也有了长足的进步。与电化学的其他分支一样，固态电化学的基础研究和技术进步经常出现在同一实验室中。一般来说，液态电化学在理论和应用的协同作用下发展更加迅猛。20 世纪 90 年代，分离了 150 年之久的固态和液态电化学再次协同发展。电子导电聚合物电极为这两个电化学分支提供了最为明显的联系。这些材料的许多早期工作都是基于液态电化学的模型进行的，而这些模型通常并不合适。事实上，聚合物电极更类似于基于无机固体的插嵌电极(第 8 章)，插嵌电极/电解液界面的电荷转移理论以及插嵌离子与电子在电极内耦合扩散的概念早已建立。而聚合物电解质的导电行为更接近非质子液体电解质而非无机固体电解质，类似的观点也出现在最近的一本通用电化学教科书中(Koryta、Dvořák 和 Kavan，1993)。通常，研究固态电化学体系可以了解很多电化学方面的基础知识。例如，由于固体电解质不具有能自由旋转或振动的偶极子，对这一特征进行研究可使研究人员获得固/固界面双电层性质以及电子转移反应活化机理的新见解。如果本书能为固态电化学和液态电化学的结合，以及拓宽科研工作者对固态电化学的了解发挥作用的话，那么本书的目的也就达到了。

本书后续各章的作者对其主题提供了足够清晰的描述，以使本章可以比原本必要的阐述简短很多。当然，对于本领域的入门者来说，下面各小节对固态电化学进行的简要概述也是非常有价值的。

1.2 晶态电解质(第 2、3 章)

这类材料为离子提供了一个具有通道的刚性骨架，使其可以沿着该通道移动。离子传输涉及离子沿着这些通道从一个位点跃迁到另一个位点的过程。尽管所有的离子型固体都能导电，但是只有那些具有非常特殊结构的离子型固体才能表现出与液体电解质相当的电导率。例如，固体电解质 $RbAg_4I_5$ 在 25℃下具有 0.27 $S \cdot cm^{-1}$ 的电导率(Owens 和 Argue，1970)，与许多液体电解质相当。

能传导 Ag^+、Cu^+、Tl^+、Li^+、Na^+、K^+、H^+、O^{2-} 和 F^- 以及许多二价和三价阳离子的晶态固体电解质都是非常普遍的。目前晶态电解质最重要的应用是固体氧化物燃料电池和氧气传感器的氧离子导体，后者已广泛用于监测催化转化器中的汽车尾气。

1.3 玻璃态电解质(第 4 章)

对于晶态电解质来说，特定的结构是高离子电导率的必要条件。而对于很多玻璃态电解质，即使没有特定的结构，仍具有很高的离子电导率。例如，据报道，组成为 70% Li_2S、30% P_2S_5 的玻璃态固体在 25℃下的 Li^+ 电导率为 0.16 $mS \cdot cm^{-1}$，与同温度下导电能力最强的晶态 Li^+ 导体相比仍具有非常大的优势。尽管关于其详细的导电机理尚有争论(第 4 章)，但人们认为离子跃迁是其导电的本质原因。目前已经能够制备传导 Li^+、Na^+、K^+、Cs^+、Rb^+、Ag^+ 和 F^- 的玻璃态固体(Angell，1989)。

1.4 聚合物电解质(第 5、6 章)

聚合物电解质将在第 5 章开始详细讲述，这里仅就必要内容简要提及。聚合物电解质是由盐(如 NaI)溶解在固体阳离子配位聚合物[如$(CH_2CH_2O)_n$]中，其传导机理与晶态和玻璃态电解质截然不同。与刚性骨架中的离子跃迁相比，聚合物中的离子传输更依赖于骨架(聚合物链)的动力学。研究人员正在努力将这些材料应用于微电子医学装置和电动汽车用全固态锂电池电解质。

1.5 插嵌电极(第 7~9 章)

插嵌是原子(或带有电荷的离子)嵌入或脱出固体的过程。比较典型的过程是 Li^+ 在石墨层中的插嵌。石墨替代金属锂成为可充电锂电池中更为可靠的负极材料，这个特殊的插嵌过程一直都是锂电池领域的研究热点。由于锂电池具有极高的能量密度，因此许多研究工作集中在 Li^+ 的插嵌过程。Li^+ 或 I^- 可嵌入 π 共轭聚合物[如聚乙炔$(CH)_x$]中，聚合物链通过增加或减少电子来实现离子电荷的平衡。这些聚合物插嵌电极可应用于电池及电致变色器件中。

1.6 界面(第10章)

固态电化学过去的研究重点是固态离子学,即研究固体材料体相中的离子传输,而这种情况正在发生改变。所有电化学器件都依赖于电解质和电极界面的性能,所以界面的性能与本体相的性能一样重要。因此,固态电解质的界面研究同样是非常重要的。强调这一点是因为目前人们对界面上发生的基本过程知之甚少,特别是固/固界面表现出的独特行为。Armstrong 和 Todd 将在第 10 章讲述我们目前在这一重要领域的认知。

参 考 文 献

Angell, C. A. (1989) in *High Conductivity Solid Ionic Conductors*, Ed. T. Takahashi, World Scientific, Singapore, p. 89.

Armand, M. B., Chabagno, J. M. and Duclot, M. (1978) *2nd Int. Conference on Solid Electrolytes*, *Extended Abstracts 20-22*, St. Andrews.

Faraday, M. (1838) *Philosophical Transactions of the Royal Society of London*, p. 90. Richard and John Taylor, London.

Koryta, J., Dvořák, J. and Kavan, L. (1993) *Principles of Electrochemistry*, Second Edition, Wiley, Chichester.

Kummer, J. T. and Weber, N. (1966) US Patent 3458 356.

Nernst, W. (1900) *Z. Elektrochem.*, **6**, 41.

Owens, B. B. and Argue, G. R. (1970) *J. Electrochem Soc.*, **117**, 898.

Steele, B. C. H. (1992) *Materials Sci. Eng.*, **1313**, 79.

Tubandt, C. and Lorenz, E. (1914) *Z. Physik Chem.*, **87**, 513.

Wagner, C. (1956) *Z. Electrochem.*, **60**, 4.

Warburg, E. (1884) *Ann. Physik u Chem. N. F.*, **21**, 662.

Warburg, E. and Tegetmeier, F. (1888) *Ann. Physik u Chem. N. F.*, **32**, 455.

Wright, P. V. (1973) *Polymer*, **14**, 589.

Zhang, Z. and Kennedy, J. H. (1990) *Solid State Ionics*, **38**, 217.

2 晶态固体电解质Ⅰ：总论和典型材料

——A. R. West
阿伯丁大学化学系

2.1 引　言

研究人员很早就认识到某些晶态固体具有高的离子电导率，尽管这些晶态固体当时还比较少见。大多数离子型固体都是绝缘体，它们仅在高温(接近熔点)下才表现出较高的离子电导率。而对于一类被称作晶态**固体电解质**(也称为**超离子导体**、**快离子导体**或**极优离子导体**)的材料而言，它们往往能在远低于熔点温度甚至室温下，因存在由可移动离子组成的亚晶格而表现出极高的离子导电性。

本章的前半部分集中描述离子传导的机理，提出了一个描述离子传输的基本模型，该模型基于可移动离子的孤立跃迁，并且介绍了不同类别固体电解质传导的基本特征。另外，还简要介绍了固体晶格中可移动离子与不可移动离子之间的相互作用(离子跃迁)以及不同可移动离子之间相互作用对离子迁移的影响。其中后者会导致可移动离子形成更加有序且动态变化的结构，即**离子氛**。在固体电解质中，这种离子的相互作用和协同运动是非常重要的，如果要对离子电导率进行定量描述，必须将其考虑在内。本章的重点是介绍离子传输的基本要素，并对具有不同结构特征的固体电解质的离子电导率进行比较。第 3 章将对此处提出的基本模型进行更精细的描述。

本章的后半部分将介绍几种重要的固体电解质，并深入探讨其结构与性质。

2.2 传 导 机 理

离子的传导是通过晶体结构中的离子从一个位点跃迁到另一个位点而实现的，因此离子传导的必要条件是能量上等价或近似等价的位点是部分占据的[①]。一般可将传导机理分为两大类，即**空位迁移**和**间隙迁移**。在空位迁移中，理想情况下应该被占据的许多位点实际上都是空缺的。这在一定程度上是由于热运动诱导的 **Schottky 缺陷**(阴、阳离子空位对)的产生或带电杂质的存在。与空位相邻的离子有机会跃入其中，从而使其原来占据的位点空缺。这个过程即被认为是空位迁移，尽管此时真正发生的是离子的迁移而不是空位的迁移。图 2.1(a)展示了 NaCl 中空位迁移的例子。

间隙位点指理想晶体结构中本应是空置的位点。实际情况下，离子可能会从晶格位

---

① 一个特定位点是充满(包含离子)还是空缺是已知的。部分占据是指特定晶格中只有某些位点被占据。

点转移到间隙位点(**Frenkel 缺陷**的形成)。一旦发生这种情况，处于间隙位点的离子通常会继续跃入相邻的间隙位点，从而实现离子的远程传导。图 2.1(b)描绘了该情况的一个例子：少量的 Na^+ 被置换到四面体间隙位点，随后跃入相邻的四面体位点。但值得注意的是，虽然在 NaCl 中可能会形成少量的 Frenkel 缺陷，但其离子传导的主要方式依然是空位迁移。而在其他一些结构(如 AgCl)中，通过 Frenkel 缺陷进行的离子传导占主导地位。

上述两种机理都是离子的孤立跃迁。而在固体电解质中有时会发生**离子的协同迁移**。图 2.1(c)描绘了其中一个例子，即所谓的**推填**机理或**敲除**机理。如图所示，在 β-氧化铝(见下文) "传导平面" 的间隙位点中，钠离子 A 发生移动的先决条件是它周围的三个钠离子 B、C 或 D 的其中一个先发生移动。在离子 A 往 1 方向运动的同时，离子 B 跳出原来的晶格位点往 2 或 2′方向运动。被普遍接受的观点是，AgCl 中间隙的 Ag^+ 即是通过上述推填机理发生迁移的，而不是直接的间隙迁移。

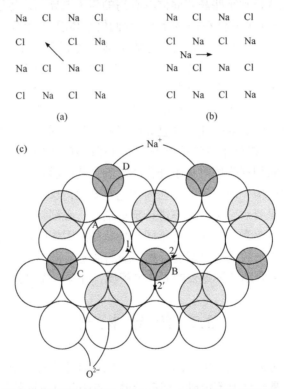

图 2.1   (a)空位、(b)间隙和(c)推填传导机理。在(c)中，Na^+ A 只有在 Na^+ B 从其位点迁移后才能发生移动。

在晶态电解质中，可移动离子的**传导路径**根据材料结构的不同可分别在一维、二维或三维方向上穿透 "不可移动离子亚晶格" 发生迁移。例如，在图 2.1(c)所示的 β-氧化铝中，Na^+ 只能在二维平面内迁移。由图可见，包含可移动离子的位点未被完全占据，并通过开放的通道或**瓶颈**与其他部分占据或空缺的相邻位点连接，以实现离子的传导。在晶态电解质中，可移动离子的位点由不可移动离子构成的亚晶格结构(晶态电解质与熔融物不同，后者没有固定的位点)明确地固定。因此，离子传导是通过离子在相邻位点之间发生的一系列跃迁进行的。在大多数情况下，"可移动"离子处于特定的位点，并在平衡位点发生热振动。在偶然的情况下，它们会从原位点脱离，并迅速跃迁到相邻位点。在发生进一步迁移(继续向其他位点跃迁或跳回原位点)之前，它们可能会在该位点停留很长时间。

上述离子随机跃迁的概念是构成**随机行走理论**的基础。该理论被广泛用于离子电导率的半定量分析或描述中(Goodenough，1983；有关传导的更详细描述请参阅第 3 章)。在绝大多数固体电解质中，很少有证据表明离子能在无需热活化的情况下像在溶液中一样自由移动。同样很少有证据表明离子可被活化为完全自由运动的状态，即几乎不存在类似自由或近自由电子运动的离子。

离子电导率 σ_i 可近似通过移动物种(间隙离子或空位)的浓度 c_i、它们所带的电荷 q 及离子淌度 u_i 的乘积来表示：

$$\sigma_i = c_i q u_i \tag{2.1}$$

当然，该方程也可用于描述金属、半导体和绝缘体的一般电子行为。由于很难独立估计 c_i 和 u_i 的值，因此式(2.1)在离子传导的定量应用方面受到了限制。**Hall** 效应的测量可解决上述问题，但与离子传导相关的 Hall 电压通常很小(纳伏级)，以至于无法准确测量。此外，跃迁导体上 Hall 测量的有效性依然存在争议。

2.3　可移动离子浓度：掺杂效应

式(2.1)中的参数 c_i 在不同的离子型固体中常发生几个数量级的变化。在导电性好的固体电解质(如 Na β''-Al$_2$O$_3$ 和 RbAg$_4$I$_5$ 中)，所有的 Na$^+$/Ag$^+$ 都可发生移动，因此 c_i 值很大。与之相反的是纯化学计量比的盐(如 NaCl)，由于其晶体缺陷，即空位和间隙离子的浓度在室温下几乎可忽略不计，所以这些盐的离子电导率非常低。

掺杂异价离子是一种增加 c_i 值的有效方法。这种方法涉及用不同价态的离子对原有的离子进行部分替换。为了保持电荷守恒，必须在替换的同时产生间隙离子或空位。如果离子能通过间隙或空位发生迁移，则可使电导率增加。

对于阳离子的异价掺杂，有四种基本机理可实现电荷守恒(另有一些电子补偿机理可以产生电子/空穴并可能发生电子的传导，这里不做考虑)。这四种机理如图 2.2 所示。掺杂较高价的阳离子可形成阳离子空位(1)或阴离子间隙(2)，而掺杂较低价的阳离子则会形成阳离子间隙(3)或阴离子空位(4)。在图 2.2 展示的例子中，空位或间隙的数量随 x 的增加而增加。通常在特定的材料中，由于要保证形成均匀的固溶体，引入空位/间隙时存在一定的限度。通常情况下，该限定值很小($x \ll 1\%$)；但同样存在一些该值很大的情况(10%～20%)，此时存在大量的空位或间隙缺陷。

因此，研究人员可以通过改变物质的组成，使间隙位点完全填满或使特定的晶格位点完全空缺。在这种情况下，随机行走理论预测离子电导率在半充满(已填充位点和空位的浓度相等)时达到最大，因为此时可移动离子的浓度 c_i 和可填充位点的浓度 $(1-c_i)$ 的乘积最大。

图 2.2 第一幅图中的 Li$_{4-3x}$Al$_x$SiO$_4$ 固溶体(Garcia、Torres-Trevino 和 West，1990)很好

地展示了这种效应。在整个 $x=0\sim0.5$ 的范围内，该固溶体都是均匀单相。当 $x=0$ 时，即化学计量比的 Li_4SiO_4，所有 Li^+ 的位点都被占据，因此电导率很低。随着 x 的增加，晶体结构中 Li^+ 的某个位点开始发生空缺，并在 $x=0.5$ 时完全空缺，即 $Li_{2.5}Al_{0.5}SiO_4$。如图 2.3 所示，这种效应导致了离子电导率的剧烈变化。当 $x=0.25$ 时，电导率达到最大值，此时可移动 Li^+ 位点处于半充满状态（$n_c=0.5$，n_c 为离子位点的占据率）。向两侧变化时，电导率急剧降低，并在 $x\to0$（$n_c\to1$）以及 $x\to0.5$（$n_c\to0$）时达到最小值[①]。

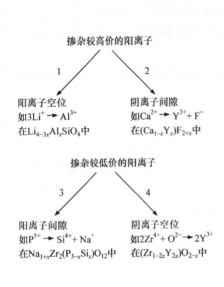

图 2.2 通过异价离子的掺杂形成固溶体。

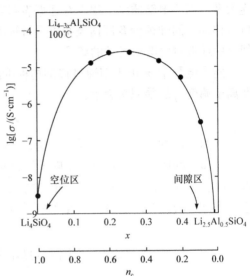

图 2.3 $Li_{4-3x}Al_xSiO_4$ 固溶体的电导率随离子位点占据率 n_c 的变化。n_c 的变化范围从 $1(x=0)$ 到 $0(x=0.5)$。

在大多数固体电解质体系中，一般不能仅通过改变其组成就使可移动离子浓度范围完整地从 $n_c=0$ 变到 $n_c=1$。通常这些特性限定于图 2.3 所示图形的一侧，具体情况取决于空位或间隙的引入。

2.4 具有无序亚晶格的材料：α-AgI

到目前为止，我们已经介绍了如何使用图 2.2 所示的方法在理想晶格中引入缺陷。在特定的结构中缺陷可发生移动，从而使材料获得较高的离子电导率。但还有一小部分材料不需要通过掺杂产生缺陷，因为在母体化学计量比晶体中，其本身可移动离子的亚晶格在 0 K 以上时就存在大量的无序现象。一个典型的例子是高温下的 α-AgI，它可在 146℃

---

① 在本书中，浓度 c_i 可能用于表示单位体积中可移动物种的数量、离子的数量或空位的数量，而 n_c 始终表示离子占据晶体中等效位点的分数。一般来说，将 $n_c>0.5$ 的情况称为离子迁移，此时 c_i 表示离子浓度；而将 $n_c<0.5$ 的情况称为空位迁移，c_i 表示空位浓度。但这只是通过关注少数物种来考虑固体中离子传输的一种简便方法。通过离子或空位来描述传导都是可以的，但需要认识到，可移动物种的浓度以及位点数均非常重要，所以我们将会在第 3 章进一步介绍 c 和 $(1-c)$ 的重要性。离子浓度 c_i 与离子位点占据率 n_c 满足等式 $n_c=c_i/C$，其中 C 是位点的浓度。

左右稳定存在；类似的效应也出现在室温下的各种复合盐(如 $RbAg_4I_5$)中。

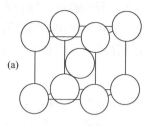

如图 2.4(a)所示，α-AgI 中的 I^- 呈体心立方结构排布，形成了一个刚性的阴离子亚晶格。而 Ag^+(平均每晶胞 2 个)则分布在配位数为 2、3 和 4 的大量位点上(Strock，1934；Hoshino，1957；Geller，1967；Wright 和 Fender，1977)，最新的证据表明，离子大部分时间都处在四配位的位点上(Yoshiasa、Maeda、Ishii 和 Koto，1990)。如图 2.4(b)所示，其中的一些位点位于晶胞的一侧，如二配位点 A 位于立方单元格边线的中间；从二配位点向立方面心方向偏移一定距离即是四面体位点 B；相邻的两个四面体位点 B 和 B'所在四面体共有平面的中心即为三配位点 C。

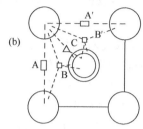

图 2.4　(a)　α-AgI 中 I^- 的体心立方结构。(b) 传导路径中 Ag^+ 可占据的位点。

Ag^+ 在这些不同的间隙位点上随机排布，优先选择四配位点，其次是三配位点。显然，由于传导的活化能很低(参见下文)，Ag^+ 很容易在位点之间移动。从能量的角度来看，Ag^+ 的二、三和四配位点的**势阱**都很浅，相邻的势阱之间通过很低的势垒连接，因此传导的活化能很低。由此可见，离子大部分时间都处在四配位点上，只有在长距离迁移时才会通过二、三配位点(Yoshiasa 等，1990)。

α-AgI 结构的无序性可认为是介于晶格位点都被占据的典型离子型固体与阴、阳离子都无序排布的离子液体的中间状态。通过热容数据计算得到的熵变结果进一步证实了这一结论(O'Keeffe 和 Hyde，1976)。从 β- 或 γ-AgI 到 α-AgI，再到 557℃下熔融状态的 α-AgI，熵值依次增加：

$$\beta\text{-AgI} \xrightarrow{\Delta S = 14.5\,\text{J}\cdot\text{K}^{-1}\cdot\text{mol}^{-1}(147℃)} \alpha\text{-AgI} \xrightarrow{\Delta S = 11.3\,\text{J}\cdot\text{K}^{-1}\cdot\text{mol}^{-1}(557℃)} 液体$$

因此，AgI 的 $\beta \rightarrow \alpha$ 转化可视为 Ag^+ 亚晶格的"熔化"或无序化，而 α-AgI 向液体的转化可视为 I^- 亚晶格的熔化。

从多个角度看，α-AgI 都是一种"理想的"电解质：I^- 的刚性亚晶格结构决定了它是固体；所有的 Ag^+ 都能移动，使它的载流子浓度很高；发生迁移的活化能垒很低，使它的电导率很高($\sim 1\,\text{S}\cdot\text{cm}^{-1}$，147℃)。因此，它不仅具有液体电解质级别的高电导率，并且只有一种物种可发生移动(不同于所有物种都能运动的液体电解质)，还具有固体的机械性能。除此之外，尽管 α-AgI 是化学计量比完整的盐，它也不需要通过掺杂来提高电导率，实际上它对掺杂剂也并不敏感。遗憾的是，α-AgI 仅在 >147℃ 的温度下才稳定。不过在室温下，在 $RbAg_4I_5$ 等物质中也发现了和 α-AgI 类似的特征(Bradley 和 Greene，1966；Owens 和 Argue，1967)。

2.5　离子捕获效应

在上节介绍了 α-AgI，其中的 Ag^+ 在大量间隙位点上无序排列并极易发生迁移，这与

图 2.2 所示的通过掺杂来诱导离子移动的情况形成了鲜明的对比。掺杂的异价离子可能会"捕获"空位或间隙形成复合物。在此我们考虑通式为$(Zr_{1-x}Ca_x)O_{2-x}$的石灰-稳定的氧化锆体系，其中氧离子为导电离子，置换机理为

$$Zr^{4+} + O^{2-} \rightleftharpoons Ca^{2+}$$

在这里我们用 **Kröger-Vink 标记法**记录此处物种的缺陷电荷，分别用'、'和×代表正、负和中性物种，上述方程可改写为

$$Zr^{\times} + O^{\times} \rightleftharpoons Ca''_{Zr} + V_O^{\cdot\cdot}$$

Ca 取代 Zr 后该位点带两个负电荷，而产生的氧空位 V_O 等效为两个正电荷。由于异价的杂质和阴离子空位带有相反的有效电荷，所以它们之间存在强烈的吸引作用，从而导致了偶极、四极或更大团簇的产生。空位的移动需要先脱离团簇的约束，而团簇的吸引作用增加了传导的活化能。

由于离子捕获会导致电导率降低，因此研究人员希望抑制这种效应的发生。实际上，在存在捕获效应的材料(如存在带电的异价杂质/掺杂剂)中，随着可移动离子逐渐被捕获，样品电导率的值可能会随时间降低。这种**老化效应**极大地限制了固体电解质在需要较长工作寿命器件中的应用。

2.6 势能曲线

将可移动离子的传导路径视为一系列相连的势阱和能垒能帮助我们理解传导的物理图像。图 2.5(a)展示了 α-AgI 传导路径的能量分布示意图，其中 A—B—C—B′—A′对应图 2.4(b)中的各个位点。位点 B 的能量略低于 A 和 C 的能量，所以 Ag$^+$更容易在 B 点停留。不过总的来说各个位点之间的跃迁能垒都很低。

图 2.5(a)中展示的 Ag$^+$在 α-AgI 中的低传导能垒与图 2.5(b)中 Na$^+$在 NaCl 中的空位迁移以及图 2.5(c)中 Ag$^+$在 AgCl 中的间隙迁移的情况形成了巨大的反差。Na$^+$在 NaCl 中的传导存在一个巨大的能垒，即必须克服 ΔH_m 的能量，空位迁移才能进行。在其传导路径中的间隙位点(Frenkel 缺陷)可认为是一个过渡态，由于它的势阱很浅，Na$^+$不会在其中停留很长时间。而在 AgCl 中，产生 Frenkel 缺陷(间隙Ag$^+$)也需要巨大的能量 $\Delta H_g/2$(见第 3 章)，但是一旦形成，此类缺陷就具有一定的稳定性。并且由于推填机理使迁移的能垒 ΔH_m 远小于 $\Delta H_g/2$，所以相邻间隙位点之间的迁移比较容易发生。

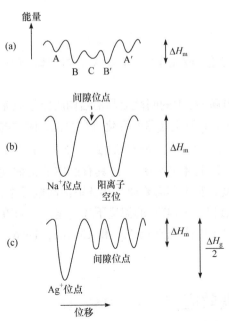

图 2.5 (a) α-AgI, (b) NaCl, (c) AgCl 中离子迁移的势能曲线。

2.7　传导的活化能

传导的活化能 ΔH_m 是影响离子淌度 u 的主要因素。电导率可用 Arrhenius(阿伦尼乌斯)公式表示：

$$\sigma = A\exp(-\Delta H_m/RT) \tag{2.2}$$

或

$$\sigma T = A_T\exp(-\Delta H_m/RT) \tag{2.3}$$

指前因子 A 和 A_T 中包含很多因素的影响，包括可移动离子数等。对于这两个公式来说，式(2.3)是通过随机行走理论推导而来的，具有理论的支撑；而式(2.2)没有任何理论基础，源自实验中发现 $\lg\sigma$ 和 T^{-1} 恰好满足正比关系。上述两种电导率 Arrhenius 公式的形式都被广泛应用，并且在误差范围内，许多情况下使用两种形式得到的 ΔH_m 值大致相同。

如前文所述，活化能的大小反映了离子跃迁的难易程度，并且它与晶体结构直接相关，尤其是传导路径的开放程度。大部分离子型固体的晶体结构排列很紧密，瓶颈很窄，并且没有开放的传导路径。因此，离子跃迁的活化能很大，通常为 $1\,\text{eV}(\sim 96\,\text{kJ}\cdot\text{mol}^{-1})$ 左右甚至更大，电导率很低。而在固体电解质中，存在开放的传导路径，因此活化能很低(在 AgI 中低至 $0.03\,\text{eV}$ ，在 β-氧化铝中为 $0.15\,\text{eV}$ ，在氧化钇稳定的氧化锆中为 $\sim 0.90\,\text{eV}$)。

在固体电解质中的离子跃迁过程中，活化能的大小与离子跃迁成功的频率呈负相关，这进一步引出了离子跃迁频率的概念。

2.8　跃　迁　频　率

所有固态离子的传导都是通过晶格位点间的跃迁进行的。离子大部分时间都停留在特定的位点，在晶格振动频率($10^{12}\sim10^{13}$ Hz)下进行微小的振荡，只在偶然的情况下会跳入相邻的位点。离子发生跃迁的时间很短，略长于晶格振动的时间。这是因为跃迁的位移通常为 $1\sim2$ Å(1 Å$=10^{-10}$ m)，比晶格振动期间原子的位移大一个数量级。

因此，在描述离子传导时需要考虑两个时间。一个是实际跃迁时间 t_j ，即在位点之间迁移所需的时间。t_j 在 $10^{-12}\sim10^{-11}$ s 数量级，并且与材料无关。另一个时间是在位点上停留的时间 t_r ，即两次跃迁之间的平均时间。位点停留时间 t_r 的变化很大，好的固体电解质的 t_r 在纳秒级别，而离子绝缘体的 t_r 则与地质年代尺度一致。离子跃迁频率 ω_p 定义为位点停留时间的倒数，即

$$\omega_p = t_r^{-1} \tag{2.4}$$

一般通过力学弛豫技术(如内摩擦或超声衰减测量)获取离子的跃迁频率(Almond 和 West，1988)。具体的测量方法是通过一定的频率挤压样品，离子则会通过跃迁来减轻压

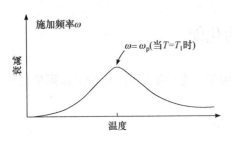

图 2.6　固定频率 ω 下离子导体的超声衰减与温度的关系。

力。这种效应在金属原子扩散研究中被充分证明，称为 **Snoek(斯诺克)效应**。当施加压力的频率刚好等于离子跃迁的频率时，会出现吸收或衰减的峰值。由于跃迁频率随温度而变化(来源于跃迁或传导活化能对温度的依赖)，因此一般在固定的频率下用扫描温度的方法来测量 ω_p，这样就可以估算出离子跃迁频率等于施加频率时的温度(图 2.6)。如果在多个频率下进行测量，则可以得到离子跃迁频率与温度的关系，由此可以获得跃迁活化能。

离子的跃迁频率是一个非常简单但具有明确物理含义的参数，它是离子平均每秒成功跃迁的次数。跃迁频率的应用以 Na β-氧化铝为例，其中只有一部分 Na$^+$ 可以移动，并且其跃迁频率会随温度发生巨大的变化(在液氮温度下每秒跃迁 10^3 次，而在室温下每秒跃迁 10^{10} 次)。如果已知载流子的数量，可根据式(2.1)计算离子淌度，但遗憾的是并没有方法可以直接测量离子淌度。

2.9　交流电导谱：局部运动和长程传导

前文所述晶体中离子传导的图像是相邻位点之间离子快速跃迁的一个阶段：在离子的两次成功跃迁之间存在一个较长的停留时间，此时离子在特定位点上不断振动。停留时间的长短取决于跃迁活化能的大小。活化能是一个很复杂的参数，不仅包括离子跳过狭窄的瓶颈转移到另一位点的能量，还包括克服可移动离子之间长程静电作用力的能量。每当离子跳出原来的晶格位点(图 2.7，箭头 1)时，就会出现局部偏离电中性的情况，也可将其视为偶极的产生[图 2.7(b)]。上述情况会阻碍离子的进一步跃迁，直到周围离子通过重排来恢复局部的电中性(图 2.7，箭头 2)。该过程完成后，离子又能重新进行迁移。

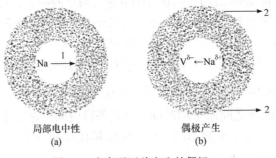

局部电中性　　　　　偶极产生
(a)　　　　　　　(b)

图 2.7　由离子迁移产生的偶极。

这种效应同样存在于液体电解质中，即 **Debye-Falkenhagen 效应**(Debye 和 Falkenhagen，1928)。在溶液中，离子的运动也会受到**离子氛**的阻碍(Debye 和 Hückel，1923；Onsager，1927)。为了实现长程传导，离子必须携带离子氛一起运动。与晶态固体不同的是，溶液中的阴、阳离子均能发生移动，因此两者都可能参与离子氛的重组；而在离子型固体中，仅有一种离子参与导电及周围离子氛的重组。

在高离子电导率的材料中，上述效应的影响无疑是非常重要的。该效应在高载流子浓度的材料中以及对频率依赖的交流电导率测试实验中体现得尤为明显。在高载流子浓度的材料中，可移动离子间相隔非常近，最多只有几埃。因此，离子的跃迁很大程度上受到附近离子分布的影响；而在低载流子浓度的材料中，可移动离子间相距较远，因此可将它们的传导近似为孤立跃迁。

图 2.8 给出的 Na β-氧化铝单晶的实验结果验证了上述结论(Grant、Hodge、Ingram 和 West，1977；Strom 和 Ngai，1981)。图中展示了交流电导率随频率的变化。在低频下展示了一个平台区域(A)，此处测量的电导率与直流方法所测值一致。在这个平台区域内，Na$^+$在所施加的交流电场的半个周期内可以进行多次成功的跃迁，从而可发生远距离迁移。而在电导谱的高频区($10^{10}\sim10^{11}$ Hz)，同样存在一个较短的平台区域 B。在这个时间尺度上，离子在交流电场的半个周期内仅能发生一次跃迁。在中间频率下，电导率的变化十分明显，且随着频率的降低而降低(C)。这个区域对应离子停留在原位点，等待周围离子发生重排的过程。

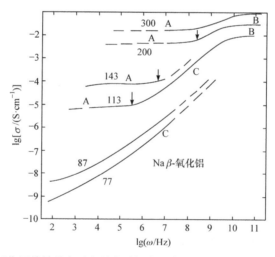

图 2.8　Na β-氧化铝单晶的离子电导率随频率的变化。曲线上的数字代表温度(K)。

研究人员为了定量地解释电导率弥散区域(区域 C)进行了大量的理论尝试(Funke，1986；Funke 和 Hoppe，1990)。尽管这个问题到目前仍然没有得到很好的解释，但我们可以清晰地看到，这种弥散现象(已在各种晶体及玻璃态离子导体中观察到)与离子间的弛豫效应有关。由于在电导谱图中 lgσ 和 lgω 通常呈线性关系，因此可通过幂函数来表示它们之间的关系：

$$\sigma(\omega) = A\omega^s \quad 0 < s < 1 \tag{2.5}$$

上述行为是体现 **Jonscher 介电响应普遍定律**的多种现象之一(Jonscher，1977，1983)。

我们在前文中定义了参数跃迁频率 ω_p，它大致对应于电导率弥散现象开始处的频率，如图 2.8 箭头处所示。

2.10　典型固体电解质介绍

固体电解质的导电行为已在多种材料中得到了报道，它们最显著的特征是晶格内存在大量的可移动离子。表 2.1 列举了一些重要的固体电解质。

表 2.1　一些固体电解质

固体电解质	可移动离子	电导率/(S·cm⁻¹)，温度/℃	活化能/eV	参考文献
Na β-氧化铝	Na^+	1.4×10^{-2}, 25	0.15	Whittingham and Huggins, 1972
NASICON Na₃Zr₂PSi₂O₁₂	Na^+	1×10^{-1}, 300	温度依赖	Goodenough, Hong and Kafalas, 1976; Kreuer, Kohler and Maier, 1989
Ag β-氧化铝	Ag^+	6.7×10^{-3}, 25	0.16	Whittingham and Huggins, 1972
K β-氧化铝	K^+	6.5×10^{-5}, 25	0.27	Whittingham and Huggins, 1972
$RbAg_4I_5$	Ag^+	0.25, 25	0.07	O'Keeffe and Hyde, 1976; Bradley and Greene, 1966; Owens and Argue, 1967
Li_3N (H 掺杂)	Li^+	6×10^{-3}, 25	0.20	Lapp, Skaarup and Hooper, 1983
$Li_{3.6}Ge_{0.6}V_{0.4}O_4$	Li^+	4×10^{-5}, 18	0.44	Kuwano and West, 1980
$Rb_4Cu_{16}I_7Cl_{13}$	Cu^+	0.34, 25	0.07	Takahashi, Yamamoto, Yamada and Hayashi, 1979
CuTeBr	Cu^+	1×10^{-5}, 25	0.11	von Alpen, Fenner, Marcoll and Rabenau, 1977
Pb β''-氧化铝	Pb^{2+}	4.6×10^{-3}, 40	可变的	Seevers, DeNuzzio, Farrington and Dunn, 1983
$SrCe_{0.95}Yb_{0.05}O_{3-\delta}H_x$	H^+	8×10^{-3}, 900		Iwahara, Uchida and Tanaka, 1986
$H_3PW_{12}O_{40}\cdot29H_2O$	H^+	0.17, 25	0.14	Nakamura, Kodama, Ogino and Miyake, 1979
LaF_3	F^-	3×10^{-6}, 27	~0.45	Roos, Aalders, Schoonman, Arts and de Wijn, 1983
PbF_2	F^-	1.0, 460		Benz, 1975
$(Bi_{1.67}Y_{0.33})O_3$	O^{2-}	1×10^{-2}, 550	0.80	Takahashi and Iwahara, 1978
$Ce_{0.8}Gd_{0.2}O_{1.9}$	O^{2-}	5×10^{-2}, 727	可变的	Kudo and Obayashi, 1976

银离子导体是固体电解质中最常见的一种，具有非常高的电导率。许多银离子导体是银的硫属化物或复杂的卤化物，并且一般由 α-AgI 的结构(图 2.4)演变而来。对单价铜离子导体同样存在大量的研究，尽管略少于对银离子导体的研究。Ag(Cu)与硫属化物/碘化物亚晶格之间的键合很大程度上具有共价键的特征，因此其配位数往往很低(一般为 2、3 或 4)。这种共价键可以使传导通路中的二配位中间位点变得更加稳定，从而显著地降低了传导的活化能(图 2.4)。价电子构型 d^{10} 的 Ag^+ 和 Cu^+ 配位数一般为 2，如在 Ag_2O、Cu_2O 中。如图 2.5(a)所示，更加稳定的二配位中间位点将显著地减少离子迁移过程中的瓶颈，因此其跃迁的活化能 ΔH_m 较低。

钠离子导体同样很常见，这在一定程度上是因为 β-氧化铝和 NASICONs(参见 2.12.1 节)众所周知的特性，如表 2.1 所示。但是 Na^+ 电导率较高的其他例子相对较少，尤其是在室温下。与 Ag 相比，Na 的配位数通常较高(一般为 7～9)，并且位点可能发生形变。因此，在这种情况下，晶格内 Na^+ 与周围配体成键表现出的离子性比 Ag^+ 强得多。

Na^+ 在 β-氧化铝中较高的电导率是偶然的结果，这主要源于 β-氧化铝的晶体结构具有开放的传导路径以及大量的部分占据位点。β-氧化铝结构(β 或 β'' 晶型，见下文)能极好地充当多种阳离子的载体。因此，Na β-氧化铝除了具有热力学稳定性并且可通过高温下的固态反应制备外，还可以在熔融盐环境下将其中的 Na^+ 替换为其他多种阳离子。这些亚稳态的离子置换后的材料通常也是良好的固体电解质，表 2.1 中列举了其中一些示例。β''-氧化铝还存在一个不寻常的特征，即二价和三价的离子也可以通过离子置换引入结构中，并且它们在 β''-氧化铝中也十分易于传导。

锂离子电池具有高电压和高功率密度的特点，因此锂离子导体备受关注。但迄今为止，还未发现同时满足导电性高、易于制备且在各种环境中稳定存在的锂离子导体。Li β-氧化铝具有非常高的电导率(尽管仍小于 Na^+、Ag^+ 在 β-氧化铝中的电导率)，但是很难将其制备得很纯且不含水。Li^+ 比 Na^+ 更小且更易极化，因此 Li^+ 的传导比 Na^+ 对可极化环境的要求更高。实验结果表明锂的硫化物和碘化物的电导率比相应的氧化物或氟化物更高，这一事实验证了上述推论。

在各种 Li_4SiO_4 衍生材料中发现的四方堆积阴离子阵列结构似乎有利于实现较高的 Li^+ 传导；另有一类复合材料，如 LiI/Al_2O_3 复合物，由于 LiI 和 Al_2O_3 晶粒界面的存在，实现了较高的 Li^+ 电导率。

在具有萤石结构的材料中可以实现阴离子的传导，特别是氧离子和氟离子的传导。例如，在图 2.2 的方案 2 和 4 中，当 CaF_2 和 ZrO_2 掺杂异价的金属离子时，在高温的条件下 F^- 和 O^{2-} 也可以进行传导。Bi_2O_3 的 δ 晶型也具有类似萤石的结构，并且具有大量的氧离子空位。在高温(>660℃)下，它是已知电导率最高的氧离子导体。

萤石结构材料能有效地进行阴离子传导的原因至今仍不清楚。CaF_2 中的阳离子或 ZrO_2 立方晶型中的阳离子构成了一个面心立方的阵列，阴离子分布在四面体位点上，这些位点基本完全被占据，如在 CaF_2 中。有证据表明，尤其是在掺杂材料中，缺陷簇可能比简单的空位更容易形成，并且这些缺陷簇可能在传导过程中起到更重要的作用。萤石结构不仅可以传导阴离子，还可以传导阳离子。例如，在反萤石结构如碱金属的氧化物 Na_2O 和 Li_2O，以及具有过剩阳离子的 Na_3PO_4 及其衍生物中，能进行碱金属阳离子的传导。其中，Na_3PO_4 的结构可以表示为 $Na[Na_2X]$：$X=PO_4$，括号中的部分(Na_2X)具有反萤石结构。

2.11　β-氧化铝

2.11.1　化学计量比

β-氧化铝是主要由 Na_2O 和 Al_2O_3 组成的一类陶瓷氧化物，常常还含有少量的 MgO 和/或 Li_2O (Kummer，1972；Kennedy，1977；Collongues、Thery 和 Boilot，1978；Moseley，1985)。β-氧化铝具有两种相结构，即 β-氧化铝和 β''-氧化铝。理想情况下 β-氧化铝的化学式为 $Na_2O \cdot 11Al_2O_3$ 或 $NaAl_{11}O_{17}$。但在实际结构中一般会包含过量的氧化钠，组成变

为 $Na_2O \cdot 8Al_2O_3$ 或 $Na_{1.33}Al_{11}O_{17.17}$。

β''-氧化铝也是富钠相，它的化学式一般在 $Na_2O \cdot (5\sim7)Al_2O_3$ 范围内。但是 β''-氧化铝一般在热力学上不稳定，除非其中包含稳定化离子，特别是 Li^+ 和/或 Mg^{2+} 的存在。理想情况下，其化学式似乎位于 $NaAl_5O_8$、$LiAl_5O_8$ 和 $MgAl_2O_4$ 之间的所谓"尖晶石连接"处。对于氧化锂稳定的 β''-氧化铝，其化学式为 $(Na_{1-x}Li_x)Al_5O_8$，$0.18 < x < 0.28$。此外，一系列含有过量 Al^{3+} 的固溶体也可形成 β''-氧化铝的结构(Duncan 和 West，1988)。

氧化镁稳定的 β''-氧化铝的化学式为 $Na_{1-x}Mg_{2x}Al_{5-x}O_8$，其中 x 一般为 0.175。另一种表示它的方法由化学计量的 $NaAl_{11}O_{17}$ 衍生而来，即 $Na_{1+z}Mg_zAl_{11-z}O_{17}$。文献中报道了大量 z 的数值，一般为 $0.5\sim0.8$。其中，当 $z = 0.747$ 时，该化学式与上述另一种表示方式中 $x = 0.175$ 时的情况一致。

2.11.2 结构

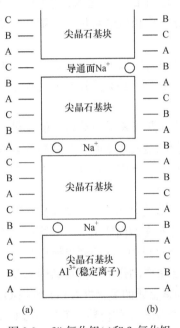

图 2.9 β''-氧化铝(a)和 β-氧化铝(b)结构示意图。

β-氧化铝的结构与尖晶石结构非常相似。它们都是层状结构，其中紧密堆积的具有尖晶石结构的"基块"与含有可移动 Na^+ 的开放"导通面"交替出现。β 和 β''-氧化铝结构的不同之处在于尖晶石基块和导通面的具体堆叠方式不同，如图 2.9 所示。

在 β''-氧化铝的结构中[图 2.9(a)]，氧化物的堆积方式为立方密堆积，并以…ABC…的排列顺序贯穿整个结构。尖晶石基块为四个氧化物层的厚度，其中 Al^{3+}(以及起稳定作用的 Li^+、Mg^{2+})分布在四面体和八面体位点上(如尖晶石 $MgAl_2O_4$)。由于这些位点太小，无法容纳 Na^+，所以 Na^+ 位于导通面内。在导通面上有 3/4 的氧离子缺失，因此 Na^+ 可以占据它们的位点。其余 1/4 的氧离子(所谓桥式氧)用于支撑相邻的尖晶石基块以防止结构塌陷。导通面的部分示意图可参见图 2.1(c)，位于下方的是密堆积的氧层(空心圆圈)，它们形成了尖晶石基块的一端；带阴影的圆圈则是导通面内的桥式氧离子；位点 A、B、C、D 表示 Na^+ 可占据的位点。在顶部(图中未显示)是下一个尖晶石基块的第一个氧化物层。由于在 β''-氧化铝中，包括导通面在内的氧化物层的堆叠顺序为 ABC，因此在导通面两侧的两个氧化物层彼此交错。

β-氧化铝的堆叠顺序如图 2.9(b)所示。它同样存在 4 个氧化物层厚的尖晶石基块，并以 ABCA 的顺序进行堆叠。但与 β''-氧化铝不同的是，β-氧化铝导通面两侧的尖晶石基块互为镜面对称，因此氧化物层的堆叠顺序在传递到下一个尖晶石基块时会发生反转。这意味着在 β-氧化铝导通面两侧的氧化物层在图 2.1(c)所示的投影图中将重合。

在 β 和 β''-氧化铝中，导通面内均包含非整数倍的 Na^+，并且可占据位点的数量比 Na^+ 已占据位点的数量多得多。这种结构通常用化学式 $NaAl_{11}O_{17}$ 来描述理想的 1:11 的化学

计量比。在这种情况下，导通面内缺失的四
分之三的氧离子位点中，只有一半的位点被
钠离子占据，如图 2.10 所示。在实际情况中，
几乎总是存在过量的 Na^+[如图 2.1(c)中的离
子 A]，但其数量很少，并不足以占据所有空
位。这一现象会导致这些相中的载流子浓度
很高。

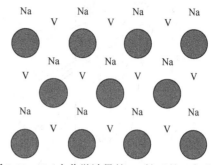

图 2.10　Na^+ 在化学计量的 Na 缺乏的 β-氧化铝
$NaAl_{11}O_{17}$ 中的有序排布。

当存在过量的 Na^+(化学计量比高于
$NaAl_{11}O_{17}$)时，结构中往往会进行一些调整
以平衡多余的电荷。研究表明 β 和 β''-氧化铝
平衡电荷的机理是不同的。在 β''-氧化铝中，尖晶石基块中的某些 Al^{3+} 被 Li^+/Mg^{2+} 取代，
因此正电荷的减少补偿了导通面中过量的 Na^+ 正电荷；而在 β-氧化铝中，导通面中会存
在额外的 O^{2-}(间隙氧)及 Na^+，电荷平衡需要它们的数量比约为 1∶2。

图 2.9 β 和 β''-氧化铝中不同的氧化物层的堆积顺序，特别是 β-氧化铝导通面两侧存
在镜面对称而 β''-氧化铝中不存在，导致两者导通面内 Na^+ 位点的性质存在差异。这些差
异以及不同的电荷补偿机理导致 β 和 β''-氧化铝的电性质不同，尤其是导致了两者截然不
同的传导机理。

在 β-氧化铝中，Na^+ 的传导似乎是通过敲除或推填机理完成的。在这种机理中，可以
很方便地将过量的 Na^+ 视为位于间隙位点。当这些位点几乎全部空缺时，如在接近
$NaAl_{11}O_{17}$ 化学计量比组成的晶体结构中，离子传导率很低。而 β''-氧化铝中的 Na^+ 传导更
接近空位过程，其中没有空位的极限情况对应于分子式 $NaAl_5O_8$。

2.11.3　性质

β-氧化铝是二维的 Na^+ 导体；Na^+ 可以很容易地在导通面内移动，但不能穿过紧密的
尖晶石基块。以 Arrhenius 曲线形式表示的 Na β-氧化铝的电导率数据如图 2.11 所示。从
图中可以看到 β-氧化铝的电导率曲线非常简单，在很宽的温度和电导率范围内得到一条
直线，并且其活化能低，仅为 0.15 eV。而 β''-氧化铝的数据相对比较复杂，为一条曲线
(Wang，1982)。在高温(>300℃)的情况下，β''-氧化铝的活化能很低(<0.1 eV)，表明 Na^+
几乎像在液体中一样混乱无序；而在低温下活化能则提升到 0.25～0.30 eV。后者活化能
显著提高的效应来源于 Na^+ 位置的有序化，即离子更倾向于以有序的方式排列在某些位
点上，从而导致晶格整体呈有序排布。为了使 Na^+ 发生移动，需要增加无序熵，这会进一
步导致活化能的增加。这种效应类似于上面讨论的离子捕获效应；不同的是在当前情况
下，可移动离子不是将自身与异价掺杂剂缔合，而是将自身排列成规则的阵列，这使其
自由能低于无序状态下的自由能。

β 和 β''-氧化铝中的 Na^+ 都可置换为一系列其他离子，只需将它们浸入含有所需阳离
子的熔融盐中即可(Kummer，1972)。在此过程中晶体和熔融盐之间建立了置换离子的分
配平衡。一般用新鲜的熔融盐反复重复此过程以保证置换完全。通过这样的方式，大多
数单价离子都可置换到 β-氧化铝结构中，图 2.11(b)展示了一些离子置换后所得晶体的电

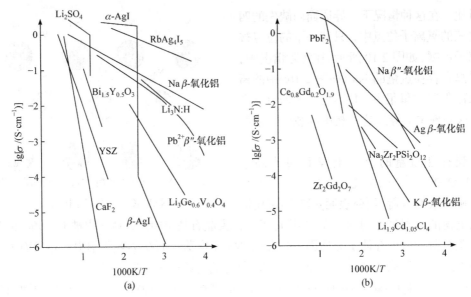

图 2.11　电导率 Arrhenius 曲线，为清晰起见，用两个单独的图表示。

导率数据。其中 Ag^+ 在 β-氧化铝中的电导率与 Na^+ 在其中的电导率数据比较接近。而对于其他阳离子，随着置换阳离子尺寸的增大，活化能升高，电导率降低。

β''-氧化铝的离子置换能力非常出色，许多二价和三价阳离子都可以置换到晶体中(Farrington、Dunn 和 Thomas，1989)。不仅如此，置换离子在晶体中还具有很高的离子迁移率，如图 2.11(a)所示。例如，Pb^{2+} β''-氧化铝的电导率几乎与 Na β''-氧化铝的电导率一样高。

2.12　其他碱金属离子导体

2.12.1　NASICON

NASICON(钠超离子导体的缩写)是一种非化学计量比的锆磷硅酸盐框架材料(Kreuer 等，1989)，是介于 $NaZr_2(PO_4)_3$ 和 $Na_4Zr_2(SiO_4)_3$ 之间的一种固溶体。通过 $P \rightleftharpoons Si + Na$ 的置换机理，可产生如下通用化学式

$$Na_{1+x}Zr_2(P_{1-x}Si_xO_4)_3 \qquad 0 < x < 3$$

前文中曾提到，Na^+ 的电导率在 x 为中间值时最高，所以当 $x \sim 2$ 时电导率最大。此时它的电导率甚至接近 Na β''-氧化铝的电导率，尤其是在高温($> 300℃$)的情况下，如图 2.11 所示。而当 x 取两侧边界值($x=0$ 和 3)时电导率很低，其原因已在前文(图 2.3)中详细讨论过。NASICON 晶体是由(Si，P)O_4 四面体和 ZrO_6 八面体连接而成的骨架结构，从而为 Na^+ 提供了一个相对开放的三维传导路径网络，如图 2.12(a)所示。在该结构中，Na1 和 Na2 为可占据的 Na^+ 位点，其中 Na1 是六配位点而 Na2 是不规则的八配位点。当 x 取中间值时，这些位点都是部分占据的。

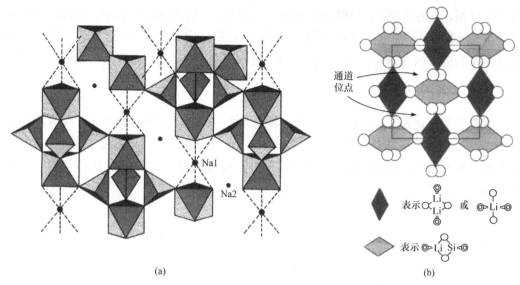

图 2.12 (a) NASICON 晶体结构。(b) α-Li$_{2.5}$Al$_{0.5}$SiO$_4$ 的四方堆积氧化物阵列，图中显示了扭曲的通道位点。

除上文给出的固溶体化学式外，有人认为脱离连接处的组成也可能产生单相的 NASICON。确定固溶体(如 NASICON)化学计量比和 x 区间的难点在于难以在包含惰性难熔氧化物(如 ZrO$_2$)和挥发性氧化物(如 Na$_2$O，尤其是 P$_2$O$_5$)的混合物中实现反应平衡，因此往往需要通过高温加快反应速率。但值得注意的是，在加热时需要将样品放在密封的容器中，否则一些易挥发的组分可能会在完全反应之前就挥发掉。

2.12.2 LISICON

LISICON 与 NASICON 实际上是完全不同的材料(Irvine 和 West，1989)。它是基于某些化学计量相[如γ-Li$_2$ZnGeO$_4$ 或γ-Li$_3$(P，As，V)O$_4$]的固溶体，但其中含有间隙的 Li$^+$。这些 Li$^+$通过异价替换引入，如在 Li$_2$ZnGeO$_4$ 中为 Zn $\rightleftharpoons$ 2Li，在 Li$_3$PO$_4$ 中为 P $\rightleftharpoons$ Si + Li。由此所得的固溶体化学式为

$$Li_{2+2x}Zn_{1-x}GeO_4 \qquad 0.3<x<0.8 \text{ (区间随温度改变)}$$

和

$$Li_{3+x}(P_{1-x}Si_x)O_4 \qquad 0<x<0.4$$

当 $x=0$ 时 LISICON 晶体呈所谓的"γ-四面体结构"，其中不规则的六方密堆积氧化物阵列和阳离子分布在各个四面体位点上。通过中子粉末衍射发现 Li$^+$在固溶体中占据了一些不同的四面体和八面体间隙位点，这些位点的连线构成了该固溶体的基本三维传导路径。

固溶体的电导率随 x 值的改变剧烈变化。当 $x=0$ 时化学计量的固溶体基本呈绝缘的状态；而当 $x=0.5$ 时其电导率达到最大。在原始的 LISICON 体系(Li$_{2+2x}$Zn$_{1-x}$GeO$_4$)中，电导率在高温下可以达到非常高的值，如在 300℃时电导率为 $0.1\,\Omega^{-1}\cdot cm^{-1}$，但在低温下迅速下降，

如图 2.11 所示。在室温下，LISICON 存在一定的老化效应(Bruce 和 West，1984)，也就是电导率会随着时间的增加而降低。但这种老化效应在 $Li_3(P, As, V)O_4$ 基材料中表现得并不明显。在 LISICON 家族中，$Li_{3.6}(Ge_{0.6}V_{0.4})O_4$ 的室温电导率最高，约为 $3 \times 10^{-5}\ \Omega^{-1} \cdot cm^{-1}$。

2.12.3 Li₄SiO₄ 衍生物

尽管化学计量的 Li_4SiO_4 对 Li^+ 的传导能力适中，但它是掺杂的绝佳材料(Irvine 和 West，1989)。由于在其晶体结构中既可产生 Li^+ 间隙又可产生 Li^+ 空位，所以它的电导率很高。在 $Si \rightleftharpoons Al + Li$ 的置换机理下，Al^{3+} 占据 Si 的位点，Li 进入间隙位点，从而产生如下化学式

$$Li_{4+x}(Si_{1-x}Al_x)O_4 \qquad 0<x<0.4$$

或者也可以通过 $3Li \rightleftharpoons Al$ 的置换机理，产生 Li^+ 空位，并得到如下化学式

$$Li_{4-3x}Al_xSiO_4 \qquad 0<x<0.5$$

其中后者的电导率数据随着 x 的改变剧烈变化，如图 2.3 所示。

Li_4SiO_4 及其固溶体的晶体结构十分利于 Li^+ 的传导，因为它具有接近四方堆积的氧化物阵列，如图 2.12 所示。贯穿该结构的是非常开放的通道，其中包含配位数为 4、5 和 6 的各种不规则位点；在高电导率的固溶体中，这些位点是部分占据的(Smith 和 West，1991)。并且 Li^+ 除了可以沿通道迁移外，还可以通过通道壁移动，因此该材料为三维导体。

Li_4SiO_4 衍生物以及 LISICONS 的传导机理中存在一个非常有趣的特征，即它们可以通过推填机理进行传导。两个结构中都包含了如图 2.13 所示的共面四面体位点。这些位点之间的距离非常近以至于无法同时被占据。当对晶体结构进行改良时发现，平均每对共面四面体位点中都会有一个位点包含一个 Li^+，但 Li^+ 的占据率似乎是随机的。这意味着在传导过程中，每对中的一个位点可能包含一个 Li^+，但是当 Li^+ 进入相邻的共面位点时，该位点会由于静电作用被排出。由此可见，在这些材料中，Li^+ 不会发生孤立的随机跃迁。在 LISICONS 中，有大量证据表明 Li^+ 会发生聚集并产生离子簇，并且迁

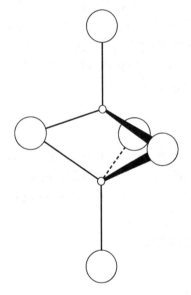

图 2.13 一对共面四面体位点。

移可能会涉及离子簇不断重组的过程(Bruce 和 Abrahams，1991)。

2.12.4 Li₃N

迄今为止发现的 Li^+ 电导率最高的晶体材料是氢掺杂的氮化锂(Lapp 等，1983)，如图 2.11 所示。它本质上是通过空位传导，因为 $Li_{3-x}H_xN$ 中置换的氢原子与氮紧密结合为 NH^{2-} 基团，由此在 Li^+ 的传导路径中留下了大量的空位。

如图 2.14 所示，Li$_3$N 具有层状结构，其中化学计量比为 Li$_2$N 的片层被其他 Li$^+$ 隔开。这些 Li$^+$ 起到桥接相邻 Li$_2$N 片层中氮原子的作用。在氢掺杂的 Li$_3$N 中，Li$_2$N 片层中有 1%～2% 的 Li$^+$ 位点是空缺的，从而使其在 25℃ 时就实现了 1×10^{-3} S·cm^{-1} 的高平面内电导率；而在垂直于片层的方向上电导率较低，仅为 1×10^{-5} S·cm^{-1}。

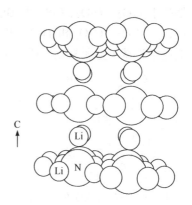

图 2.14　Li$_3$N 的晶体结构。

Li$_3$N 的分解电位很低，仅为 0.455 V，这限制了其在电池固体电解质中的进一步应用。目前已经合成了各种 Li$_3$N 衍生物，如具有反萤石衍生物结构的立方 Li$_5$NI$_2$ 及 Li$_3$N-LiI-LiOH。这些材料中有一部分具有很高的电导率，如 Li$_3$N-LiI-LiOH 就与 H 掺杂的 Li$_3$N 电导率相当。并且相比之下它们也具有较高的分解电位(～1.5 V)，遗憾的是它们较易受到化学腐蚀的影响。

2.12.5　其他材料

基于 Li$_2$CdCl$_4$ 和 Li$_2$MgCl$_4$ 的复杂卤化锂尖晶石(Kanno、Takeda 和 Yamamoto，1982；Lutz、Schmidt 和 Haeuseler，1981)在密堆积结构下具有非常高的 Li$^+$ 电导率，如图 2.11 所示。这些材料的结构往往很复杂，它们一般具有反尖晶石结构，但也可能以其他扭曲形式存在。它们中的一部分通过高温相变以形成包含缺陷的盐岩结构，也有一部分是非化学计量的。

简单的卤化锂中 Li$^+$ 电导率很低，但是由 LiI 和高表面积的绝缘氧化物(如 Al$_2$O$_3$ 或 SiO$_2$)制成的复合材料在 25℃ 时的电导率高达 3×10^{-5} S·cm^{-1}(Liang，1973；Shahi、Wagner 和 Owens，1983)。上述材料的高电导率是十分不寻常的，因为在 LiI 和 Al$_2$O$_3$ 之间并没有明显的化学反应，也没有证据表明 Al$_2$O$_3$ 可充当掺杂剂提高 LiI 的电导率，但是复合物的电导率比单独的 LiI 高得多。一般认为高电导率与 LiI/Al$_2$O$_3$ 的界面区域有关。第 3 章将介绍电荷载流子的形成机理。

Li$_2$SO$_4$ 的 α 晶型在 575℃ 和熔点 870℃ 之间具有非常高的 Li$^+$ 电导率(>1 S·cm^{-1})。研究人员已经进行了大量的尝试来掺杂 Li$_2$SO$_4$ 并稳定高导电性的 α 晶型，以实现 Li$_2$SO$_4$ 在低温下的高 Li$^+$ 电导率，但至今收效甚微(Lunden，1987)。当温度降至 500℃ 以下时，Li$_2$SO$_4$ 的 α 晶型总是会发生向低电导率的 β 晶型或其他低电导率相的转变。

α-Li$_2$SO$_4$ 中的传导机理引起了研究人员极大的兴趣，并且其中存在一些争议(Lunden 和 Thomas，1989)。目前的不确定性主要集中在硫酸盐基团是否固定或者说它们是否可以旋转，以及如果它们可以旋转，是否可以通过桨轮效应提高 Li$^+$ 的电导率。现有的科学证据表明硫酸盐基团存在旋转的无序性。这是否是一种动态的无序性，以及对 Li$^+$ 的电导率会产生怎样的影响尚不确定。

2.13　氧离子导体

迄今为止，研究最为深入并且最有价值的材料是具有萤石及相关结构的材料，尤其

是基于 ZrO_2、ThO_2、CeO_2 和 Bi_2O_3 的材料(Steele，1989)。可以采用异价掺杂剂产生氧空位，在 ZrO_2、CeO_2 和 ThO_2 中实现较高的氧离子电导率，如图 2.2 中方案 4 所示。掺杂剂通常为碱土金属氧化物或三价稀土金属氧化物。

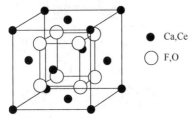

图 2.15　CaF_2 或 CeO_2 的萤石结构。

CeO_2 和 ThO_2 具有立方萤石结构，如图 2.15 所示。可以向其中掺杂大量 Ca、La 或 Gd 使其变为具有广泛组成的立方固溶体。例如，ZrO_2 仅在 2400℃ 以上时才是立方晶体，想要使其在室温下保持立方结构，则需要约 8%的掺杂剂。在 YSZ(氧化钇稳定的氧化锆)中也是如此。

阴、阳离子化学计量比为 3∶2 的 Bi_2O_3 与上述材料明显不同。这是因为当温度超过 730℃ 时，其 δ 立方结构中有大量阴离子空位稳定存在，这也正是 Bi_2O_3 在高温下具有出色电导率的原因。可以通过添加掺杂剂降低 α(单斜)$\rightarrow\delta$ 相转化的温度并提升 Bi_2O_3 立方结构在低温下的稳定性。因此,对于掺杂氧化钇的 $(Bi_{2-x}Y_x)O_3$ 材料，当 $x>0.25$ 时立方结构就可以在低温下保持稳定。尽管 Bi_2O_3 在高温下的电导率低于掺杂 Bi_2O_3 的电导率，如图 2.11 所示，但其电导率依然很高。例如，在 500℃ 时其电导率为 10^{-2} S·cm^{-1}，约为 YSZ 在 500℃ 时电导率的 20 倍。

将氧离子导体用作电解质的一个关键因素是要确保其电子**迁移数**尽可能低。尽管稳定的氧化锆在多数大气压和氧分压下的氧离子迁移数都为 1，但 Bi_2O_3 基材料很容易在低氧分压下发生还原反应。这将促进 $2O^{2-} \Longleftrightarrow O_2 + 4e^-$ 反应产生电子，导致 Bi_2O_3 基材料具有很高的电子迁移数。尽管 Bi_2O_3 基材料是最好的氧离子导体，但它们依然不能用作燃料电池或传感器中的固体电解质。类似地，由于 Ce^{4+} 具有易被还原成 Ce^{3+} 的倾向，在氧化铈基的材料中也有相同的效应，只是没有那么显著。

在各种基于氧化锆、二氧化钛和二氧化铈的材料中，氧离子传导的活化能通常至少为 0.8 eV。这其中很大一部分来源于氧空位会与异价掺杂剂发生结合(离子捕获效应)。计算表明，当异价置换离子和主体离子的离子半径相匹配时，缔合焓会显著降低，从而具有较高的电导率。在 Gd 掺杂的二氧化铈材料中明显体现出了这种效应，其中 Gd^{3+} 与 Ce^{4+} 的尺寸相匹配。可以从图 2.11 中看到，这类材料是最好的氧离子导体之一。

一些烧绿石($A_2B_2O_7$)结构也是比较好的氧离子导体。烧绿石结构可视为萤石的衍生物，其中有 1/8 的氧缺失，但由于理想情况下氧的亚晶格是有序排列的，往往需要通过引入缺陷来提高电导率。

一些固有的 Frenkel 缺陷(其中的一些氧转移到间隙位点)是造成氧离子在 $Zr_2Gd_2O_7$ 中传导的原因，如图 2.11 所示。但是间隙氧的浓度非常低，导致了其很低的指前因子和电导率(以 δ-Bi_2O_3 为标准)。

当引入氧空位后，钙钛矿结构也具有良好的阴离子电导率，如在 $La_{1-x}Sr_xCoO_{3-x/2}$ 或钙钛矿相关的超导结构 La_2CuO_4、$YBa_2Cu_3O_7$ 中。由于这些材料中存在混合价态的阳离子，因此它们通常也是电子导体，由此也导致了它们的氧离子迁移数并不是 1。这种既是电子导体又是离子导体的材料称为**混合导体**。尽管它们会发生电子短路而不能用作大多数器件的固体电解质，但它们在催化和可逆电极领域存在广泛应用。

2.14　氟离子导体

氟离子在晶体中的传导非常普遍，尤其是在具有萤石结构的材料中，如图 2.15 所示。首个被发现的固体电解质正是氟离子导体(PbF_2)，Faraday 对它的高温特性进行了研究。随着温度的升高，PbF_2 由不良离子导体(20℃时电导率为 $\sim 1 \times 10^{-7}\ S \cdot cm^{-1}$)变为 F$^-$基本呈近液体运动的优良导体($400℃$时电导率为 $\sim 1\ S \cdot cm^{-1}$)，如图 2.11 所示(Benz, 1975)。CaF_2、SrF_2、BaF_2 和某些氯化物(如 $SrCl_2$)也显示出了与 PbF_2 类似的趋势，但相比之下电导率较低和/或所需温度较高。

异价掺杂也可用于提高 F$^-$在低温下的电导率。通过掺杂，间隙 F$^-$和空位 F$^-$均可产生，这两种情况分别对应于 CaF_2 中 Na 和 La 的掺杂(Kudo 和 Fueki，1990)。

2.15　质　子　导　体

由于质子的体积小且极化能力强，因此它与其他离子的传导方式截然不同(Poulsen，1989；Colomban，1992)。研究人员针对质子的传导提出了各种机理，包括通过 NH_4^+ 和 H_3O^+ 等物种的传导，沿氢键网络的穿梭，以及通过 H_3O^+基团的旋转使质子在相邻水分子之间转移。最初发现的大多数质子导体是水合物或其他热不稳定相，但随着高温($500 \sim 1000℃$)下类钙钛矿 $SrCeO_3$ 中质子传导现象的发现，这种情况已经改变。

多种水合酸盐在 $25 \sim 100℃$ 温度区间内也是良好的质子导体。其中包括 HUP(水化铀酰磷酸 $HUO_2PO_4 \cdot 4H_2O$)、HUAs，以及 Keggin 型杂多阴离子结构的材料，如 $H_3(PMo_{12}O_{40}) \cdot nH_2O$ 和 $H_3(PW_{12}O_{40}) \cdot 29H_2O$。这些材料的室温电导率可达 $10^{-4} \sim 10^{-1}\ S \cdot cm^{-1}$，并且在湿润的环境中测得的电导率值更高。

可以通过离子置换将 β-氧化铝结构(β 和 β''-氧化铝及类似的没食子酸盐)制备为 H_3O^+或 NH_4^+ 的衍生物。这些衍生物在 $200 \sim 400℃$ 的温度下是良好的质子导体，直到它们由于 H_2O/NH_3 的损失而分解。

高温下，一些钙钛矿材料(如掺杂的铈酸锶 $SrCe_{0.95}Yb_{0.05}O_{3-x}$)中也会发生质子的传导。在空气中，由于铈具有混合价态，该材料主要是电子导体。而在水分存在情况下，水可能与空穴反应产生质子：

$$H_2O + 2h^+ \rightleftharpoons 2H^+ + \frac{1}{2}O_2$$

少量质子的引入就会产生很高的电导率，如 900℃时可达 $10^{-2}\ S \cdot cm^{-1}$。

参　考　文　献

Almond, D. P. and West, A. R. (1988) *Solid State Ionics*, **26**, 265.

Benz, R. (1975) *Z. Phys. Chem. N.F.*, **95**, 28.

Bradley, J. N. and Greene, P. D. (1966) *Trans. Far. Soc.*, **62**, 2069.

Bruce, P. G. and Abrahams, I. (1991) *J. Solid State Chem.*, **95**, 74.

Bruce, P. G. and West, A. R. (1984) *J. Solid State Chem.*, **53**, 430.

Collongues, R., Thery, J. and Boilot, J. P. (1978) in *Solid Electrolytes*, eds. P. Hagenmuller and W. van Gool, Academic Press, New York, p. 253.

Colomban, P. (ed) (1992) *Proton Conductors: Solids, Membranes and Gels-Materials and Devices*, Cambridge University Press, Cambridge.

Debye, P. and Falkenhagen, H. (1928) *Phys. Z.*, **29**, 121, 401.

Debye, P. and Hückel, E. (1923) *Phys. Z.*, **24**, 185, 305.

Duncan, G. K. and West, A. R. (1988) *Solid State Ionics*, **28-30**, 338.

Farrington, G. C., Dunn, B. and Thomas, J. O. (1989) in *High Conductivity Solid Ionic Conductors*, ed. T. Takahashi, World Scientific, Singapore, p. 32.7.

Funke, K. (1986) *Solid State Ionics*, **18/19**, 183.

Funke, K. and Hoppe, R. (1990) *Solid State Ionics*, **40/41**, 200.

Garcia, A., Torres-Trevino, G. and West, A. R. (1990) *Solid State Ionics*, **40/41**, 13.

Geller, S. A. (1967) *Science*, **157**, 310.

Goodenough, J. B. (1983) in *Progress in Solid Electrolytes* CANMET, eds. T. A. Wheat, A. Ahmad and A. K. Kuriakase.

Goodenough, J. B., Hong, H. Y. P. and Kafalas, J. A. (1976) *Mat. Res. Bull.*, **11**, 173, 203.

Grant, R. J., Hodge, I. M., Ingram, M. D. and West, A. R. (1977) *Nature*, **266**, 42.

Hoshino, S. (1957) *J. Phys. Soc. Jap.*, **12**, 315.

Irvine, J. T. S. and West, A. R. (1989) in *High Conductivity Solid Ionic Conductors*, ed. T. Takahashi, World Scientific, Singapore, p. 201.

Iwahara, H., Uchida, H. and Tanaka, S. (1986) *J. Appl. Electrochem.*, **16**, 663.

Jonscher, A. K. (1977) *Nature*, **267**, 673.

Jonscher, A. K. (1983) *Dielectric Relaxation in Solids*, Chelsea Dielectrics Press, London.

Kanno, R., Takeda, T. and Yamamoto, O. (1982) *Mat. Res. Bull.*, **16**, 999.

Kennedy, J. H. (1977) in *Solid Electrolytes*, ed. S. Geller, Springer-Verlag, Berlin, p. 105.

Kreuer, K.-D., Kohler, H. and Maier, J. (1989) in *High Conductivity Solid Ionic Conductors*, ed. T. Takahashi, World Scientific, Singapore, p. 242.

Kudo, T. and Fueki, K. (1990) *Solid State Ionics*, VCH, Tokyo, p. 77.

Kudo, T. and Obayashi, H. (1976) *J. Electrochem. Soc.*, **123**, 417.

Kummer, J. T. (1972) *Progr. Solid State Chem.*, **7**, 141.

Kuwano, J. and West, A. R. (1980) *Mat. Res. Bull.*, **15**. 1661.

Lapp, T., Skaarup, S. and Hooper, A. (1983) *Solid State Ionics*, **11**, 97.

Liang, C. (1973) *J. Electrochem. Soc.*, **120**, 1289.

Lunden, A. (1987) *Solid State Ionics*, **25**, 231.

Lunden, A. and Thomas, J. O. (1989) in *High Conductivity Solid Ionic Conductors*, ed. T. Takahashi, World Scientific, Singapore, p. 45.

Lutz, H. D., Schmidt, W. and Haeuseler, H. (1981) *J. Phys. Chem. Solids*, **42**, 287.

Moseley, P. T.(1985) in *Sodium Sulfur Battery* eds. J. L. Sudworth and A. R. Tilley, Chapman & Hall, London, p. 19.

Nakamura, O., Kodama, T., Ogino, I. and Miyake, Y. (1979) *Chem. Lett.*, **1**, 17.

O'Keeffe, M. and Hyde, B. G. (1976) *Phil. Mag.*, **33**, 219.

Onsager, L. (1927) *Phys. Z.*, **27**, 388; (1926) **28**, 277.

Owens, B. B. and Argue, G. R. (1967) *Science*, **157**, 308.

Poulsen, F. W. (1989) in *High Conductivity Solid Ionic Conductors*, ed. T. Takahashi, World Scientific, Singapore, p. 166.

Roos, A., Aalders, A. F., Schoonman, J., Arts, A. F. M. and de Wijn, H.W. (1983) *Solid State Ionics*, **9/10**, 571.

Seevers, R., DeNuzzio, J., Farrington, G. C. and Dunn, B. (1983) *J. Solid State Chem.*, **50**, 146.

Shahi, K., Wagner, J. B. and Owens, B. (1983) in *Lithium batteriers*, ed. J. P. Gabano, Academic Press, London, p. 407.

Smith, R. I. and West, A. R. (1991) *J. Mater. Chem.*, **1**. 91.

Steele, B. C. H. (1989) in *High Conductivity Solid Ionic Conductors*, ed. T. Takahashi, World Scientific, Singapore, p. 402.

Strock, L. W. (1934) *Z. Phys. Chem.*, **B25**, 441.

Strom, U. and Ngai, K. L. (1981) *Solid State Ionics*, **5**, 167.

Takahashi, T. and Iwahara, H. (1978) *Mat. Res. Bull.*, **13**, 1450.

Takahashi, T. Yamamoto, O., Yamada, S. and Hayashi, S. (1979) *J. Electrochem. Soc.*, **126**, 1654.

von Alpen, U., Fenner, J., Marcoll, J. D. and Rabenau, A. (1977) *Electrochim. Acta*, **22**, 801.

Wang, J. C. (1982) *Phys. Rev.*, **B26**, 5911.

Whittingham, M. S. and Huggins, R. A. (1972) in NBS Spec. Publ. 364, *Solid State Chemistry*, p. 139.

Wright, A. F. and Fender, B. E. F. (1977) *J. Phys. C.*, **10**, 2261.

Yoshiasa, A., Maeda, H., Ishii, T. and Koto, K. (1990) *Solid State Ionics*, **40/41**, 341.

3 晶态固体电解质Ⅱ：材料设计

——J. B. Goodenough

得克萨斯大学奥斯汀分校材料科学与工程中心

3.1 质 量 标 准

固体电解质通常既是离子导体也是电子绝缘体。在理想情况下，它只传导一种离子。除了在电子工业的一些特殊应用外，固体电解质几乎只用于电化学池中。对于反应物是气态或液态的电化学池来说，固体电解质作用显著。而当反应物是固体时，它可以用作能传导离子的隔膜。当用作离子导体隔膜时，固体电解质可将两种液态或弹性体电解质分离开，这两种电解质分别和与之接触的固体反应物相匹配。

电化学池有两种类型：电源电池和电化学传感器。在理想的电源电池中，通过电池内部电解质的离子电流与通过外部电路的电子电流相等。固体电解质为一层厚度为 L、面积为 A 的薄膜，这层薄膜将电池的正、负极分开。电解质中存在的任何电子电流都会降低输出功率。离子电流的内部电阻可表示为

$$R_i = L/(\sigma_i A) \tag{3.1}$$

式中，σ_i 为电解质的离子电导率。当有电流 I 通过电化学池时，电解质会产生 IR_i 的电压降，在电源电池中 IR_i 应尽量减小。即使是在电位型的电化学传感器中，也必须将内阻 R_i 保持在一定水平以下，以获得令人满意的灵敏度和响应速度，并且需要将电池内部电流的电子电流贡献部分纳入电池的校准中。

上述讨论进一步引出了用于衡量电化学池中固体电解质质量的通用标准：

(1) 为了使 R_i 值最小化，固体电解质应易于制成表面积大、机械强度高、厚度小的膜型材料。在电池设计优化中可能还需要将固体电解质薄膜制造成各种复杂的形状。

(2) 如果无法实现一个特别小的 L/A 值，则需要 $\sigma_i > 10^{-2}\,\text{S}\cdot\text{cm}^{-1}$，以实现在电池工作温度 T_{op} 下较低的 R_i 值。注：通常电导率是张量，但对于多晶电解质常使用标量电导率 σ_i。然而，对于仅具有一维或二维离子电导的隧道或层状结构材料，有必要认识到 $\sigma_\parallel \neq \sigma_\perp$，因此测得的标量 σ_i 可能远小于在单个晶粒最佳传导方向上的离子电导率值。

(3) 迁移数 t_i 应该近似为 1：

$$t_i = \frac{\sigma_i}{\sigma} \approx 1 \qquad \text{其中}\,\sigma = \sum_j \sigma_j + \sigma_e \tag{3.2}$$

式中，σ_e 为电子电导率。通常固体电解质只传导一种离子，所以 $\sum_j \sigma_j = \sigma_i$。由于电子迁移率远大于离子迁移率($u_e \gg u_i$)，所以微量的电子传导都会使 t_i 降低到一个无法接受的程度。

(4) 电极/电解质界面的离子传输阻抗要尽可能小。

(5) 电解质需要在电池工作环境下保持化学稳定性，既不能在负极被还原，也不能在正极被氧化。因此，电解质导带的底部需要位于负极材料最高占据分子轨道(HOMO)的上方，电解质价带的顶部需要位于正极材料最低未占分子轨道(LUMO)的下方，以实现热力学稳定性，如图 3.1 所示。注：在金属电极中，HOMO 和 LUMO 的能量分别由阳极和阴极的 Fermi(费米)能级决定。

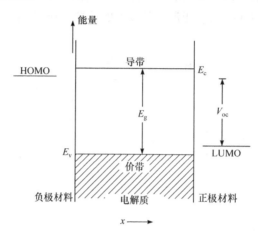

图 3.1 在平带电势下热力学稳定的电化学池中反应物能级相对于电解质导带和价带边缘的位置。

(6) 电解质的可移动离子必须是电解池的工作离子。

(7) 材料成本和加工费用必须考虑在内。

在这些质量标准下，电解质面临的最大挑战是设计在工作温度 T_{op} 下能满足上述所有要求的材料，且做到成本合理。为了应对电池体系中的电解质挑战，首先必须了解限制和控制这些质量标准的因素。接下来我们将介绍电解质的化学稳定"窗口"，以及在工作温度 T_{op} 下控制 σ_i 和 t_i 的传导机理。

3.2 电 子 能 级

离子导体通常是离子型化合物，在此我们构筑了离子型化合物的能级图。图 3.2 描绘了作为电子和离子绝缘体的 MgO 的离子能级图。$Mg^{2+/+}$ 和 $O^{-/2-}$ 的能级分别对应 Mg^+ 的电离能以及 O^- 的电子亲和能。E_1 表示从 Mg^+ 拿走一个电子并将其放置在无穷远处的 O^- 上，并由此产生自由的 Mg^{2+} 和 O^{2-} 所需的能量。需要注意的是 O^- 具有一个负的电子亲和能，即 O^-/O^{2-} 氧化还原对的能级位于真空能级(图 3.2 中标记为 V_{ac} 的能级)的上方。E_M 表示 Madelung(马德隆)静电能，即将 Mg^{2+} 和 O^{2-} 放置在 MgO 岩盐相晶格中所释放的能量。与自由态的离子相比，离子之间的静电作用使 Mg 和 O 的电子能级发生了反转。在能量守恒原则下，E_M 使阴、阳离子的能量向相反的方向改变。另外，需要 $E_M > E_1$ 以使"离子型"化合物保持稳定。Mg^{2+} 的 3s 轨道能级发生重叠后将扩展为能带，O^{2-} 的 2p 轨道能级同理。然而，电子转移的反向过程，即电荷从 O^{2-} 转移到 Mg^{2+} 会产生一个"极化修正"，该修正会降低离子的有效电荷，从而降低 E_M 值。E_M 值的减少在很大程度上被 Mg—O 键导带的反键态之间的量子力学排斥所抵消。因此，在 Mg—O 键中引入共价键特征会使 O 的 2p 能带中包含 Mg 的 3s 和 3p 能带的特性，这一共价作用基本不会改变能带的平均能量，能带变宽主要是由于 O—O 相互作用。而 Mg 的 3s 和 3p 能带受 O 的 2p 能带影响不尽相同，主要是导带的底部受 Mg 3s 能带的影响。对于 MgO 来说，$E_g \approx 7.5 \, \text{eV}$。

图 3.3 展示了与 MgO 构型相同的过渡金属氧化物 MnO 的离子能带模型，E_M 将 Mn 的 $3d^5$ 能带同样提高到了 O 的 2p 能带顶部以上的位置，所以 MnO 很容易被氧化。

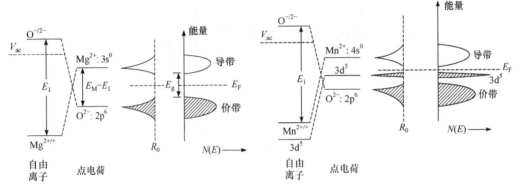

图 3.2　描述 MgO 导带和价带结构的　　　　图 3.3　利用离子模型构建 MnO 中相对于导带和
离子模型。　　　　　　　　　　　　　　　　价带的 Mn：$3d^5$ 局部电子构型。

从图 3.2 和图 3.3 的离子能级图中可以看出，一个较宽的电解质稳定窗口 E_g 不仅需要一个较大的能量差值 $E_M - E_1$，还需要保证阴离子 p 成键轨道构成的能带之上不存在任何阳离子能级。因此，大多数有实际应用价值的电解质都局限于主族元素的氟化物、氧化物和氯化物。但也存在一些例外，如IVB 族过渡金属阳离子 Zr(IV) 和 Hf(IV) 的氧化物具有高能量 4d 和 5d 导带；三价稀土离子[如 Gd(III)]具有能量位于阴离子 p 能带顶部之下的满态 $4f^n$ 构型，以及空的位于 5d 导带底部之上的 $4f^{n+1}$ 构型。另一类例外是，B 主族重元素(如 Sn、Pb、Sb 或 Bi)具有可填充的 5s 或 6s 能带，当这些能带被占据时该元素易被氧化，而当这些能带空缺时该元素易被还原。又如，在 Li_3N 中，N^{3-} 具有能量非常高的 $2p^6$ 价带，容易被氧化，使其无法成为锂电池电解质的有力竞争者；稳定氧化锆中空的 Zr 4d 能带具有极高的能量，十分利于实际应用。而对于同样结构的 CeO_2 电解质来说，Ce 的 $4f^1$ 能级位于 Ce 5d 和 O 2p 能带之间的间隙中，此能级所致的电子电导制约了其电解质的应用。此外，Bi 的 $6s^2$ 核心处通常很容易被氧化，这使得基于 Bi_2O_3 的氧离子导体无法实际应用。

对于 A 主族金属及过渡金属 Zr 和 Hf 的氟化物、氯化物和氧化物，由于其本身的 E_g 值很大，其阳离子能被异价金属阳离子置换，由电荷补偿机理形成天然缺陷(如 $Zr_{1-x}Ca_xO_{2-x}$ 中的氧空位)。然而，在某些氧化物中，电中性的氧或水分子可在较低温度下嵌入氧空位中。电中性的氧原子与邻近的氧离子反应生成过氧离子$(O_2)^{2-}$或其他复合物，即金属氧化物中 O 的 2p 电子被外来氧物种夺走，在形成 O—O 键的同时也在金属氧化物的 O 2p 能带形成了能量更低的电子受体态。而水分子的嵌入引入了可在材料结构中移动的质子。这些复杂性以及在氧离子上较高的电荷使获得高性能氧离子电解质极具挑战性。目前商用的氧离子电解质一般在 $T_{op} \approx 1000°C$ 的条件下工作，一侧为强还原性气氛，另一侧为强氧化性气氛。对于任何氧离子电解质来说，都需要测量氧的迁移数 t_O 随温度和氧分压的变化，从而对电解质进行校准和评估。

3.3 离 子 能

3.3.1 固有能隙 ΔH_g

在低温下，化学计量比的离子型固体的晶体学等效位点阵列处于完全排满的状态。为了将这些位点与具有较高离子势能的**间隙**位点区分开，我们将这些位点称为**普通**位点。如图 3.4 所示，普通位点的最高离子能与间隙位点的最低离子能之间存在能隙 ΔH_g，这个离子能隙类似于电子绝缘体中的电子能隙 E_g。如果普通位点上全部排满离子，则其上不能发生离子传导；如果间隙位点上全部空缺，其上也不存在可移动离子。在大多数离子型固体中，ΔH_g 在烧结温度以下时对温度并不敏感，并且任何离子传导都需要在接近烧结温度时才能将离子从普通位点激发到间隙位点，即产生 Frenkel 缺陷，从而形成只有部分位点被占据的等效位点阵列。

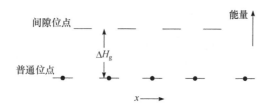

图 3.4　化学计量比的离子型化合物中离子的能级图：黑点表示已占据位点。

然而，一些化学计量比的离子型固体在转变温度 T_t (该温度低于其熔点 T_m)时，其中的某种离子会发生从有序到无序的转变。当转变发生时，其他离子可能保持在原位置(如在 PbF_2 和 LnF_3 中发生的情况)，这种现象称为**亚晶格熔化**(O'Keeffe 和 Hyde，1976)。一种离子的有序-无序转变也可能导致其他离子所构亚晶格发生结构转变。例如，在 AgI 中，Ag^+ 的有序-无序转变使 I^- 阵列从密堆积结构转变为体心立方结构。在上述两种情况中，当 T 接近 T_t 时，可移动离子的能隙 ΔH_g 都与温度密切相关，但是当 $T > T_t$ 时 ΔH_g 则消失。如图 3.5 所示，该转变过程既可以是平滑的，也可以是一阶的。定义有序参数为温度分别为 T 和 0 K 时能隙的比值 $\Delta H_g(T) / \Delta H_g(0)$。当温度 $T > T_t$ 时，浓度为 C 的能量等效位点是部分占据的，并且位点占据率 $n_c \equiv c/C$ (c 为可移动离子浓度)与温度无关；而当温度 $T < T_t$ 时，根据质量作用定律，间隙离子的位点占据率 n_c 和普通位点的空位率 $(1-n_c)$ 随 $\exp(-\Delta H_g/2kT)$ 变化，其变化方式类似于本征半导体中电子和空穴的浓度变化；当 T 接近 T_t 时，$\Delta H_g = \Delta H_g(T)$，如图 3.5 所示。

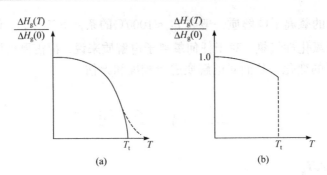

图 3.5　平滑(a)和一阶(b)的有序-无序转变的有序参数$\Delta H_g(T)/\Delta H_g(0)$。

3.3.2　迁移焓 ΔH_m

在一列能量相等的位点中，如果离子无规地占据其中的部分位点，那么它们的运动是扩散性的。图 3.6 描绘了三种不同占位情况下，其离子势能的不同。这些部分占据的位点可能(a)相邻而共享晶格面；(b)互相之间被空的间隙位点分隔；或(c)互相之间被已占据的间隙位点分隔。

在最简单的情况(a)中，离子位点之间的公共面构成了离子运动的势垒。如果离子要通过这样的平面或"瓶颈"，必须保证该平面从面中心到外围离子的最短距离 R_b 足够大，以允许离子通过。当 R_b 小于可移动离子及外围离子半径之和时，需要外界提供热能来打开该平面；而当 R_b 大于上述离子半径之和时，也需要热能来推动迁移离子进入扩散路径的中心。当 R_b 与上述离子半径之和大致相等时，仍需要热能使迁移离子跃过势能曲线的最高点，即鞍点。一般来说，除了处于双势阱氢键结构(可发生共振隧穿)的质子外，其他离子质量太大，不能像部分占据能带中流动的电子那样在位点之间通过隧道效应实现自由穿梭。

离子跃迁所需要的热能即为离子的迁移焓 ΔH_m。它由两部分组成：一部分是离子跃迁前后所在位点具有相同能量时离子跨越势垒所需的能量 ΔH_h，另一部分是使离子跃迁前后所在位点具有相同能量所需的弛豫能 ΔH_r。ΔH_r 之所以存在，是因为离子跨越势垒 ΔH_h 所需的时间比跃迁之前或之后离子弛豫到平衡位置的时间长，并且空位点与占据位点的离子弛豫时间也是不同的。ΔH_m 可表示为

$$\Delta H_m = \Delta H_h + \Delta H_r \tag{3.3}$$

其中第一项可通过 R_b 与可移动离子半径的匹配实现最小化，而第二项可通过可移动离子半径与其所占据位点尺寸的匹配实现最小化。这两个条件一般并不能同时满足，在离子有效半径之和可被外围离子和/或可移动离子通过极化(或四极化)改变的情况下，可实现 ΔH_m 整体的最小化。例如，在 AgI 中，较大的 I⁻ 很容易极化，而 Ag^+ 可通过其 $4d^{10}$ 轨道与空的 5s 轨道杂化，使其形状由球体变为长椭球体。I⁻的极化与 Ag^+ 的四极化所涉及的杂化能可通过 Ag—I 键的共价成分来补偿。这种对 Ag—I 键长的调节使得 ΔH_h 和 ΔH_r 的尺寸约束几乎能同时满足，实现非常小的 $\Delta H_m(\Delta H_m \approx 0.03\,\text{eV})$。

在图 3.6 更复杂的(b)和(c)情况中，部分占据位点之间被空位或可移动离子占据的不等价位点分隔。要实现离子的快速迁移，需要介于中间的可移动离子与部分占据位点的势能相近(当然，如果中间位点被固定离子占据，那么周围的部分占据位点上的离子就是

不可移动的)。从图 3.6 可以看出，可移动离子之间的静电作用倾向于使填满可移动离子的不等价位点的势能曲线变得平滑，而局部弛豫能 ΔH_r 则增加了不等价位点(空位)之间的势能差。

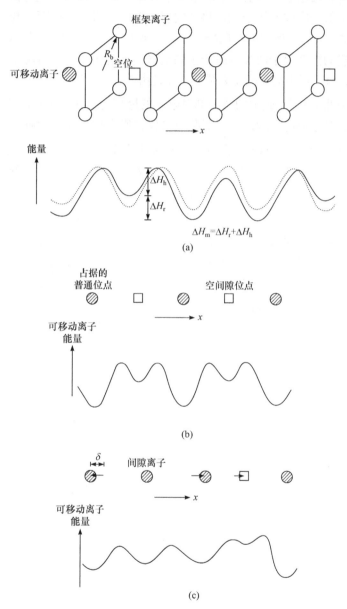

图 3.6 (a) 最短瓶颈距离 R_b 的定义以及可移动离子势能随位置的变化。实线和虚线分别代表有和无材料主体结构的弛豫作用。(b) 被不等价空缺位点阵列分隔开的已占据位点的可移动离子势能变化，(c) 通过将可移动离子引入中间位点阵列以平滑(b)中的势能曲线。

3.3.3 捕获能 ΔH_t

在实际应用中，如果材料不存在使 ΔH_g 显著减小的有序-无序转变温度 T_t，或者 T_t 值远高于电解质的期望工作温度 T_{op}，则根据电荷补偿机理一般通过掺杂的方法使材料内产生可移动离子空位或间隙。例如，在稳定的氧化锆 $Zr_{1-x}Ca_xO_{2-x}$ 中，将部分 Zr^{4+} 替换为 Ca^{2+} 不仅使萤石结构更加稳定，还引入了氧空位来补偿 Ca^{2+} 上较少的正电荷。从表面上看，氧空位的产生类似于在硅中掺杂硼而将空穴引入硅的价带中。然而，与硅价带中电子的巡游特性不同的是，离子运动的扩散特性使离子捕获能 ΔH_t 大为不同。ΔH_t 是指一个可移动离子被产生它的掺杂离子所捕获时产生的能量。在电子巡游的情况中，动能和势能都必须考虑在内，因此可用类氢模型来描述。并且由于介电常数($\kappa > 10$)对库仑作用的屏蔽效应使结合能降低了 κ^{-2}，硅中的掺杂剂对电子的捕获能往往小于 $0.1\,eV$。而在离子导体中，由于仅需要考虑势能，因此介电屏蔽效应仅将库仑作用 ΔH_c 对捕获能的贡献降低了 κ^{-1}，这使得 $0.1\,eV < \Delta H_c < 1\,eV$。此外，不同尺寸的离子掺杂剂还会产生局部弹性应变，该弹性应变会吸引可移动离子，从而产生弛豫能 ΔH_r。因此，掺杂剂对离子的总捕获能为

$$\Delta H_t = \Delta H_c + \Delta H_r \tag{3.4}$$

例如，在稳定的氧化锆中用较大的 Ca^{2+} 替换 Zr^{4+} 将产生局部弹性应变场，该场将氧空位吸引到掺杂剂阳离子上(Kilner 和 Factor，1983；Steele，1989)。为了使氧空位更多地对材料直流电导率产生贡献，必须将它从掺杂剂的吸引作用中解脱出来，或者在掺杂剂附近找到一条绕开吸引作用的渗透路径。然而，如果通过大量掺杂提供这样的渗透路径，则材料将产生亚稳态结构和相分离。而在更高的温度下运行会出现材料"老化"现象，在这种情况下可移动离子空位将被捕获形成团簇。老化现象是稳定的氧化锆中普遍存在的问题，因为其往往需要大量的掺杂来稳定萤石结构，并且离子迁移活化能 $E_a \approx 1\,eV$ 使工作温度 $T_{op} > 800℃$。

3.4　离子电导率

3.4.1　现象描述

根据 Ohm(欧姆)定律，晶体材料的离子和电子电导率将电流密度 i_0 和外加电场 E 联系起来，并且电导率一般都为张量。在不同的晶体学方向上，可移动离子产生的电流密度标量表达式为

$$i_0 = \sigma_i E = c_i q v \tag{3.5}$$

式中，v 为所带电荷量为 q、浓度为 c_i 的可移动离子的平均速度。由载流子迁移率的定义式 $u \equiv v/E$，有

$$\sigma_i = c_i q u_i \tag{3.6}$$

如果我们将离子导体放在两个平行板构成的阻塞电极之间，并且电极之间存在一个平行于 x 轴的电场 E，则电势从一个电极($x = 0$)到另一个电极之间随 $-xE$ 而变化。达平衡时，可移动离子的浓度 $c_i(x)$ 与 $\exp(qEx/kT)$ 成正比，并且电场中的离子迁移电流密度 $\sigma_i E$ 与浓度梯度引起的扩散电流相等[Fick(菲克)定律]：

$$\sigma_i \boldsymbol{E} = Dq\partial c_i(x)/\partial x = Dq^2 \boldsymbol{E} c_i(x)/kT \tag{3.7}$$

由此可得到

$$\sigma_i = c_i q(qD/kT) = c_i q u_i \tag{3.8}$$

从上式可得出 Nernst-Einstein 公式，即离子迁移率与离子扩散系数之间的关系

$$u_i = qD/kT \tag{3.9}$$

扩散系数为

$$D = D_0 \exp(-\Delta G_m/kT) \tag{3.10}$$

迁移自由能可表示为

$$\Delta G_m = \Delta H_m - T\Delta S_m \tag{3.11}$$

将式(3.9)和式(3.10)代入式(3.8)中可得到

$$\sigma_i = (A_T/T)\exp(-E_a/kT) \tag{3.12}$$

其中，在浓度为 C 的能量等价位点上，当可移动离子位点占据率 $n_c = c_i/C$ 与温度不相关时

$$E_a = \Delta H_m \tag{3.13}$$

$$A_T = (Cq^2/k)n_c D_0 \exp(\Delta S_m/k) \tag{3.14}$$

　　为了得到一个更准确的表达式，我们需要通过考虑扩散的微观机理来推导出上式指前因子中 D_0 的解析表达式。这里我们考虑**随机行走**理论最简单的情况，即不考虑离子之间的协同运动。在这个模型中，电荷为 q 的单个离子在可逆非阻塞电极[$\partial c_i(x)/\partial x = 0$]所产生的均匀电场下沿 x 轴运动。由于同一个位点上不能容纳两个原子，并且 $0 < n_c < 1$，所以离子跃迁到周围位点的概率为 $z(1-n_c)f\nu(E)$，其中 $(1-n_c)$ 为等价邻近位点空缺的概率，z 为这些位点的数量，f 为依赖于跃迁路径的几何因子。跃迁的频率为

$$\nu(E) = \nu_0 \exp(\Delta G_m/kT) \tag{3.15}$$

式中，$\nu_0(10^{12} \sim 10^{13}\,\mathrm{Hz})$ 为可移动离子的光学振动频率，也称为**尝试频率**。电场 $\boldsymbol{E}$ 的存在使沿着电场方向的迁移焓为 $\Delta H_m - (q\boldsymbol{E}l_x/2)$，而反方向的迁移焓为 $\Delta H_m + (q\boldsymbol{E}l_x/2)$。其中 l_x 为相邻等价位点间迁移距离的 x 分量，迁移离子的势能最大值在 $l_x/2$ 处。沿电场方向的净迁移速度 v_x 为 $l_x/2$ 与正、反向迁移概率差值的乘积

$$v_x = (l_x/2)z(1-n_c)f\nu \left[\exp(-q\boldsymbol{E}l_x/2kT) - \exp(q\boldsymbol{E}l_x/2kT)\right] \tag{3.16}$$

其中 $\nu = \nu(\boldsymbol{E} = 0)$。通常 $q\boldsymbol{E}l_x/2 \ll kT$，所以上式可简化为

$$v_x \approx (q\boldsymbol{E}/kT)(l_x^2/2)z(1-n_c)f\nu \tag{3.17}$$

　　在立方晶体中 $l_x^2 = l_y^2 = l_z^2$，所以上式中的 $l_x^2/2$ 需替换为 $l^2/6$。因此，由 $u_i = v_x/\boldsymbol{E} = qD/kT$ 我们可以得到

$$D \approx (l^2/6)z(1-n_c)f\nu \tag{3.18}$$

则式(3.14)变为

$$A_T = \gamma \left(Cq^2/k \right) n_c (1-n_c) l^2 \nu_0 \tag{3.19}$$

$$\gamma \approx f(z/6) \exp(\Delta S_m/k) \tag{3.20}$$

以上描述的是 $0 < n_c < 1$ 的三维传导情况。对于二维和一维的传导，只需将式(3.20)中的 $z/6$ 分别变为 $z/4$ 和 $z/2$。

在化学计量比材料中当 $T < T_t$，$n_c = 0.5\exp(-\Delta H_g/kT)$ 在式(3.12)的活化能 E_a 中引入了额外的一项，则式(3.13)变为

$$E_a = \Delta H_m + \frac{1}{2}\Delta H_g \tag{3.21}$$

假设 ΔH_g 与温度不相关。当 T 趋近于 T_t 时，ΔH_g 随温度而变化，这会同时增加指前因子 A_T 和 E_a 的表观值[见式(3.23)的讨论]。$\Delta H_g(T)$ 甚至还可能引发一阶相变。在有限的温度间隔内得到的 $\lg(\sigma_i/T)$-$1/T$ 图可计算出 A 的经验值，当其显著大于由式(3.19)所得值时意味着 $\Delta H_g = \Delta H_g(T)$。

在掺杂材料中，式(3.12)中的活化能还需要添加捕获能 ΔH_t，因此式(3.13)变为

$$E_a = \Delta H_m + \frac{1}{2}\Delta H_t \tag{3.22}$$

从上述这些简单的现象描述我们可以很清晰地得出，固体电解质的设计中存在两个主要因素：首先是要使 $n_c(1-n_c)$ 与温度无关，并且 n_c 接近其最佳值 0.5；其次需要使其迁移焓最小化，其中后者应视为主要考虑的因素，因为活化能 E_a 出现在指数项中。

3.4.2　离子协同运动

在随机行走模型中，假设单个离子的运动不受其他离子的影响。然而，除非 n_c 非常小，否则这种假设会因为可移动离子之间远程静电作用的存在而失效。尽管在较高 n_c 值下可以通过校正指前因子 A_T 中的系数 γ 来考虑可移动离子的协同运动，但至少以下两种情况必须要精确地考虑离子协同运动。第一种情况发生在 $n_c = 1$ 但是团簇的旋转焓 ΔH_m 很小的化学计量比化合物中；第二种情况为图 3.6(c)所示的情况。

当协同团簇旋转焓 ΔH_m 很低时，团簇原子从普通位点激发到鞍点上。这样的激发能降低鞍点相对于普通位点的能量，从而有效地使 $\Delta H_g(T)$ 发生平滑转变[见图 3.5(a)]。当温度 $T > T_t$ 时，可移动离子在普通位点和鞍点上变得无序。化学计量比的 Li_3N 和 PbF_2 展示了上述行为(Goodenough，1984)。

图 3.6(c)所示的情况可能会产生富含可移动离子的区域或团簇，在这些区域内，可移动离子之间的库仑排斥使势能曲线变得平滑，而在缺乏可移动离子的区域内，晶格弛豫能 ΔH_r 使空位点变得不稳定。在这种情况下，含有大量可移动离子的团簇的协同运动比单个离子跃迁所需的平均 ΔH_m 低。

3.4.3　质子运动

在众多离子中，质子具有独特的成键特性，因此它在离子型化合物中的运动也与众

不同。在离子材料中，作为电子受体的阴离子若具有比 H：1s 能级更稳定的电子态，则能与氢原子形成分子轨道。作为最小的阳离子，质子一般至多与两个相邻的阴离子配位。邻近阴离子 X 的孤对电子或来自两个邻近阴离子的孤对电子，可通过 X：p^6 阴离子态向空的 H^+：1s 态发生电荷转移以使其结构稳定。这也造成邻近阴离子的外层电子向质子极化发生偏移，以减少其有效正电荷。上述电荷转移过程增加了 X—H 键的键能，从而缩短了 X—H 键的长度。当与质子配位的两个原子不等价时，质子将向极性更强的阴离子移动。

　　不对称氢键现象非常普遍，即使质子与两个等价的阴离子配位时也会出现这种情况。两个配位阴离子之间 π 键的排斥作用会阻止 X—H—X 两键的近距离交汇，所以两个等价阴离子会相互竞争，使其 X—H 键变短。这可能在两个配位阴离子之间的平衡质子位置上形成一个双势阱。以氧阴离子为例，分离距离超过 2.4 Å 的 O—H—O 键之间产生了一个双势阱，并形成了一个不对称氢键，一般表示为 O—H…O。尽管质子向一个阴离子的位移在能量上可能与向另一个阴离子的位移相等，但由于质子从键中心运动，其中一个势阱比另一个势阱深 ΔH_r。

　　当填满的阴离子 p 轨道之间的 π 键排斥作用较小时，就可以使 X—H—X 两键之间的距离更近，而质子则能以同样的强度与其两侧的阴离子结合在一起。这样一个对称氢键之间的角度会在 180° 的基础上略微发生偏转，这是由于从阴离子 p 态到高能量 H^+ 2p 态之间有微弱的电荷转移(Potier，1983)。这种对称氢键的形成常见于与 F^- 的键合中，或者是质子两侧的等价氧离子被相邻的阳离子向相反方向极化。例如，$O_2H_5^+$ 是由两个水分子通过一个对称氢键结合而成，不过其 O—H—O 键偏转多达 6°。

　　在不对称氢键网络中质子的协同运动可能引起固体的自发极化 P_s。在铁电材料中，上述运动发生在临界温度以下。在直流电场中，由 P_s 到 $-P_s$ 的逆转会产生一个巨大的瞬态电流。而这种运动不会产生扩散性的、连续的质子传输。然而，当质子与一个相邻的阴离子形成一个单一的强键时，它与另一个阴离子结合的不对称键可能很容易断裂。例如，较短的 X—H 键的键轴可能在较低的温度下发生摆动，并可能在外部电场或随机热运动下从一个方向重排到另一个方向上。随着更多热量的加入，分子可能发生翻滚，从而使其上附着的质子发生自由旋转。在更高的温度下，质子所附着的阴离子可能会在固体中发生远距离的扩散。在所有这些运动(摆动、取向重排、翻转或平移)中，质子依附于与其配位的阴离子上，并与其一起运动。

　　阴离子背负质子发生的移动通常称为"载具"运动。在载具运动中，迁移物种可能带正电荷(如 NH_4^+ 或 OH_3^+)、负电荷(如 NH_2^- 或 OH^-)或为电中性(如 NH_3 或 OH_2)。如果两个电极分别可以作为迁移物种的源和汇，那么带电物种的远距离迁移会产生直流电流。相比之下，中性物种的迁移只会产生传质的通量，并且其在中等温度下易挥发。

　　裸质子一般按照 Grotthus 机理通过氢键体系扩散，该机理包括背负式取向重排及氢键内质子位移两个过程。在铁电体中，质子的协同运动会产生瞬态电流。一旦发生运动，质子的进一步运动就会受阻，除非分子偶极在电场中自由旋转到一个新的键位，体系发生重置，才可以进行另一个质子的运动。因此，质子的长程运动需要两个不同的步骤，即键内位移和背负式旋转。即使质子通过势垒隧穿发生位移，也需要能量来克服 ΔH_r。因此，裸质子的平移运动(如背负式平移)也是扩散运动，需要迁移焓 ΔH_m。

3.5 示 例

3.5.1 化学计量比化合物

化合物 $Ba_2In_2O_5$、AgI 和 PbF_2 是几种化学计量比的离子导体。其中，$Ba_2In_2O_5$ 在高于一阶有序-无序转变温度(930℃)条件下是氧离子导体，并且该温度下 BaIn 阵列保持不变；AgI 在高于一阶转变温度时也是 Ag^+ 导体，但此时 I^- 阵列由密堆积结构变为体心立方结构；而 PbF_2 在实现 F^- 的快速传导之前经历了一个平滑的转变[图 3.5(a)]，并且此时 Pb^{2+} 依然保持面心立方阵列。

1. $Ba_2In_2O_5$

在理想的立方 ABO_3 钙钛矿结构中，B—O—B 键角为 180°，且其中的阳离子呈 CsAu 的有序结构。在室温下，$Ba_2In_2O_5$ 具有如图 3.7(a)所示的钙铁石结构(Mader 和 Müller-Buschbaum，1990)。这是一种贫阴离子的钙钛矿 $BaInO_{2.5}$，其中氧空位在交替的 In—O 层中有序排列。In^{3+} 在八面体或四面体配位中都能稳定存在，空位有序使得 InO_6 八面体沿 c 轴方向与 InO_4 四面体共顶点。阴离子空位的有序性使得空位和占据位在晶体学及能量上都不等价，空位与占据位之间存在 ΔH_g 的能隙。如果 ΔH_g 不太大，O 可在较温和的温度下通过热激发迁移到空位。此时的激发能应减去有序能

$$\Delta H_g = \Delta H_g(0) - n_c \varepsilon \tag{3.23}$$

其中空位上的激发原子占据率 n_c 与 $\exp(-\Delta H_g/2kT)$ 成正比，能量 ε 与 $\Delta H_g(0)$ 处于同一量级。由于 ΔH_g 随着 n_c 的增大而减小，而 $n_c \sim \exp(-\Delta H_g/2kT)$ 又再次随着 ΔH_g 的减小而增大，这一过程会对无序过程产生一个很强的正反馈，并可能在有序-无序转变温度 T_t 下产生一阶相变。图 3.7(b)展示的 $\lg\sigma$ 随 $1/T$ 的变化证实了其在 $T_t \approx 930$℃ 时发生上述一阶相变(Goodenough、Ruiz-Diaz 和 Zhen，1990)。通过 $T > T_t$ 段直线的斜率可估算无序相中的 $E_a = \Delta H_m$；而通过温度低于 600℃ 段直线斜率可估算

$$E_a = \Delta H_m + \frac{1}{2}\Delta H_g \tag{3.24}$$

其中 $\Delta H_g \approx \Delta H_g(0)$（$\lg\sigma T$ 与 $1/T$ 的关系图与之类似，它应严格用于 E_a 的获取）。在中间段 $600℃ < T < T_t$，$\lg\sigma$-$1/T$ 图的斜率反映了随 T 的增加而减小的 $\Delta H_g(T)$，这是由于当 T 接近 T_t 时无序氧的数量逐渐增多。在这种情况下，T_t 处的一阶转变表明有序参数 $\Delta H_g(T)/\Delta H_g(0)$ 将发生如图 3.5(b)所示的变化。将 $T > T_t$ 时 O^{2-} 的电导率 σ_O 外推至 $T < T_t$ 的情况时可以发现，如果能将 T_t 降到 500℃ 以下，则这种钙钛矿结构将在工作温度 $T_{op} = 500$℃ 的情况下实现 $\sigma_O \geqslant 10^{-2}$ S·cm^{-1} 的电导率。

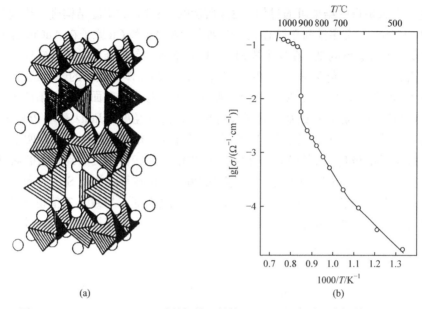

图 3.7 $Ba_2In_2O_5$：(a) $T < T_t$ 时的钙铁石结构；(b) 电导率随温度倒数的变化。

Bi_2O_3 与上述情况类似。高温 δ-Bi_2O_3 相具有面心立方 Bi 原子阵列，O 原子以无序方式占据 3/4 的四面体间隙。而在低温下，阴离子空位在这些位点上变得有序，空位与占据位之间的能隙 ΔH_g 随有序程度的变化如式(3.23)所示。

2. AgI

在 AgI 中也存在类似的情况，但是略有不同。在这种情况下，较大的 I^- 在室温下以立方和六方堆积的混合态形成密堆积的阵列。在 α-β 相转变温度 $T_t = 147℃$ 时，I^- 阵列实现了由密堆积到体心立方结构的一阶转变(Strock, 1934; Hoshino, 1957; Geller, 1967; Wright 和 Fender, 1977)。在第 2 章中我们已经对 Ag^+ 在 β 相中的传输进行了讨论，尺寸较大的 I^- 极化率和 Ag^+ 核的四极化率使 $\Delta H_m = 0.03\,eV$，这是已知所有固体电解质中最小的活化能 E_a。

用 Rb 替换 Ag 可得到一个有序的 RbI_5 阵列，其中 Ag^+ 在室温下无序地排列在一个共面四面体位点阵列上。尽管该化合物中的 $E_a = \Delta H_m$ 较大，但是通过消除室温和熔点之间的一阶相变来稳定离子是室温下快速离子传导领域的一项重大技术成就(Bradley 和 Greene, 1966; Owens 和 Argue, 1967)。遗憾的是，除了在电子元件中可以使用 Ag^+ 作为工作离子外，很少有其他技术应用。

3. PbF_2

由 Faraday 首次发现的 F^- 导体 PbF_2 展现出了一种更复杂的通过有序-无序相变转变为快离子导体的情况。据报道，PbF_2 在所有温度下都具有萤石结构，其中 F^- 占据了面心立方 Pb^{2+} 阵列的所有四面体位点；然而，Pb^{2+} 的位点势能是不对称的，随着温度升高，电荷密度的测量表明,F^- 在四面体位点之间的鞍点位置上停留的时间比例不断增加(Schultz,

1982)。这个令人惊讶的结果可通过如图 3.8 所示的 KY_3F_{10} 的室温结构进一步理解。在这种结构中，K^+和 Y^{3+}有序排列在面心立方阵列中，与 Au 和 Cu 原子在 $AuCu_3$ 合金中的排列方式类似。令人惊讶的是，在这个阵列中，F^-并不是均匀分布的，而是被分离到了两个象限，即四面体位点上包含 8 个 F^-的贫 F^-象限以及四面体位点间的鞍点位置上包含 12 个 F^-的富 F^-象限。这种结构说明了两个有趣的现象：首先，在面心立方阳离子阵列中，四面体位点与鞍点位置上 F^-的势能几乎没有差异，这已经被 Schultz 基于 PbF_2 的 X 射线研究证实了；其次，一个象限中占据的鞍点位置可以与相邻象限中占据的四面体位点稳定共存。这表明在 PbF_2 萤石结构中，F^-在一个象限内从四面体位点到鞍点的**簇激发**在能量上可以实现(Goodenough，1984)。这一点在 PbF_2 中比在等结构的 SrF_2 中更容易实现，因为 Pb^{2+}：$6s^2$ 核的极化性减少了 ΔH_m。$PbSnF_4$ 的熔点较低，导致其 T_t 值也很低。簇激发到密度更大的鞍点位置的能量使 F^-在四面体和鞍点位置上无序排列，这反过来又会导致 F^-在相对较小的 $E_a = \Delta H_m$ 下就可进行长程的 F^-扩散。

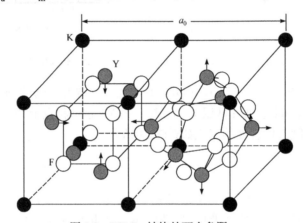

图 3.8　KY_3F_{10}结构的两个象限。

为了验证这个模型，我们观察到 LnF_3(在面心立方 Ln^{3+}阵列的八面体和四面体位点上都有 F^-)在其熔点以下就成为 F^-的快离子导体，并且阳离子阵列没有发生任何变化(O'Keeffe 和 Hyde，1975)。这一结果表明，除了 F^-迁移到八面体位点可导致长程传导，一些低能量激发也是十分有效的策略，正如在 PbF_2 的簇旋转模型中所假设的那样。

同样的情况也适用于化学计量比的 Li_3N，Li^+可在 Li_2N 平面内快速传导(von Alpen、Rabenau 和 Talat，1977；Schultz 和 Thiemann，1978；Schultz，1982；Goodenough，1984)。

3.5.2　掺杂策略

具有技术上可用的有序-无序转变的化学计量比化合物的数量极其有限，并且没有实用的策略来识别它们。因此，大多数有关固体电解质设计的研究都集中在化学掺杂上。该方法一般会引入捕获能 ΔH_t，使活化能变为

$$E_a = \Delta H_m + \frac{1}{2}\Delta H_t \tag{3.25}$$

在一些特定条件下，ΔH_t 可变得较小。然而，目前对于降低 ΔH_t 的策略还没有系统的研究。作为这方面的初步尝试，以下简要介绍三种方法。

1. 点替换

最早引入可移动离子的方法见诸于经过稳定化的氧化锆中。例如，在 $Zr_{1-x}Ca_xO_{2-x}$ 中用 Ca^{2+} 替换 Zr^{4+} 所需的电荷补偿是通过引入氧空位而不是在价带中引入空穴进行的。在这种情况中，掺杂引入的氧空位被束缚在掺杂离子的近邻，因此 ΔH_t 很大。较多的掺杂会使每个位点都具有 Ca^{2+} 近邻的渗透路径，但这会导致化学不均匀性问题，这些化学不均匀性会形成一些空位更容易被捕获的区域。尽管稳定的氧化锆是最好的商业化氧离子电解质，但它们仍不能满足一些重要的潜在应用。

有研究表明(Rodriguez-Carvajal、Vallet-Regi 和 Gonzalez-Calbet，1989)化合物 $Ca_3Fe_2TiO_8$ 具有一种缺陷钙钛矿结构，其中氧空位有序排布，从而形成了一个共角的四面体层，该层与一个包含两个共角的八面体层交替出现，而不是像钙铁石中那样，即前者为…OOTOOT…，后者为…OTOT…，如图 3.7(a)所示。在 $Ba_3In_2ZrO_8$ 与 $Ca_3Fe_2TiO_8$ 形成相同结构的假设下，400℃以下的快速非本征离子传导被解释为八面体位点层的氧在四面体位点平面被 Zr^{4+} 捕获(Goodenough、Ruiz-Diaz 和 Zhou，1990)。实际上，不会发生长程的空位有序，并且低温下较好的非本征离子传导是由于在400℃以下嵌入了中性氧和/或水。甚至干燥的 N_2 中也会存在氧；而在湿润的空气中，水也很容易嵌入材料中(Manthiram、Kuo 和 Goodenough，1993)。嵌入的氧原子通过形成氧原子团簇使氧离子阵列明显被氧化，其中最简单的团簇即为过氧离子$(O_2)^{2-}$。而嵌入的水引入了可移动的质子。当氧团簇较大时上述情况会带来一些复杂情况，如一些基本的阳离子(如 Ba^{2+}、La^{3+} 或 Zr^{4+})由于受到化学计量限制，氧配位会变得很小。

这种情况的一个有趣的变化发生在氧离子导体 $Bi_4V_{2-x}M_xO_{11-y}\cdot Bi_4V_2O_{11}$ 中，它本身是一种含氧空位的化学计量层状化合物。其理想结构为如图 3.9 所示的 Bi_2MoO_6，它具有 $(Bi_2O_2)^{2+}$ 层与共角 MoO_6 八面体$(MoO_4)^{2-}$层共生的结构。在 $Bi_4V_2O_{11}$ 中，与 V^{5+} 配位的 1/4 顶端氧位点是空缺的(Abraham、Debreuille-Gresse、Mairesse 和 Nowogrocki，1988)。氧空位的有序排列以及 V^{5+} 从理想位置通过协同位移形成的一些较短的 V—O 键似乎是导致室温下该结构向正交对称转变的主要原因。在加热条件下，室温下的 α-$Bi_4V_2O_{11}$ 相经由 β 相$(450℃<T<570℃)$转变为四方 γ-$Bi_4V_2O_{11}$，γ 相中的 V^{5+} 是动态位移的，顶端的氧空位是无序排布的。这些相变伴随着表观活化能 E_a 的显著降低。在 γ 相中，二维传导的 $E_a=\Delta H_m$，如图 3.10 所示。γ 相在室温下可通过将 V 部分替换为 Cu 实现稳定(Abraham、Bovin、Mairesse 和 Nowogrocki，1990)。$Bi_4V_{1.8}Cu_{0.2}O_{11-\delta}$在200℃以上时展示了极高的氧离子电导率，并且该材料并未显示出 T_t。尽管有报道表明其在 $T<500℃$ 的空气中迁移数 t_O 很大，但是过渡金属阳离子和 Bi^{3+} 的存在限制了较高 t_O 的氧分压的范围。然而，了解其较低的 ΔH_m 值以及降低 T_t 而 ΔH_m 没有明显增加的来源具有一定的指导意义。

随后的研究比较了 $Bi_4V_{2-x}M_xO_{11-y}$ 中不同替换原子 M 的影响(Goodenough、Manthiram、Parenthamen 和 Zhen，1992)。在所有情况下，α 相的室温正交畸变在 $x\geqslant 0.2$ 时被抑制，但只有 M=Nb 或 Ti 时的氧离子电导率 σ_O 与 Cu 相当或略好。与 V^{5+} 一样，Nb^{5+}和Ti^{4+}从八面体空隙的对称中心向 1、2、3 号邻近氧位移。例如，这种类型的协同位移会导致钙钛矿 $BaTiO_3$ 中铁电相的产生。在 V_2O_5 中，V^{5+} 的位移稳定了层状结构。此外，

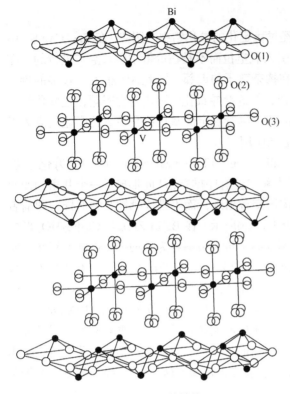

图 3.9 Bi₂MoO₆ 的结构。

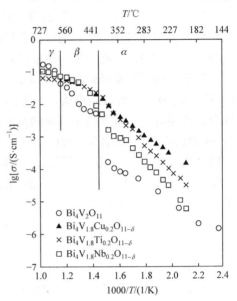

图 3.10 电导率与温度倒数的关系：○代表 Bi₄V₂O₁₁；垂直线区分了 α、β、γ 相；▲代表 Bi₄V₁.₈Cu₀.₂O₁₁₋δ；×代表 Bi₄V₁.₈Ti₀.₂O₁₁₋δ；□代表 Bi₄V₁.₈Nb₀.₂O₁₁₋δ

对铜氧化物超导体的研究表明，CuO_2 片层中的 Cu^{2+} 可以在方形共面、方形棱锥或八面体配位中稳定下来，添加或移除该结构的顶端氧只需要消耗很少的能量。在 $Bi_4V_{2-x}M_xO_{11}$ 中替换 $x \geqslant 0.2$ 的其他原子会降低 T_t，这是由于协同、静态的 V^{5+} 的位移受到抑制。在 γ 相中，V^{5+} 向顶端氧的位移在具有八面体配位的 c 轴上是动态的，而在具有方形棱锥配位的位置上是随机静态的，其中顶端氧位点的相对势能通过 V^{5+} 的位移来调节。Nb^{5+} 和 Ti^{4+} 也特别适合参与位点势能的调节，并且顶端氧与 Cu^{2+} 的结合通过 Cu^{2+} 的 x^2-y^2 和 z^2 轨道的相对稳定性的变化来调节。由于这些都是过渡金属离子，因此尚未系统地研究 Jahn-Teller(姜-泰勒)效应或铁离子对固体电解质离子迁移率的影响。

2. 骨架结构

已经证明可使用骨架结构打开晶体结构的"瓶颈"，以促进多种氧化物中的阳离子运动，这个过程可有效减小碱金属离子电解质的 ΔH_m (Goodenough、Hong 和 Kafalas，1976)。骨架结构可以在锰钡矿中提供一维通道，在 β-氧化铝中提供二维平面传输，或者在 NASICON 和 LISICON 中提供三维传输。由于一维通道很容易堵塞，因此二维和三维传输的导体更值得研究。

β-氧化铝的相关内容已在第 2 章中进行了详细介绍，在此只介绍一些特殊性质。在 β''-氧化铝中，尖晶石基块的堆积方式使 Na^+ 在能量等效位点上处于半满状态；而在 β-氧化铝中，尖晶石基块的堆积方式区分了两种不同势能的 Na^+ 位点，即 Beevers-Ross(BR) 位点和反 Beevers-Ross(aBR) 位点。在 Na—O 平面中，最短瓶颈距离 $R_b \approx 2.7$ Å，比室温下的离子半径和(2.4 Å)略大，因此可以预期其 ΔH_m 值很小。Na β-氧化铝中极优的 Na^+ 电导率(Yao 和 Kummer，1967；Kummer 和 Weber，1967)促进了 Na/S 电池的发明，从而引发了人们对固体电解质问题的广泛兴趣。

Na β- 和 β''-氧化铝通常都不符合化学计量比，而符合化学计量比的 β- 和 β''-$Na_2O \cdot 11Ga_2O_3$ 已制备出来(Chandrashekhar 和 Foster，1977)。Na^+ 在 β 相中 BR 位点的有序性抑制了 Na^+ 的传导，而 β'' 相是一个极优的 Na^+ 导体。在实际应用的 β- 和 β''-氧化铝中，Na—O 平面中存在过量的 Na 和/或 Na_2O，使 Na^+ 的势能曲线变得平滑，正如图 3.6(b) 到图 3.6(c) 的转变。在尖晶石基块中用一些 Mg^{2+} 替换 Al^{3+} 可以稳定 β'' 相，并使多余的 Na^+ 电荷得到补偿。尖晶石基块中的 Mg^{2+} 可显著减小 ΔH_m。而在 β-氧化铝中，情况要复杂一些，因为在 Na—O 平面中引入了过量的 Na_2O(Roth、Reidinger 和 La Placa，1976)。过量的 Na_2O 可以增加陶瓷的强度，实用的陶瓷膜一般是 β 和 β'' 相的混合物。

在 NASICON 家族中，Li^+ 或 Na^+ 在 $B_2(XO_4)_3$ 骨架中运动，这个骨架包含一个 M_I 间隙位点阵列，该阵列被 M_{II} 间隙位点阵列分隔开。在最初的研究中(Goodenough、Hong 和 Kafalas，1976)，可移动离子为 Na^+，B 为 Zr，X 为 P 和/或 Si，即 $Na_{1+3x}Zr_2(P_{1-x}Si_xO_4)_3$。在其一端的 $NaZr_2(PO_4)_3$ 中，所有的 M_I 位点都被 Na^+ 占据，较大的 ΔH_r 加剧了 M_I 和 M_{II} 位点之间 Na^+ 的势能差，正如图 3.6(b) 所描述的那样。通过掺杂移除 M_I 位点的 Na^+ 并没有促进 Na^+ 的传导，而通过掺杂添加 Na^+ 到 M_{II} 位点可使势能曲线变得光滑，如图 3.6(c) 所示。在另一端的 $Na_4Zr_2(SiO_4)_3$ 中，M_I 和 M_{II} 位点都被占据，因此该化合物并不能传导离子。最佳的 Na^+ 电导率出现在 $x = 2$ 附近，此时 M_{II} 位点的势能稳定在 M_I 位点势能的附近。并且，当 $x = 2$ 时，Si 和 P 原子的数量非常大，使得基于点掺杂的捕获能 ΔH_t 模型在此处不适用。此外，在这个骨架结构中，Si 和 P 原子从 Na^+ 扩散的间隙通道中移除。这会产生一个对 Na^+ 传导极优的 R_b 值，进而减小了 ΔH_m 中的 ΔH_h 项。

γ 相 Li^+ 电解质 $Li_{2+2x}Zr_{1-x}GeO_4$(LISICON) 和 $Li_{3+x}(Ge_xV_{1-x})O_4$ 证明了富 Li 团簇的运动可以平滑 Li^+ 的势能曲线(Bruce 和 Abrahams，1991)。γ 相本质上是一个六方密堆积的阴离子阵列，在一半的四面体位点上有阳离子。在 γ-Li_3VO_4 中，VO_4 四面体是孤立的，只与 LiO_4 四面体共角。在 γ-Li_2ZnGeO_4 中，Ge^{4+} 取代了 V^{5+}，Zn^{2+} 取代了 1/3 的 Li^+。在掺杂的 $Li_{3+x}(Ge_xV_{1-x})O_4$ 体系中，Li^+ 占据了间隙八面体位点以实现电荷补偿。在掺杂的 $Li_{2+2x}Zn_{1-x}GeO_4$ 体系中，Li^+ 取代了 Zn^{2+}，并且额外的一部分 Li^+ 占据了间隙八面体位点以实现电荷补偿。其中的八面体位点与四面体位点共面，相邻四面体和八面体位点的 Li^+ 之间的库仑排斥使 Li^+ 向相反的方向运动，Li^+ 的势能曲线因此变得平滑，如图 3.6(c) 所示。尖晶石 $[B_2]X_4$ 骨架的间隙也会出现类似的情况，如在嵌入系统 $Li_{1-x}[Ti_2]O_4$ 中(Goodenough、Manthiram 和 Wnetrzewski，1992)。在四面体位点引入 Li^+ 空位的 γ 相掺杂对 Li^+ 电解质并不会产生很大的影响；而在八面体位点引入 Li^+ 则会使其具备良好的锂离子导电性能。平滑 Li^+ 的势能曲线将导致富 Li 团簇和贫 Li 团簇区域的生成，这些区域占据的体积太大，以至于不能被单个掺杂物所捕获，并且用于团簇协同运动的 ΔH_m 很小。在这种协同运动中，八面体位点的 Li^+ 取代了四面体位点的 Li^+，而后者迁移到八面体位点上。上面所描述的是一种适合于在密堆积阴离子结构中快速传导 Li^+ 的协同运动。由于 Li^+ 足够小，它可以以一个较小的 ΔH_m 通过三角位点平面。而较大的碱金属离子，如 Na^+ 和 K^+，则需要更多的开放通道。

3. 复合材料

由于早期观察到在 LiI 中加入 Al_2O_3 颗粒会使 Li^+ 电导率显著提高(Liang，1973；Liang、Joshi 和 Hamilton，1978)，因此研究人员对这一现象进行了大量研究。研究表明，分散的 Al_2O_3 粒径越小，增强效果越好，并且在10%~40%(摩尔分数)的分散体中表现出了最好的增强效果。该增强机理的现象学可以用一个可调参数来模拟，即在粒子-宿主界面的宿主内一个狭窄的空间电荷层中，负责外部传导的缺陷浓度的增加(Shukla、Manoharan 和 Goodenough，1988)。在这种情况下，化学计量盐的掺杂是通过 Li^+ 对氧化物的亲和力高于碘离子来完成的。Li^+ 附着在氧化物表面，使 Al_2O_3 颗粒带正电荷；而碘离子结构中的锂离子空位形成了负的空间电荷层。由此产生的空位被困在表面的空间电荷层中，但由于该层在二维空间内是连接的，Li^+ 可以通过固体从一个粒子渗透到另一个粒子。因此，氧化物颗粒提供了另一种掺杂化学计量固体的方法。

3.5.3　质子导体

由于质子的运动与其他离子不同，因此前文所述的电解质中离子传导的一般性原理需要根据质子的特性进行修改。

大多数无机质子导体是水合氧化物。在许多骨架和层状化合物中，间隙水很容易嵌入其中。它甚至还可以嵌入钙钛矿的氧空位中，因为水分子比 O^{2-} 还要小。由于间隙水和本体水分别在高于100℃和300℃的温度下就会流失，所以质子导体的应用被限制在了近室温的条件下。质子传输的测量需要制备粒料。由于烧结会导致间隙水的流失，因此需要通过对湿样品进行冷压来制备粒料。这个过程产生了一个水合物粒子，而所测得的质子电导率通常反映的是固定的粒间水相基质的电导率，而不是我们所感兴趣的本体电导率(England、Cross、Hamnett、Wiseman 和 Goodenough，1980)。

层状氧化物可能在层间包含不同数量的水，如各种不同的黏土。层状酸盐 $[M(\mathrm{IV})(XO_4)_2]_n^{2n-}$ 是一类重要的层状水合物，其中 $M(\mathrm{IV})$=Ti, Zr, Hf, Ge, Sn, Pb, Ce, 或 Th；X=P 或 As (Alberti 和 Constantino，1982)。为了在室温下获得较高的质子电导率 $(10^{-3}\ S\cdot cm^{-1})$，在氧化物层之间必须含有多层水(Casciola、Constantino 和 D'Amico，1986)。多余的水为氢化的氧物种提供了转动自由度，而这是 Grotthus 机理所要求的。水合磷酸铀酰 $H_3OVO_2PO_4\cdot 3H_2O$(HUP)代表了另一类层状水合物，其中的 H^+ 在室温下导电性良好 (Shilton 和 Howe，1977)，但此处也需要过量的水。Grotthus 扩散机理也适用于描述层间水的运动(Fitch，1982)。锑酸是一种骨架水合物，其具有立方烧绿石结构 $A_2B_2O_6O'$ 的 $(Sb_2O_6)^{2-}$ 骨架；间隙 A_2O' 位点被 $2H_3O^++H_2O$ 占据(England 等，1980)。在这种强酸性骨架中，质子可以通过载具或 Grotthus 机理在间隙空间中运动。然而，这种水合物也以湿粉形式存在，且以颗粒间扩散为主。在所有这些例子中，当存在额外的水时，则可将其归类为颗粒水合物。在颗粒水合物中，氧化物颗粒中掺杂了过量的水，该水中携带大部分质子电流，与复合材料中的在 LiI 中掺杂 Al_2O_3 类似。

颗粒水合物由小颗粒组成，通常是氧化物，嵌入氢键水相基质中。由于氢键会在压力作用下断裂，因此这些复合材料可以在室温下通过冷压的方法制成致密的薄片(在实际应用中需要使用黏结剂)。氧化物颗粒表面的金属离子与水结合，以完成其一般的氧配位。水上的质子分布在颗粒上，同时产生了表面的氢氧根负离子。表面质子的浓度也与水相基质的浓度达到平衡。"酸性"颗粒将质子从表面排斥到 pH 为 7 的水相基质中；而"碱性"颗粒从 pH 为 7 的基质中吸引质子。胶体颗粒具有较大的比表面积，因此它们在改变水相基质的 pH 方面比大颗粒更有效。氧化物颗粒的酸性越强，粒径越小，对于给定的颗粒分数，基质中可移动离子的浓度[H^+]就越高。质子在水相基质中通过 Grotthus 机理移动，质子(或质子空位)的迁移率越大，它们的载体水分子的结构就越无序；并且水相基质结构的有序性随与胶体颗粒表面距离的减小而降低。因此，水的比例越高，质子的迁移率就越大。如果水不断流失，则颗粒水合物的质子电导率就会不断下降。除非在高压水蒸气下工作，否则在技术应用中工作温度 T_{op} 应低于 $60^{\circ}C$。图 3.11 中比较了以 1 mol·L^{-1} HCl 为参比的多种颗粒水合物的质子电导率。

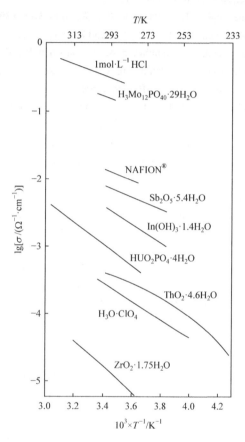

图 3.11 以 1 mol·L^{-1} HCl 为参比的多种颗粒水合物的质子电导率与温度倒数的关系。

参 考 文 献

Abraham, F., Debreuille-Gresse, M. F., Mairesse, G. and Nowogrocki, G. (1988) *Solid State Ionics*, **28-30**, 529.

Abraham, F., Bovin, J. C., Mairesse, G. and Nowogrocki, G. (1990) *Solid State Ionics*, **40-41**, 934.

Alberti, G. and Constantino, U. (1982) in *Intercalation Chemistry*, Ed. M. S. Whittingham and A. J. Jacobson, Academic Press, New York, Chapter 5.

Bradley, J. N. and Greene, P. D. (1966) *Trans. Farad. Soc.*, **62**, 2069.

Bruce, P. G. and Abrahams, I. (1991) *J. Solid State Chem.*, **95**, 74.

Casciola, M., Constantino, U. and D'Amico, S. (1986) *Solid State Ionics*, **22**, 17.

Chandrashekhar, G. V. and Foster, J. M. (1977) *J. Electrochem. Soc.*, **124**, 329.

England, W. A., Cross, M. G., Hamnett, A., Wiseman, P. J. and Goodenough, J. B. (1980) *Solid States Ionics*, **1**, 231.

Fitch, A. N. (1982) in *Solid State Protonic Conductors (I) for Fuel Cells and Sensors*, Eds. J. Jensen & M. Kleitz, Odense University Press, Odense, p. 235.

Geller, S. A. (1967) *Science*, **159**, 310.

Goodenough, J. B. (1984) *Proc. Roy. Soc. (London)*, **A393**, 215.

Goodenough, J. B., Hong, H. Y.-P and Kafalas, J. A. (1976) *Mat. Res. Bull.*, **11**, 203.

Goodenough, J. B., Manthiram, A., Parenthamen, P. and Zhen, Y. S. (1992) *Mat. Sci. Eng.*, B, **12**, 357.

Goodenough, J. B., Manthiram, A. and Wnetzewski, B. (1992) *Proceedings of the Sixth International Meeting on Lithium Batteries*, Münster, in press.

Goodenough, J. B., Ruiz-Diaz, J. E. and Zhen, Y. S. (1990) *Solid State Ionics*, **44**, 21.

Hoshino, S. (1957) *J. Phys. Soc. Japan*, **12**, 315.

Kilner, J. A. and Factor, J. D. (1983) in *Progress in Solid Electrolytes*, Eds. T. A. Wheat, A. Ahmed and A. K. Kuriakose, Energy, Mines, and Resources Erp/MSL 83-94 (TR), Ottawa, p. 347.

Kummer, J. T. and Weber, N. (1967) in *Proceedings of the 21st Annual Power Sources Conference*, Red Bank, NJ, PSC Publications Committee, NS, p. 37.

Kuo, J.-F., Manthiram, A. and Goodenough, J. B. (1992) unpublished.

Liang, C. C. (1973) *J. Electrochem. Soc.*, **120**, 1289.

Liang, C. C., Joshi, A. V. and Hamilton, N. E. (1978) *J. Appl. Electrochem.*, **8**, 445.

Mader, K. and Müller-Buschbaum, H. K. (1990) *J. Less Common Metals*, **157**, 71.

Manthiram, A., Kuo, J.-F. and Goodenough, J. B. (1993) *Solid State Ionics*, **65**, 225.

O'Keeffe, M. and Hyde, B. G. (1975) *J. Solid State Chem.*, **13**, 172.

O'Keeffe, M. and Hyde, B. G. (1976) *Phil. Mag.*, **33**, 219.

Owens, B. B. and Argue, G. R. (1967) *Science*, **157**, 308.

Potier, A. (1983) in *Solid State Protonic Conductors (II) for Fuel Cells and Sensors*, Eds. J. B. Goodenough, J. Jensen, and M. Kleitz, Odense University Press. Odense, p. 173.

Rodriguez-Carvajal, J., Vallet-Regi, M. and Gonzalez-Calbet, J. M. (1989) *Mat. Res. Bull.*, **24**, 423.

Roth, W. L., Reidinger, F. and La Placa, S. (1976) in *Superionic Conductors*, Eds. G. D. Mahan and W. L. Roth, Plenum Press, New York, p. 223.

Schultz, H. (1982) in *Proceedings of the 2nd European Conference on Solid State Chemistry*. Veldhoven, Netherlands, Eds. R. Metselaar, H. J. M. Heijligers and J. Schoonman, Elsevier Science, Amsterdam, p.117.

Schultz, H. (1983) *Ann. Rev. Mat. Sci.*, **12**, 351.

Schultz, H. and Thiemann, K. H. (1978), *Acta Crystall.*, **A35**, 309.

Shilton, M. G. and Howe, A. T. (1977) *Mat. Res. Bull.*, **12**, 701.

Shukla, A. K., Manoharan, R. and Goodenough, J. B. (1988) *Solid State Ionics*, **26**, 5.

Steele, B. C. H. (1989) in *High Conductivity Solid Ionic Conductors, Recent Trends and Applications*, Ed. T. Takahashi, World Scientific, Singapore, p. 402.

Strock, L. W. (1934) *Z. Phys. Chem.*, **B25**, 441.

von Alpen, V., Rabenau, A. and Talat, G. M. (1977) *Appl. Phys. Lett.*, **30**, 621.

Wright, A. F. and Fender, B. E. F. (1977) *J. Phys. C.*, **10**, 2261.

Yao, Y. F. and Kummer, J. T. (1967) *J. Inorg. Nucl. Chem.*, **29**, 2453.

4 玻璃态电解质中的离子传输

——J. L. Souquet

法国国立格勒诺布尔理工学院实验室

4.1 离子传输的实验结果

无机玻璃是已知最古老的固体电解质之一。早在 1884 年，Warburg 就证明了 Na⁺可在 Thuringer 玻璃中传导，并验证了 Na⁺通过隔离两种汞齐的薄玻璃膜传输的 Faraday 定律。此后，在多种基于氧化物和硫化物的玻璃态电解质中都发现了单纯的阳离子的可传导性。而其他不太常见的玻璃态电解质的离子导电性较差，其内主要进行阴离子的传导。例如，在包含卤化铅的无定形硅酸盐中，就是通过卤素离子的运动进行传导(Shulze 和 Mizzoni，1973；Ravaine 和 Leroy，1980)。

无论其中的可移动离子是什么，所有玻璃态电解质的迁移数都为 1，并且在低于其玻璃化转变温度时，离子电导率遵循 Arrhenius 定律：

$$\sigma = \sigma_0 \exp(-E_a/RT) \tag{4.1}$$

几乎所有玻璃态电解质都具有相似的指前因子 σ_0(温度趋于无穷时外推出的电导率值)，其值为 $10\sim10^3$ S·cm⁻¹。σ 的差异主要是不同的活化能 E_a 导致的，E_a 值显著依赖于可移动阳离子的浓度及特性，一般为 $0.2\sim1$ eV。因此，不同材料的室温电导率一般差异很大，为 $10^{-11}\sim10^{-2}$ S·cm⁻¹。总的特征如图 4.1(a)所示。

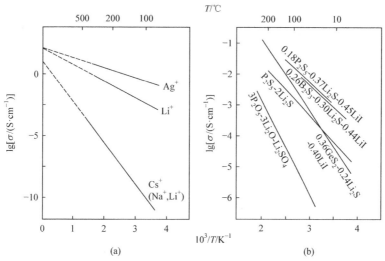

图 4.1　离子电导率的 Arrhenius 曲线。(a) 离子导电玻璃态电解质的一般特性。在室温下，电导率最高的离子(Li⁺或 Ag⁺)的活化能最低。对于电导率较低的玻璃态电解质(Cs⁺或混合碱金属离子玻璃态电解质)，其活化能约为 1 eV。(b) Li⁺导电玻璃态电解质的实验数据(Souquet 和 Kone，1986)。

对于大多数氧化物玻璃态电解质而言，其最佳室温电导率约为10^{-7} S·cm^{-1}数量级，而在300℃下则可达10^{-3} S·cm^{-1}量级。因此，它们在实际应用中往往被限制在高温条件下，并且电解质必须加工为薄膜(Levine，1983；Jourdaine 等，1988)。在过去的 20 年里，基于硫化物、硫酸盐、钼酸盐、卤化物等成分的新型玻璃态电解质陆续获得(Ingram，1987)。它们在室温下具有比大多数氧化物玻璃态电解质更高的离子电导率。例如，在上述玻璃态电解质中，Li$^+$和 Ag$^+$的电导率可达$10^{-5}\sim10^{-2}$ S·cm^{-1}，如图 4.1(b)所示。

对于一些 Ag$^+$和碱金属离子导电玻璃态电解质来说，其离子电导率高度依赖于化学组分的变化，如图 4.2 所示。在这些材料中，导电物种微小的浓度改变都会引起电导率的

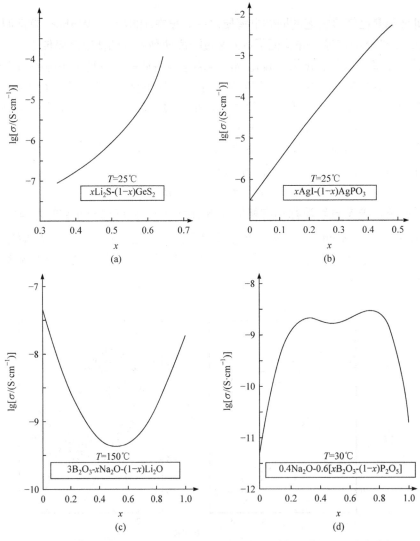

图 4.2 典型的离子电导率随组分变化的情形。在所有情况中，碱金属或银含量的变化相比 lg σ 的变化都很低：(a) 网络修饰体(Li$_2$S)的影响；(b) 掺杂盐的影响；(c) 混合碱金属离子效应；(d) 混合阴离子效应。数据引自参考文献 Souquet 和 Perera(1990)。

剧烈变化。一个比较典型的例子是玻璃态的 $(AgPO_3)_{1-x}(AgI)_x$。当 Ag 的浓度仅仅提高10% (从 2.3×10^{-2} mol·cm^{-3} 提高到 2.5×10^{-2} mol·cm^{-3})时，其室温电导率就增加了 4 个数量级 (Malugani，1976)。

4.2　离子导电玻璃态电解质的化学组成

图 4.1(b)和图 4.2 中所示的玻璃态电解质体系表明，玻璃态下材料的化学组成十分复杂。在所有离子导电玻璃态电解质中，一般有三种不同比例的组分：网络形成体(network former)、网络修饰体(network modifier)和离子盐(ionic salt)。

网络形成体是具有共价性的化合物，如 SiO_2、P_2O_5、B_2O_3、GeS_2、P_2S_5、B_2S_3 等。它们会形成由四面体(SiO_4、PO_4、…)或三角结构单元(BO_3)通过共角或共边结合组成的大分子链。当网络形成体很纯净时，它极易由液态冷却至玻璃态。在一定范围内变化的键角和键长是玻璃态整体无序的特征。共价键的特性决定了与四面体或三角结构稳定性相关的局部有序性的存在，所以这些键中存在的部分离子性可能会降低这种局部有序性。一般氧化物或硫化物的网络形成体的特征在于，阴离子与网络形成体阳离子之间的电负性差异在 Pauling 尺度下为 0.4～1.7。

网络修饰体是一些与网络形成体结构存在强相互作用的氧化物或硫化物(如 Ag_2O、Li_2O、Ag_2S、Li_2S 等)。网络修饰体会与网络形成体发生化学反应，导致两个网络形成体阳离子之间的桥式氧或硫发生断裂。添加修饰体会在网络中引入两个离子键。

例如，硅与氧化锂之间的反应可表示为

$$\overset{\vert}{-}\underset{\vert}{Si}-O-\overset{\vert}{\underset{\vert}{Si}}- \ + \ Li_2O \ \longrightarrow \ \overset{\vert}{\underset{\vert}{Si}}-O^-\overset{Li^+}{\underset{Li^+}{}}\ ^-O-\overset{\vert}{\underset{\vert}{Si}}- \tag{4.2}$$

在给定的网络形成体中不断加入修饰体会导致式(4.2)中所有的桥式氧逐渐断开。

随着非桥式氧或硫原子数目的增加，大分子链的平均长度逐渐减小。式(4.2)中表示的化学反应是强烈放热的，其混合焓一般为几百千焦数量级。该值的大小很难根据式(4.2)中所述的键的能量守恒进行解释。原因可能在于氧 p 轨道和硅 d 轨道的相互作用使非桥式氧原子所带的负电荷稳定下来，进而使该键增强。这也是在重结晶玻璃态电解质的红外光谱和拉曼光谱上观察到力常数增大，以及在其 X 射线晶体学研究中观察到键缩短的可能原因(Zarzycki 和 Naudin，1960)。

硼作为网络形成体阳离子的情况有些特殊，因为该元素没有可占据的 d 轨道。然而，当硼的配位数为 3 时，p 轨道是可占据的，这使修饰体引入的氧或硫的电子偶极子得以稳定。这个氧或硫与另一个硼原子组成的偶极子通过形成两个 BO_4 四面体增加了交联。在杂化条件下，硼从 sp^2 构型变为 sp^3 构型。该配位变化已在核磁共振实验中观察到(Bray 和 O'Keefe，1963；Muller-Warmuth 和 Eckert，1982)。

尽管研究人员对于网络形成体阳离子周围的环境已经相对熟悉，但由于缺乏合适的光谱技术，目前对于网络修饰体阳离子周围的环境还知之甚少。由于缺乏直接的实验证据，文献中出现了很多截然不同的假设，如基于完全随机的离子键分布模型，以及基于富含修饰体阳离子的区域与非富含修饰体阳离子的区域交替出现的模型(Greaves，1985)。

离子盐常添加到含有网络形成体和网络修饰体的玻璃基体中，并显著提升材料的离子电导率，如图 4.2(b)所示。因此，这些离子盐常称为掺杂盐。它们一般是卤化物盐，也可能是硫酸盐。从结构的角度来看，卤化物阴离子并不会嵌入大分子链中。并且在光谱分析中也并未揭示添加离子盐之后大分子链的振动会发生任何变化。事实上，目前唯一确定的是离子盐并没有和大分子链发生化学反应。而卤化物盐中离子之间的排列仍然是未知的。因此，研究人员提出了一些假设，如形成了盐团簇(Malugani 和 Mercier，1984)，或者盐均匀地分布在玻璃态电解质中(Borjesson、McGreevy 和 Wick，1992)。从热力学的角度来看，未发生化学反应可能导致混合焓很低，仅为几千焦每摩尔数量级(Reggiani、Malugani 和 Bernard，1978)。

有研究者提出，这种混合焓是单纯由静电作用产生的，代表了离子附近环境的轻微改变。例如，我们可以设想碘化银在磷酸银中溶解的过程，如下所示

$$O=P-O^-_{Ag^+}^{Ag^+}O-P=O + 2AgI \longrightarrow 2O=P-O^-_{Ag^+}^{Ag^+}I^- \tag{4.3}$$

定性来看，大分子链与卤化物盐之间的偶极-偶极相互作用补偿了卤化物晶体的晶格能，并趋向于减少存在于玻璃态电解质中的氧化物大阴离子之间的相互作用。该相互作用的减少是添加卤化物盐会造成材料玻璃转化温度急剧下降的可能原因(Reggiani、Malugani 和 Bernard，1978)。此外，这种类型的反应符合卤化物盐在玻璃溶剂中溶解需要存在由网络修饰体提供的离子键的事实。

最后，添加离子盐可能会形成只含有离散的阴离子(碘化物或钼酸盐等)而不含任何大分子阴离子的玻璃态电解质。$AgI-AgMoO_4$ 体系即为这种情况，而其单一组分 AgI 或 $AgMoO_4$ 均不能形成玻璃。

4.3　玻璃态电解质的动力学和热力学特性

无论其化学组成是什么，大多数玻璃态电解质都是由液态淬火得来的。由液态淬火得到玻璃态电解质的过程必须足够快，以避免其动力学结晶，并留下不处于热力学平衡状态的材料。生产多种离子导电玻璃态电解质的淬火速率一般为$10\sim10^7℃\cdot s^{-1}$。通过 X 射线及中子散射实验观察到玻璃态材料内部的原子排列与原始液体状态下基本相同。

玻璃态电解质与其原始液体之间的区别并不是结构，而是动力学。该差别主要体现在一个称为结构弛豫时间 τ 的微观量。这个时间是指一个结构单元在与其尺寸大小相当的距离内移动的平均寿命时间。在硅酸盐玻璃态电解质中，这种结构单元可能由若干个 SiO_4 单元组成。结构弛豫时间的大小显著依赖于温度。在高温下，τ 很小，为$10^{-13}\sim10^{-12}$ s量级，该时间与相邻单元形成势阱的基本振动时间量级一致。而当温度降低到熔点 T_m 以下时，过冷液体中的响应时间迅速增加，最终可超过观测时间的尺度。当这种情况发生时，大规模的流动过程将停止，材料在观测的时间尺度上呈固态。弛豫时间尺度和观测时间尺度一致时温度 T_g 的大小取决于观测者的观测值，并不代表系统本身的

任何固有温度。通常，玻璃化转变温度 T_g 对应于 $\tau = 10^2\,\text{s}$。由于结构弛豫时间与黏度成正比($\eta = \tau G$，其中 η 为黏度，G 为剪切模量)，该值对应于超过 $10^{13}\,\text{dPa·s}\,(10^{13}\,\text{P})$ 的黏度。

目前，τ 对温度的依赖关系是从黏度-温度测量中推导出来的。当 $T < T_g$ 时，τ 与温度的关系满足 Arrhenius 定律；但当 $T > T_g$ 时，τ 与温度的关系更加复杂，一般用经验公式 Vogel-Tamman-Fulcher (VTF)定律描述(Vogel，1921；Tamman 和 Hesse，1926；Fulcher，1925)。

$$\tau = \tau_0 \exp\left[\frac{B}{R(T - T_0)}\right] \tag{4.4}$$

式中，B 不依赖于温度或对温度的依赖性很弱；T_0 为材料的一个特征温度。从式(4.4)中可看出，T_0 是在无限长的观测时间内测量到的玻璃化转变温度。因此，T_0 称为理想的玻璃化转变温度。当温度在 T_g 以上测量离子电导率时，即在"熔融"玻璃态电解质或聚合物的弹性体区域，也会观察到 τ 依照 VTF 定律随温度变化，这将在 4.7 节中进一步讨论。

玻璃化转变温度与材料的动力学参数和实验时间密切相关。因此，玻璃化转变温度随淬火速率的增大而升高。实际上，同样的玻璃态电解质可能会观察到 T_g 存在 $10\sim20\,\text{K}$ 的波动(Menetrier、Hojjaji、Estournes 和 Levasseur，1991)。值得注意的是，对于定义明确的化合物，T_g 和 T_0 与结晶形态的熔化温度 T_m 之间存在如下经验关系：$T_g \approx 2/3 T_m$ (Sakka 和 Mackenzie，1971)，$T_0 \approx 1/2 T_m$ (Caillot、Duclot 和 Souquet，1991)。

由于玻璃态的无序性，玻璃态化合物往往比相应的晶态化合物具有更高的焓和熵。超额焓由键长和键角的范围决定。一般认为超额焓约为 $5\,\text{kJ}$ 每个原子为宜。超额熵实际上是在温度为 T_g 时冻结在过冷液体中的熵，通常约为 $4\,\text{J·K}^{-1}$ 每个原子。这些值意味着玻璃态不处于热力学平衡状态。对于相同的化学组成，玻璃态与晶态相比的超额自由能大小取决于制备过程，特别是淬火速率的大小。而玻璃态与晶态的物理特性，如密度、折射率和离子电导率等，可能略有不同。然而，与观测时间尺度相比，分子自由度的弛豫时间或者非常短(如振动运动)，或者非常长(如结构弛豫时间)，因此可以应用热力学来描述这种亚稳态相(Jäckle，1981)。

4.4　描述玻璃态电解质中离子传输的微观方法

无论传导机理如何，输运过程的电导率都可以表示为载流子浓度 c、迁移率 u 和电荷的乘积。其中，电导率的单位为 S·cm^{-1}，迁移率为 $\text{cm}^2 \cdot \text{V}^{-1} \cdot \text{s}^{-1}$，如果载流子的浓度以 mol·cm^{-3} 为单位，那么必须使用离子的摩尔电荷。带单个电荷离子的摩尔电荷即为 Faraday 常量 $F(96\,500\,\text{C})$。使用下标+代表阳离子迁移的情况，进而我们可以得到如下表达式

$$\sigma_+ = c_+ F u_+ \tag{4.5}$$

注意该等式与第 2 章和第 3 章中所使用的表达式 $\sigma_i = c_i q u_i$ [式(2.1)]等价，不同之处在于 c_i 和 q 指的某个离子，而不是离子的摩尔量。

由于无机玻璃态电解质的相对介电常数 ε_r 较低，一般为 5～15，因此离子物种之间具有很强的相关性。例如，在玻璃态 $AgPO_3$ 中，大多数 Ag^+ 都与非桥式氧相连接。然而，热振动会导致上述连接发生部分解离，图 4.3 显示了一种可能的两步迁移机理：(a)产生带电缺陷，(b)缺陷迁移。

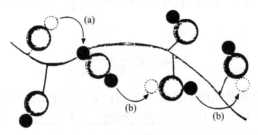

图 4.3　在阳离子导电玻璃态电解质中，间隙阳离子对的形成(a)以及从一个非桥式氧向另一个非桥式氧迁移(b)的示意图。

(a) 在碱金属或银的一般浓度 C 下，即 $0.01\sim0.03\,mol\cdot cm^{-3}$，阴离子位点之间的距离非常近($2\sim4\,Å$)，所以阳离子很容易离开其正常位点并迁移至已被占据的相邻位点。上述玻璃态结构中缺陷形成的形式类似于离子晶体中 Frenkel 缺陷的形成(第 2 章)。由此形成的间隙阳离子对的浓度等于空出的阳离子位点的浓度，同时它们也代表了载流子的浓度 c_+。传统的技术很难直接测量 c_+ 的值，所以只能进行估算。据估算，纯的玻璃态磷酸银间隙位置的 Ag^+ 仅占所有银阳离子的 10^{-7}(Clement、Ravaine、Deportes 和 Billat，1988)。

从热力学的角度来看，间隙离子对的形成符合化学平衡，如下所示(Kittel，1968)。

一般位点阳离子 + 可占据间隙位点 $\rightleftharpoons$ 间隙阳离子 + 空缺阳离子位点
$\qquad(C-c_+)\qquad\qquad(C-c_+)\qquad\qquad\quad c_+\qquad\qquad\quad c_+$

考虑到每个关联离子对可能接受一个间隙阳离子且 $c_+ \ll C$，可得出

$$c_+ = C\exp(-\Delta G_f/2RT) \tag{4.6}$$

式中，$\Delta G_f = \Delta H_f - T\Delta S_f$，为形成缺陷的自由能。

(b) 第二步是电场引发的缺陷迁移。图 4.3 描述的机理是一种间接推填机理。这一机理符合矿物玻璃态电解质的 Haven 比一般为 0.3～0.6 的事实(Haven 和 Verkerk，1965；Terai 和 Hayami，1975；Lim 和 Day，1978)。Haven 比定义为放射性示踪方法测定的示踪扩散系数 D^* 与通过 Nernst-Einstein 方程(第 3 章)得到的电导率的扩散系数 D 的比值，其数值可以非常准确地测量得到。通过分析在电场下获得的扩散曲线同时测量 D^* 和 D，可以得到准确度高于 5% 的 Haven 比。由离子跃迁的随机行走理论可知，各向同性介质中的电导率扩散系数 $D = (e^2/\sigma)v_0$。因此，对于间接推填机理，相应的迁移率可表示为

$$u_+ = \frac{F}{RT}\frac{l^2}{6}v_0\exp\left(-\frac{\Delta H_m}{RT}\right) \tag{4.7}$$

式中，v_0 为间隙阳离子的振动频率；l 为跃迁距离；ΔH_m 为基元跃迁所需的焓。显然，

在无序介质中的迁移意味着应取 l 和 ΔH_m 的平均值。将式(4.6)和式(4.7)代入式(4.5)中我们可以得到

$$\sigma_+ = Fu_+ c_+ = \frac{F^2 l^2 \nu_0 C}{6RT} \exp\left(\frac{-\Delta G_f/2 - \Delta H_m}{RT}\right) \tag{4.8}$$

与实验定律对比

$$\sigma_+ = \sigma_0 \exp\left(-E_a/RT\right)$$

我们可以得到指前因子和活化能 E_a 的表达式

$$\sigma_0 = \frac{F^2 l^2 \nu_0 C}{6RT} \exp\left(\frac{\Delta S_f}{2R}\right) \tag{4.9}$$

$$E_a = \frac{\Delta H_f}{2} + \Delta H_m \tag{4.10}$$

当物理参数 l、ν_0 和 C 取其一般值时，计算的 σ_0 值为 $10\sim10^3\ \mathrm{S\cdot cm^{-1}}$，与实验结果一致。该一致性意味着熵项 ΔS_f 的影响很小。

由于所有玻璃态电解质的 σ_0 值都很接近，因此图 4.2 中所示的等温电导率的变化即对应 $\Delta H_f/2$ 和 ΔH_m 随组成的变化。从这一点来看，如果没有任何额外的假设，这两项的相对影响是未知的。换句话说，当化学组成改变时，相应的载流子浓度的变化和迁移率的变化是不可区分的。

4.5　载流子热力学：弱电解质理论

如图 4.3 所示，步骤(a)中载流子的形成可与以下解离平衡相对应

$$M_2O \rightleftharpoons OM^- + M^+ \tag{4.11}$$

其中 M^+ 代表间隙位点的碱金属离子。平衡常数 K_{diss} 是解离自由能 ΔG_{diss}^o 的函数，它与式(4.11)中物种的热力学活度有关

$$K_{diss} = \exp\left(-\frac{\Delta G_{diss}^o}{RT}\right) = \frac{a_{M^+} a_{OM^-}}{a_{M_2O}} \tag{4.12}$$

在介电常数相对较低的介质(如玻璃态电解质)中，解离常数很小，并且热力学离子活度与它们的浓度成正比。则式(4.12)可近似表达为

$$K'_{diss} = \frac{\left[M^+\right]\left[OM^-\right]}{a_{M_2O}} \tag{4.13}$$

其中 K'_{diss} 中包含了离子的活度系数 γ_{M^+} 和 γ_{OM^-}，活度系数的大小取决于所选的浓度范围。因此，载流子浓度 c_+ 可表示为

$$c_+ = K'^{1/2} a_{M_2O}^{1/2} \tag{4.14}$$

或者

$$c_+ = K'^{1/2} \exp\left(\frac{\overline{\Delta G_{M_2O}}}{2RT}\right) \tag{4.15}$$

其中 M_2O 的热力学活度可表示为网络修饰体偏摩尔自由能的函数。

许多快离子导电玻璃态电解质中包含多种具有相同碱金属的盐以优化导电性。由于同时涉及多种解离平衡，因此很难用所有组分的热力学活度来表示载流子的浓度。然而，如果其中一种盐 MY 的解离程度远超过其他盐，则式(4.14)可以用来描述该盐解离的一级近似。实验上如果随着该盐含量的增加，离子电导率会显著提升，即可验证该盐是主要的解离成分。如图 4.2 所示，在磷酸银中添加的碘化银很清楚地符合这一关系，即为主要解离盐。一般来说，带有较大阴离子的盐具有更高的解离常数。Fuoss 表达式(1958)将 $\lg K_{diss}$ 与相对介电常数 ε_r 和离子半径关联如下：

$$\lg K_{diss} = \frac{N_A e^2}{(r_+ + r_-)RT} \frac{1}{4\pi\varepsilon_0\varepsilon_r} \tag{4.16}$$

式中，N_A 为 Avogadro(阿伏伽德罗)常量；e 为电子电荷；r_+ 和 r_- 分别为阳离子和阴离子的半径；ε_0 为静电介电常数。从这个方程可以很容易地看出，离子半径较大时 r 和 ε_r 较大，因此 K_{diss} 减小。

Ravaine 和 Souquet 在 1977 年首次提出了这种将离子电导率与解离物种的热力学特性联系起来的化学方法。由于它只是简单地将 Arrhenius 在一个世纪前提出的溶液中的电解质解离理论拓展到玻璃态电解质，因此这种方法目前称为**弱电解质理论**。对于离子传导率主要由 MY 盐决定的玻璃态电解质，弱电解质理论描述了阳离子电导率 σ_+、载流子的迁移率 u_+、解离常数 K_{diss} 以及带有相对于任意参考态下的偏摩尔自由能 $\overline{\Delta G_{MY}}$ 的盐的热力学活度之间的简单关系：

$$\sigma_+ = Fu_+ K'^{1/2} a_{MY}^{1/2} = Fu_+ K'^{1/2} \exp\left(\frac{\overline{\Delta G_{MY}}}{2RT}\right) \tag{4.17a}$$

从这个关系我们可以得出，如果在恒定的温度和压力下，u_+ 和 K_{diss} 在给定的玻璃态体系中有恒定值，则 σ_+ 与盐的热力学特性成正比。离子电导率与 $a_{MY}^{1/2}$ 在多个数量级上成正比已被实验所证实。一般解离物为网络修饰体或掺杂盐。电位(Ravaine 和 Souquet，1977)或量热(Reggiani、Malugani 和 Bernard，1978)技术已用于热力学活度的测量，如图 4.4 所示。这些结果表明，离子电导率随组分变化的主要贡献来源于载流子数目的巨大变化，而与 u_+ 或 K_{diss} 的变化无关。

当离子盐的热力学活度与其浓度 C 成正比时，在非常低的离子盐浓度下可能会发生一种有趣的极限情况。在这种情况下，离子电导率随 $C^{1/2}$ 变化，而当量电导率 $\Lambda = \sigma/C$ 随 $C^{-1/2}$ 变化。这种现象已经在 $C_{Na} < 10^{-4}$ $mol \cdot cm^{-3}$ 的 GeO_2-Na_2O 体系中被实验所证实(Cordado 和 Tomozawa，1980)。含有少量离子杂质的有机聚合物也同样存在这种离子电导率随 $C^{1/2}$ 变化的现象(Blythe，1980)。

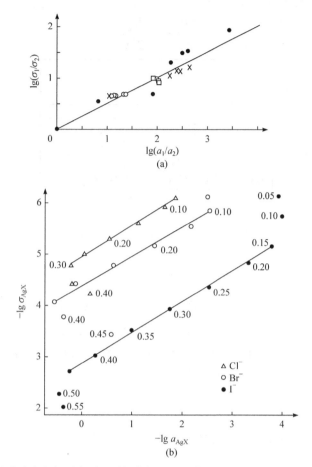

图 4.4 (a) 几种硅基玻璃态电解质中碱金属氧化物的电导率比和热力学活度比的对数关系比较，其中活度比是从电位测量中得出的。(b) 在相同的尺度下，电导率与 AgX(X=Cl，Br，I)在磷酸盐玻璃态电解质中的活度的关系，其中活度值是从量热测量中得出的。

4.6 电导率测量与玻璃态电解质的热力学研究

实验表明，离子电导率随 MY 盐含量的变化与盐的偏摩尔自由能通过 $\exp(\overline{\Delta G_{MY}}/2RT)$ 项相关联。如果 x 为任何可衡量 MY 含量的浓度标度(如摩尔比)，则电导率的实验结果遵循 Arrhenius 定律，可表示为

$$\sigma(x) = \sigma_0(x)\exp\left[-\frac{E_a(x)}{RT}\right] \qquad (4.17b)$$

将式(4.17a)和(4.17b)对 x 求偏微分可以把指前因子的变化与 MY 偏摩尔熵的变化相关联，把活化能的变化与偏摩尔焓的变化相关联(图 4.5)

$$\frac{\partial \lg \sigma_0}{\partial x} = -\frac{\partial \overline{S}_{MY}}{2R\partial x} \qquad (4.18)$$

$$\frac{\partial E_{\mathrm{a}}}{\partial x} = -\frac{\partial \bar{H}_{\mathrm{MY}}}{2\partial x} \tag{4.19}$$

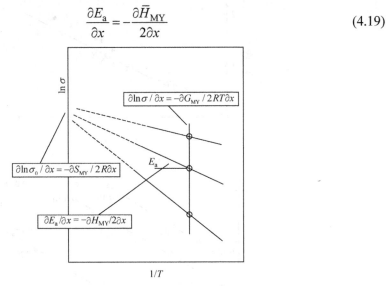

图 4.5　Arrhenius 曲线中 σ_0 和 E_{a} 与溶解在玻璃态电解质中的解离盐 MY 的摩尔比 x 的关系。

因此，从电导率数据可以推导出盐的偏摩尔热力学函数的信息，从而可以进一步建立一个可以定量解释电导率随组成变化的热力学模型。这些模型与已建立的熔融盐混合物或金属合金体系的模型并没有太大的区别。

因此，我们可以对图 4.2 所示的四种典型的离子电导率随组分变化的情形提出热力学解释和预测。

对于由网络形成体和网络修饰体 M_2X 组成的简单玻璃态电解质，离子电导率随碱金属含量的大幅增加来源于 $\overline{\Delta G}_{M_2X}$ 的大幅增加，而 $\overline{\Delta G}_{M_2X}$ 的增加主要来源于熵值的改变。在硫化物或氧化物玻璃态电解质中，Pradel 等根据化学平衡中存在的三种氧或硫构型，构建了一个简单的模型(Pradel、Henn、Souquet 和 Ribes，1989)。该模型与 Fincham 和 Richardson 最初提出的液态硅酸盐模型十分相似(1954)。

卤化物溶解于氧化物或硫化物基玻璃态电解质中会导致离子电导率的大幅增加。这个现象可解释为卤化物偏摩尔自由能 $\overline{\Delta G}_{MY}$ 的增加，这是卤化物盐(MY)和玻璃溶剂之间形成规则溶液的结果(Kone 和 Souquet，1986)。这种热力学行为的微观起源可能在于静电四极的形成。静电四极是由两个与非桥式氧或硫以及卤化物阴离子缔合的碱金属阳离子形成的，如式(4.3)所示。上述离子缔合所产生的混合焓可以从电导率数据中推导出来，它们的数量级通常在几十千焦每摩尔，相当于一个碱金属阳离子和两个不同阴离子的熔融盐混合物的混合焓。

目前还没有一个简单的热力学模型能够解释用一种碱金属离子部分替代另一种碱金属离子时电导率大幅下降的现象，即所谓的混合碱金属效应。通过对不同组分碱金属离子的指前因子和活化能进行系统的分析，研究人员发现在混合过程中碱金属离子的偏摩尔熵和偏摩尔焓都显著降低。尽管最近的 X 射线光谱研究表明这种行为可能是由结构的变化导致的，但目前对这种行为的微观机理仍不清楚。可以预测的是，在限定组分之间存在显著的放热混合焓(在 kJ·mol^{-1} 量级)，并且该预测已在实验上被量热研究所证实

(Terai 和 Sugita，1978；Kone、Reggiani 和 Souquet，1989)。

对于混合阴离子效应也可以进行类似的分析。在这种情况下，限定组分间的吸热混合焓增加了网络修饰体的偏摩尔自由能(Souquet，1988)。所有表现出混合阴离子效应的玻璃态混合物都倾向于分裂成两相，这一事实可以定性地证明其是吸热混合物。不同阴离子混合后导致的吸热混合焓已在卤化盐和玻璃态电解质的量热实验中观测到(Janz，1967；Hervig 和 Navrotsky，1985)。在玻璃态电解质中，吸热反应可以解释为一种网络形成体阳离子(通常是硼)配位数的增加。从实验的角度来看，将电导率的增加与硼配位从 3 到 4 的变化相关联是很有趣的。利用电导率和 NMR 数据，可以在 Li_2O-B_2O_3-TeO_2 和 Li_2S-B_2S_3-P_2S_5 体系中进行这样的比较(Martins Rodrigues 和 Duclot，1988；Zhang 等，1989)。

式(4.18)和式(4.19)将偏摩尔熵和偏摩尔焓与指前因子和活化能联系起来，这些偏热力学函数可能随碱金属的含量而变化。但在组成不变的情况下，这些热力学函数也可能随淬火速率而变化。储存在玻璃态电解质中的焓和熵取决于材料在玻璃化转变温度 T_g 下冻结之前的过冷液体的温度区间。淬火速率越快，焓和熵的值越高。如果 ΔT_g 为不同淬火速率下 T_g 的差值，$\overline{\Delta C_{MY}^{P}}$ 为解离盐在液态和玻璃态下偏摩尔热容的差值，我们可以估算通过快速淬火得到的储存在玻璃态电解质中的偏摩尔熵和焓的超量

$$d\overline{S}_{MY} \approx \frac{\overline{\Delta C_{MY}^{P}}\Delta T_g}{T_g} \tag{4.20}$$

$$d\overline{H}_{MY} \approx \overline{\Delta C_{MY}^{P}}\Delta T_g \tag{4.21}$$

由于 ΔT_g 一般不超过 10～20 K，因此在上述关系中 $\Delta T_g \ll T_g$。$\overline{\Delta C_{MY}^{P}}$ 值通常是未知的，但是一个原子的 ΔC^P 一般可估计为 $10\ J\cdot K^{-1}$ 每个原子(Angell，1968)。

利用这些数据作一级近似，淬火速率的影响将导致

$$\frac{d\sigma_0}{\sigma_0} = \frac{d\overline{S}_{MY}}{2R} \approx 3\%$$

和

$$dE_a = -\frac{d\overline{H}_{MY}}{2} \approx 1.5 \times 10^{-3}\ eV$$

尽管这些变化很小，但累积起来的影响是很大的。室温下，在高淬火速率下测得的上述结果比平常高 10%(Menetrier 等，1991；Boesch 和 Moynihan，1975)。在 T_g 附近对玻璃态电解质进行退火，这种差异将消失。

4.7 高于玻璃化转变温度时离子传输的微观模型

如图 4.6 所示，从 AgI-$AgMoO_4$ 混合物的数据可以看出，温度高于玻璃化转变温度 T_g 后离子电导率急剧上升。此时，离子电导率不能再用 Arrhenius 公式[式(4.1)]描述，实

验结果可用以下经验关系描述：

$$\sigma_+ = \sigma_0 \exp\left[\frac{-B}{R(T-T_0)}\right] \tag{4.22}$$

上述经验关系在盐-聚合物复合物中也十分常见(Armand、Chabagno 和 Duclot，1979)。正如在 4.3 节中描述结构弛豫时间时所提到的，它称为 VTF 行为。

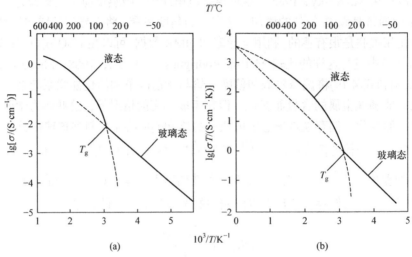

图 4.6　(AgI)$_{0.7}$-(AgMoO$_4$)$_{0.3}$ 混合物基于(a) σ 和(b) σT 的 Arrhenius 曲线。数据来源于 Kawamura 和 Shimoji (1986)。值得注意的是，玻璃态和液态的数据外推到 $T \to \infty$ 时 σT 值相同。

一般来说，所有传输性质的 VTF 行为都可以从 Doolittle(1951)引入的，并由 Cohen 和 Turnbull(1959)进一步发展的自由体积概念来理解。本质上来说，在该概念中所有可扩散的物种都被体积 V 随温度变化的晶胞中最近的原子所包围。超过某一温度临界值 T_0，即某一体积临界值 V_0 时，剩余体积 V_f $(V_f = V - V_0)$ 被认为是自由的。在没有焓改变的情况下，它可以围绕其平均值 $\langle V_f \rangle$ 重新分配。该平均自由体积的温度依赖性可以简单地用 $\langle V_f \rangle = \Delta\alpha V_0(T-T_0)$ 来描述，其中 $\Delta\alpha$ 为液相和结晶相的体积膨胀系数之差。

最后，过冷液体中任意扩散物种的结构弛豫时间与该物种获得的自由体积超过基本位移所需的最小值 V_f^* 的概率成正比。

$$\tau \sim \exp\left(\frac{-V_f^*}{\langle V_f \rangle}\right) = \exp\left[\frac{-V_f^*}{\Delta\alpha V_0(T-T_0)}\right] \tag{4.23}$$

显然，V_f^* 和式(4.22)VTF 表达式中常数 B 的取值随着传导过程中离子和链段的改变而改变。

图 4.7 旨在说明遵循 VTF 机理沿大分子链产生的间隙离子对的迁移机理。其中，步骤(b)与图 4.3(a)中所示的解离过程很相似。图 4.7 与图 4.3 所示机理的本质区别在于图 4.7(c)所示的间隙阳离子的迁移机理。这种迁移需要大分子链发生局部变形，其中涉及局部自由体积超过最小值 V_f^* 的过程。当这种迁移发生时，式(4.7)迁移率表达式中的概率项 $\exp(-\Delta H_m/RT)$ 必须用 $\exp[-V_f^*/\Delta\alpha V_0(T-T_0)]$ 代替，此时阳离子电导率随温度(大于 T_g)变化的完整表达式为

$$\sigma_+ = \frac{F^2}{RT}l^2\nu_0 C\exp\left(\frac{-\Delta G_f}{2RT}\right)\exp\left[\frac{-V_f^*}{\Delta\alpha V_0(T-T_0)}\right] \tag{4.24}$$

其中所有符号都已被定义过。将熵和焓项代入式(4.24)可得

$$\sigma_+ = \frac{F^2}{RT}l^2\nu_0 C\exp\left(\frac{\Delta S_f}{2R}\right)\exp\left(\frac{-\Delta H_f}{2RT}\right)\exp\left[\frac{-V_f^*}{\Delta\alpha V_0(T-T_0)}\right] \tag{4.25}$$

$$\overrightarrow{E}$$

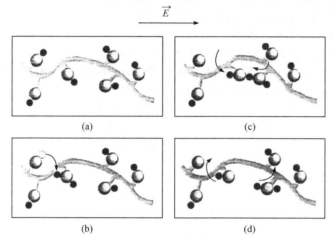

图 4.7 温度高于 T_g 时阳离子沿着聚合物链发生迁移的示意图。(a) 初始活化步骤，(b) 间隙对的形成，(c) 迁移过程，(d) 自由体积的再分配过程。

当温度大于 T_g 时，上式与 Arrhenius 公式的差异在于最后一个指数项的变化，这进一步导致了实验中如式(4.22)所示的 VTF 行为。事实上，对于聚合物电解质，式(4.25)与式(6.11)类似，其中离子的传输也可以用自由体积方法来描述，并且其中包含了表示载流子生成的 Arrhenius 项。

值得注意的是，对于一个离子电导率可在温度高于或低于 T_g 测量的材料，当 T 趋近于无穷时，这两个区域 σT 项的外推值应该相同：$(\sigma T)_{T\to\infty} = (F^2/R)l^2\nu_0 C$。如图 4.6(b)所示的 $(AgI)_{0.7}\text{-}(AgMoO_4)_{0.3}$ 混合物即展示了这种行为。

参 考 文 献

Angell, C. A. (1968) *J. Am. Ceramic Soc.*, **51**, 117-33.

Armand, M. B., Chabagno, J. M. and Duclot, M. J. (1979) in *Fast Ion Transport in Solids,* Eds. P. Vashishta, J. N. Mundy and G. K. Shenoy, North-Holland, Amsterdam, p. 131-6.

Blythe, A. R. (1980) in *Electrical Properties of Polymers*, Cambridge University Press, Cambridge.

Boesch, L. P. and Moynihan, C. T. (1975) *J. Non-Cryst. Solids*, **17**, 44-60.

Borjesson, L., McGreevy, R. L. and Wicks, A. (1992) *Journal de Physique Ⅲ*, **2**, 107-16.

Bray, P. J. and O'Keefe, J. G. (1963) *Phys. and Chem. of Glasses*, **4**, 37.

Caillot, E., Duclot, M. J. and Souquet, J. L. (1991) *C. R. Acad. Sci. Paris*, **312**, Ⅱ, 447-9.

Clement, V., Ravaine, D., Deportes, C. and Billat, R. (1988) *Solid State Ionics*, **28-30**, 1572-8.

Cohen, M. H. and Turnbull, D. (1959) *J. Chem. Phys.,* **31**, 1164-9.

Cordado, J. F. and Tomozawa, M. (1980) *Phys. and Chem. of Glasses*, **19**, 115-20.

Doolittle, A. K. (1951) *J. Appl. Phys.,* **22**, 1471-80.

Fincham, C. I. B. and Richardson, F. D. (1954) *Proc. Roy. Soc., A,* **223**, 40.

Fulcher, G. S. (1925) *J. Am. Ceramic Soc.,* **8**, 339-56.

Fuoss, J. (1958) *J. Am. Chem. Soc.,* **80**, 5059-61.

Greaves, G. N. (1985) *J. Non-Cryst. Solids,* **71**, 203-17.

Haven, Y. and Verkerk, B. (1965) *Phys. and Chem. of Glasses,* **6**, 38-45.

Hervig, R. I. and Navrotsky, A. (1985) *J. Am. Ceramic Soc.,* **68**, 314-19.

Ingram, M. D. (1987) *Phys. and Chem. of Glasses,* **28**, 215-34.

Jäckle, J. (1981) *Phil. Mag. B,* **44**, 533-45.

Janz, G. J. (1967) *Molten Salt Handbook,* Academic Press, New York.

Jourdaine, L., Souquet, J. L., Delord, V. and Ribes, M. (1988) *Solid State Ionics,* **28-30**, 1490-4.

Kant, H., Kaps, C. and Offermann, J. (1988) *Solid State Ionics,* **31**, 215-20.

Kawamura, J. and Shimoji, M. (1986) *J. Non-Cryst. Solids,* **88**, 281-94.

Kittel, C. (1968) *Introduction to Solid State Physics,* John Wiley & Sons, New York.

Kone, A., Reggiani, J. C. and Souquet, J. L. (1989) in *Proceedings of the 10th Risø International Symposium on Metallurgy and Material Science,* 435-40, Eds. J. B. Bide Sorensen *et al.*, Risø National Laboratory, Roskilde, Denmark.

Kone, A. and Souquet, J. L. (1986) *Solid State Ionics,* **18-19**, 454-60.

Levine, C. A. (1983) in *The Sulfur Electrode,* Ed. R. P. Tischer, Academic Press, New York.

Lim, C. and Day, D. E. (1978) *J. Am. Ceramic Soc.,* **61**, 99-102.

Malugani, J. P. (1976) PhD Thesis (University of Besançon).

Malugani, J. P. and Mercier, R. (1984) *Solid State Ionics,* **13**, 293-9.

Martins Rodrigues, A. C. and Duclot, M. J. (1988) *Solid State Ionics,* **28-30**, 729-31.

Menetrier, M., Hojjaji, A., Estournes, C. and Levasseur, A. (1991) *Solid State Ionics,* **48**, 325-30.

Muller-Warmuth, W. and Eckert, H. (1982) *Phys. Rep.,* **2**, 91-149.

Pradel, A., Henn, F., Souquet, J. L. and Ribes, M. (1989) *Phil. Mag. B,* **60**, 741-51.

Ravaine, D. and Souquet, J. L. (1977) *Phys. and Chem. of Glasses,* **18**, 27-31.

Ravaine, D. and Leroy, D. (1980) *J. Non-Cryst. Solids,* **38-39**, 575-9.

Reggiani, D., Malugani, J. P. and Bernard, J. (1978) *J. Chim. Physique,* **75**, 245-9.

Sakka, S. and Mackenzie, J. D. (1971) *J. Non-Cryst. Solids,* **25**, 145-62.

Shulze, P. C. and Mizzoni, M. S. (1973) *J. Am. Ceramic Soc.,* **56**, 65-8.

Souquet, J. L. (1988) *Solid State Ionics,* **28-30**, 693-703.

Souquet, J. L. and Kone, A. (1986) in *Materials for Solid State Batteries,* Eds. B. V. R. Chowdari and S. Radhakrishna, World Scientific Publ. Co., Singapore.

Souquet, J. L. and Perera, W. G. (1990) *Solid State Ionics,* **40-41**, 595-604.

Tammann, G. and Hesse, W. (1926) *Z. Anorg. Allgem. Chem.,* **156**, 245-57.

Terai, R. and Hayami, R. (1975) *J. Non-Cryst. Solids,* **18**, 217-64.

Terai, R. and Sugita, A. (1978) *Q. Rep. Govt. Ind. Res. Inst.,* **20**, 353-6.

Vogel, H. (1921) *Phys. Z.,* **22**, 645-6.

Warburg, E. (1884) *Ann. der Physik und Chemie,* **2**, 622-46.

Zarzycki, J. and Naudin, F. (1960) *Verres et Réfractaires,* 113.

Zhang, Z., Kennedy, J. H., Thompson, J., Anderson, S., Lathop, D. A. and Eckert, H. (1989) *Appl. Phys. A,* **49**, 41-54.

5 聚合物电解质 I：基本原理

——D. F. Shriver
西北大学化学与材料研究中心
——P. G. Bruce
圣安德鲁斯大学化学系

5.1 背 景

聚合物电解质是固态离子学中受到广泛关注的最新领域，它有可能在电池和电致变色窗等电化学器件中获得实际应用。与无机的玻璃或陶瓷电解质不同，聚合物电解质柔软、延顺的力学特性使它可以顺应电极充放电过程中的体积变化，因而有可能用于构造固态电池。聚合物电解质的应用潜力激发了新型聚合物电解质的合成，电解质结构与电荷传输的物理学研究，以及电荷传输过程的理论模拟等。这一领域的快速发展已经产生了多篇综述论文(Armand，1986；MacCallum 和 Vincent，1987，1989；Ratner 和 Shriver，1988；Vincent，1989；Tonge 和 Shriver，1989；Cowie 和 Cree，1989；Bruce 和 Vincent，1993；Linford，1987，1990)。

聚合物电解质的结构和电荷传输机理与无机固体电解质有很大不同，因此本章内容的主要目的是描述聚合物电解质的基本特性。我们可以看到大部分关于新型聚合物电解质的研究基于这样一条基本原理，即聚合物电解质中的离子传输严重依赖于离子周围高分子的局域运动(链段运动)。

就广义的"聚合物"一词而言，含离子基团的聚合物非常常见。它们包括第 4 章中讨论过的硅酸盐和硼硅酸盐无机玻璃、绝大部分生物大分子、可在溶剂中溶胀的合成离子交换剂，以及一些合成的结构高分子。除了很少的一些例外，它们都具有电解质的标志性特征：离子迁移能力。本章中我们主要讨论合成的含离子聚合物，它们之中的一部分有可能可以应用于电池和传感器等电化学器件中。

聚合物-无机盐配合物和聚电解质是两种深入研究的聚合物电解质体系。典型的聚合物-无机盐配合物由具有配位能力的高分子(如聚醚)和溶解于其中的无机盐(如 $LiClO_4$)组成[图 5.1(a)]。在这种电解质中，阴、阳离子都可以迁移。相反地，聚电解质是由含电荷

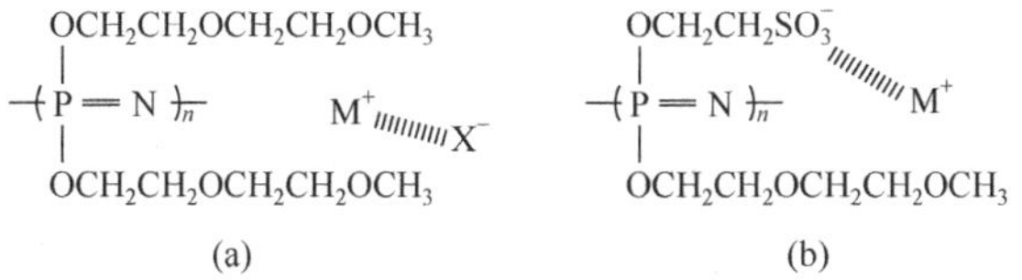

(a)　　　　　　　　　(b)

图 5.1　包含 MX 盐的聚合物-无机盐配合物(a)和阴离子共价连接于高分子链上的聚电解质(b)对比图。

官能团，即阴离子或阳离子共价连接于高分子主链而成[图 5.1(b)]，因此其中只有侧链官能团的反离子可以迁移。

5.2　聚合物-无机盐配合物

5.2.1　早期发展

早在 1976 年，Bailey 和 Koleska 就了解到聚氧乙烯(PEO)和其他极性高分子与金属盐之间的相互作用(Bailey 和 Koleska，1976)。1973 年，Fenton、Parker 和 Wright 报道碱金属盐可以和 PEO 形成结晶的复合物，Wright 在 1975 年报道这些材料显示出较高的离子导电性。随后，Armand、Chabagno 和 Duclot(1978，1979)意识到这些材料在电化学器件中的潜在应用，因而开始进行深入的电学表征。这些报道为聚合物中离子传输基础问题的研究以及聚合物-无机盐配合物在多种器件中的广泛应用奠定了基础。

聚氧乙烯(PEO)是聚合物电解质体系中研究得最为深入的聚合物基体，对很多更为先进的聚合物电解质基体来说，PEO 可以作为研究其结构特征的一个样本。PEO 由 —O—CH₂—CH₂— 重复单元组成，是一个半结晶的固体。科学家用红外光谱和拉曼光谱技术研究了 PEO 分子链构象，给出了局域亚甲基(—CH₂—)之间的相对位置(Matsuura 和 Miyazawa，1969；Maxfield 和 Shepherd，1975)；通过对取向纤维的 X 射线散射数据解析明确了其长程有序结构(Yoshihara、Tadokoro 和 Murahashi，1964；Liu 和 Parsons，1969)。这些研究表明结晶的 PEO 具有如图 5.2 所示的伸展螺旋结构，7 个 CH₂CH₂O 单元构成旋转两周同时升高 19.3 Å 的一个螺旋重复单元，在熔融状态下则呈现无规的链构象。

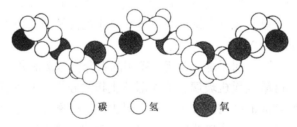

○ 碳　○ 氢　● 氧

图 5.2　结晶态 PEO 的一个结构基元。

5.2.2　高分子链段运动和离子传输

很多 PEO 基的聚合物-无机盐配合物可以随组成、温度或制备方法不同而得到结晶或无定形相。这些结晶相的聚合物-无机盐配合物无一例外地比处在玻璃化转变温度(T_g)以上相应的无定形相呈现出较低的电导率，此时无定形高分子链段都处于快速运动之中。因此，可以看出高分子链段运动对离子传输的重要作用。图 5.3 展示了无定形相的 PEO-金属盐配合物的高电导率的温度依赖性，其中一种介稳态无定形相的电导率远高于相应的结晶相材料(Stainer、Hardy、Whitmore 和 Shriver，1984)。对于某些无定形相和结晶相共存的聚合物-盐配合物，核磁共振(NMR)研究也表明其中的离子传输主要通过无定形相进行。Armand 早期发现无定形相聚合物-盐配合物在较宽温度范围内的电导率 σ 需要用 Vogel-Tamman-Fulcher(VTF)方程而不是简单的 Arrhenius 方程来描述，这一发现后来也被其他研究者验证(图 5.4)(Armand 等，1979；Bruce、Gray、Shi 和 Vincent，1991)。

$$\sigma = \sigma_0 \exp\left[-B/(T-T_0)\right]$$

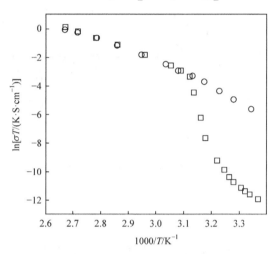

图 5.3　无定形(圆)和结晶相(正方)的 PEO: NH4SCN 体系中温度-电导率关系的对比图。

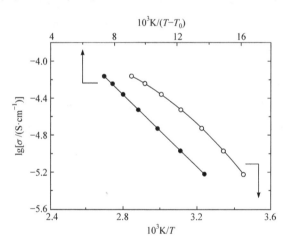

图 5.4　无定形的 PEO-LiClO4 电解质中电导率随热力学温度倒数的变化(空心圆)和根据 VTF 方程绘制的曲线(实心圆)。

　　这一方程中的参数将在第 6 章中讨论。VTF 行为也用来描述电中性分子在各种无序介质(如溶液和高分子)中的扩散行为。假设离子传输是通过高分子短链段的半无规运动进行的，则可以推导出 VTF 方程的函数形式。玻璃化转变温度以上高分子中典型的链段运动是围绕 C—C 键或 C—O 键的曲轴扭转运动。链段运动在温度接近玻璃化转变温度 T_g 时开始，温度进一步升高超过 T_g 时链段运动加快。在典型的聚合物电解质中，室温下这一链段运动的频率大约是 1 GHz(Shriver 等，1981；Ansari 等，1986)。与红外波段可探测的局域的 C—C 或 C—H 键伸缩振动相比慢 $10^3 \sim 10^5$。如图 5.5 所示，链段运动可以促进离子运动的一个机理是其可以形成/打破与离子相互作用的配位氛，并提供离子在外电场作用下扩散所需的自由体积。在第 6 章中我们将看到这一简单的物理模型还需考虑离子-离子相互作用而进行一些修正。

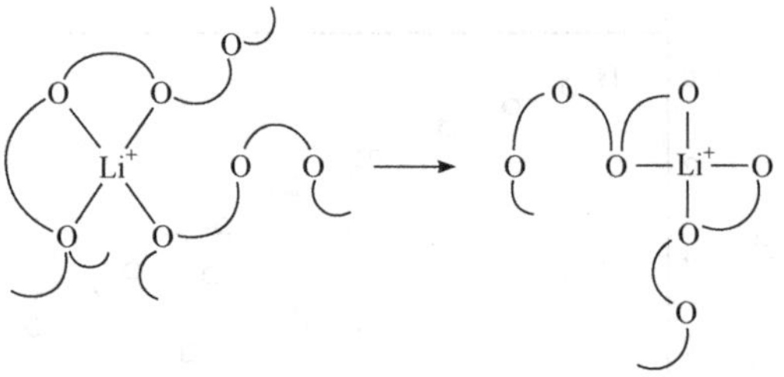

图 5.5　高分子中的离子运动示意图。

高分子链段运动对离子传输的必要性使目前的研发主要集中在具有较低玻璃化转变温度的无定形材料。

5.2.3　形成

尽管无机盐晶体有可能直接扩散到聚合物内部而形成聚合物-无机盐配合物，但是实际上这些配合物通常都是在干燥氮气气氛下的非水溶液中用无水聚合物和盐制备的。溶剂可以通过真空和加热条件除去。这样的制备条件可以尽量减少水和小分子对离子传输性能的干扰。样品中是否存在未融入聚合物中的无机盐可以用 X 射线衍射或光学显微观察进行检验。这样的研究工作揭示了能形成聚合物-无机盐配合物的化学成分(聚合物和盐组分)范围。一般来说，聚合物基体必须能够与阳离子形成很强的配位作用。一些典型例子包括聚醚、聚亚胺和聚酯，如图 5.6 所示。通常最容易融入聚合物的无机盐带有体积较大的单价阴离子。因此，三氟甲基磺酸锂 $Li[CF_3SO_3]$ 很容易形成聚合物-盐配合物，而氟化锂则不能。无机盐在聚合物中的溶解度可以非常高，经常超过 $2 \ mol \cdot dm^{-3}$。

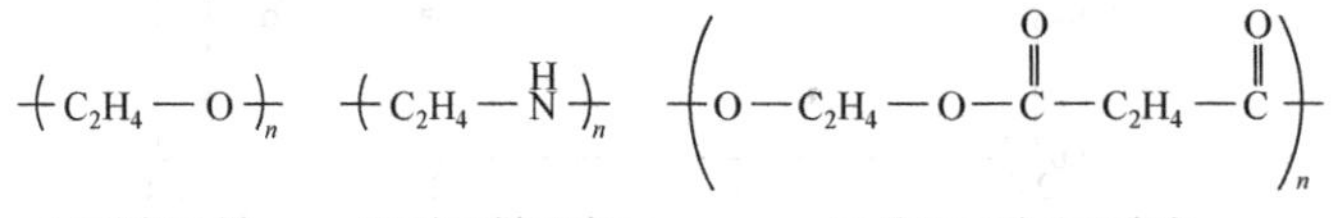

(a) 聚氧乙烯　　(b) 聚乙烯亚胺　　　　(c) 聚丁二酸乙二醇酯

图 5.6　可作为"固体溶剂"的配位聚合物。

如将在第 6 章中讨论的那样，可以通过将聚合物-盐相互作用与纯盐的晶格能进行比较去理解哪些因素可以影响聚合物盐的形成。目前研究最多的盐包括 I^-、ClO_4^-、$CF_3SO_3^-$ 和 AsF_6^- 等阴离子的锂盐和钠盐。最近也有一些新的锂盐出现，如 $Li[(CF_3SO_2)_2N]$ (LiTFSI) 和 $Li[(CF_3SO_2)_3C]$ (LiTriTFSM) 等(Benrabah 等，1993；Dominey，1991；图 5.7)。这些盐中高度离域的电荷提高了溶解度，因此在液体电解质和聚合物基固体电解质中都引起了更多的研究兴趣。

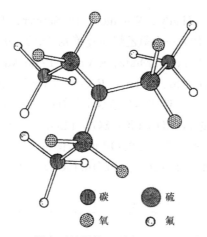

○ 碳　● 硫
● 氧　○ 氟

图 5.7　[(CF₃SO₂)₃C]⁻阴离子的结构。引自 Turowsky 和 Seppelt (1988)。

$\qquad$然而，许多其他一价、二价、三价阳离子的盐也能溶于具有配位能力的聚合物中(图 5.8)。所有的一价阳离子在聚合物基底中都是可移动的，而二价、三价阳离子中有一些是可移动的，也有一部分是不可移动的。不可移动的高价阳离子会使这种聚合物电解质成为单纯的阴离子导体。阳离子的迁移能力取决于该阳离子与聚合物的相互作用。相互作用越强，阳离子迁移能力越低，这一点与低分子量的液体电解质明显不同：在液体电解质中，强相互作用的溶剂分子可以使离子溶剂化，然后共同迁移。基于 PEO 和其他一些高分子的聚合物-无机盐配合物可以有很高的结晶度，这些结晶相由具有化学计量比的盐和高分子组成。根据化学组成和温度的不同，这些体系可以包含单纯结晶相或无定形相。这种多相共存特性意味着这些聚合物电解质最适合用相图来描述。由于高分子链的互相纠缠，其链段扩散速率较慢，导致相变相当迟缓，因此这些相图不像简单无机物的相图那么精准，"准相图"一词更适合描述这些聚合物-盐体系。早年关于 PEO-NH₄SCN

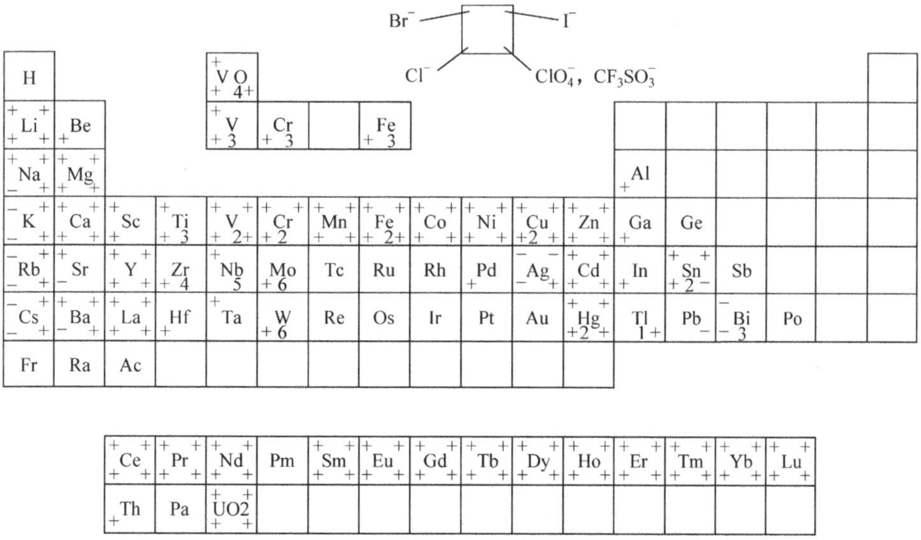

图 5.8　PEO 与各种金属盐的配合物形成：+代表形成配合物；−代表没有配合物生成。引自 Armand 和 Gauthier (1989)。

准相图的一个工作(Stainer、Hardy、Whitmore 和 Shriver，1984)认为存在单一化合物 (NH₄SCN)₀.₂(EO)₀.₈，其中 EO 代表一个氧乙烯重复单元。随后有更精确的其他工作发表。PEO-LiCF₃SO₃(Zahurak、Kaplan、Rietman、Murray 和 Cava，1988；Vallée、Besner 和 Prud'homme，1992) (图 5.9)和 PEO-LiClO₄(Jacobs、Lorimer、Russer 和 Wasiucionek，1989；Vallée 等，1992) (图 5.10)的准相图最受关注，因为这些体系包含了最好的 PEO 基电解质，并已被广泛研究。注意图 5.9 中不同的化学计量比(PEO)₃: LiCF₃SO₃、PEO: LiCF₃SO₃ 和(PEO)₀.₅: LiCF₃SO₃ 代表了三个不同的聚合物-无机盐配合物。在 PEO-LiClO₄ 体系中，最近的工作表明存在如下比例的配合物：PEO: LiClO₄、(PEO)₂: LiClO₄、(PEO)₃: LiClO₄、(PEO)₆: LiClO₄。

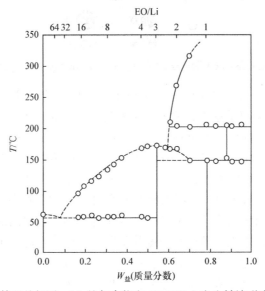

图 5.9　PEO-LiCF₃SO₃ 体系的相图。1/1 的复合物在 150℃以上发生转熔形成 0.5/1 的复合物。引自 Vallée 等(1992)。

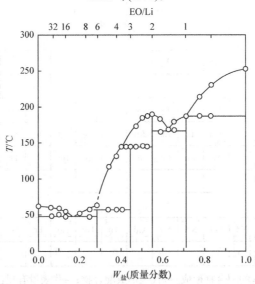

图 5.10　PEO-LiClO₄ 体系的相图。引自 Vallée 等(1992)。

　　这些聚合物-无机盐配合物的生长速率能提供其他方式很难得到的重要基础信息。通过测量$(PEO)_3$: NaSCN 晶体在它的过冷液体中生长的速率可以计算 Na^+ 和 SCN^- 的扩散系数(Lee、Sudarsana 和 Crist，1991)。结果表明当 PEO 分子量超过 10^6 以后，离子扩散系数与 PEO 分子量无关，这与之前描述的离子运动主要与高分子链段局域运动有关这一概念完全一致。

5.2.4　结构

　　聚合物-无机盐配合物的晶体结构可以提供导电性更好的无定形材料的结构信息。目前还无法制备聚合物-无机盐配合物的大单晶，但是在 PEO: NaI 和 PEO: NaSCN 体系中已经可以通过对拉伸取向的纤维材料做单晶 X 射线衍射而获得其结构信息(Chatani 和 Okamura，1987；Chatani、Fujii、Takayanagi 和 Honma，1990)。$(PEO)_3$: NaI 是研究得最为深入的一个例子，如图 5.11(a)所示，在这个结构中，钠离子同时与聚合物和碘离子配位，高分子骨架则卷绕成拉伸的螺旋结构。

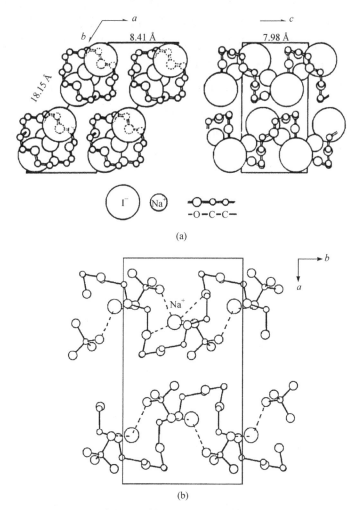

图 5.11　(a) $(PEO)_3$: NaI 配合物的晶体结构。(b) $(PEO)_3$: $NaClO_4$ 配合物的晶体结构。

拉伸取向的纤维材料并不容易制备，而且其中的高分子链构象可能与未拉伸的材料构象存在很大区别。并且这些样品的单晶 X 射线衍射数据质量也不高，因此数据较难分析。相对地，从多晶高分子薄膜样品得到的粉末 X 射线衍射数据质量好得多。1992 年，Lightfoot、Mehta 和 Bruce 等通过粉末 X 射线衍射数据获得了聚合物-无机盐配合物 PEO_3: $NaClO_4$ 的第一个晶体结构[图 5.11(b)]。这一结构与 PEO_3: NaI 结构相似，其中 Na^+ 被 PEO 链围绕，每个 Na^+ 与聚合物链上的四个醚氧原子和来自不同 ClO_4^- 的两个氧原子配位。每个 ClO_4^- 为两个相邻的 Na^+ 各提供一个氧原子作为配体，从而在这两个相邻 Na^+ 之间形成一个桥接。粉末 X 射线结果表明 ClO_4^- 或者是静态无序的，或者是在室温下有转动而呈现无序。近来，Bruce 等提取了典型的聚合物电解质如 PEO_3: $LiCF_3SO_3$、PEO_4: KSCN、PEO_4: NH_4SCN 和 PEO_4: RbSCN 的晶体结构。从这些研究出发通常可以了解很多决定聚合物电解质结构的基本原理(Lightfoot、Mehta 和 Bruce，1993；Bruce，1992；Lightfoot、Nowinski 和 Bruce，1994；Bruce，1995)。这些晶体结构表明从 Li^+ 到 Rb^+，不论其离子半径大小，所有阳离子都容纳在 PEO 螺旋链中，而不像之前所认为的，半径大于 Na^+ 的阳离子位于 PEO 螺旋之外。在 PEO_3: $LiCF_3SO_3$ 中，Li^+ 是五配位的，与三个醚氧和两个来自三氟甲磺酸盐(triflate)基团的氧配位，其中每个 PEO 螺旋含一个 Li^+。而在 PEO_4: MSCN (M = K^+、NH_4^+ 或 Rb^+)中，阳离子是七配位的，与五个醚氧和两个硫氰酸根上的氮配位。

红外光谱和拉曼光谱在聚合物电解质的研究中非常有用，因为这两种技术可以在很大浓度范围内提供结晶相和无定形相的盐配合物中阴、阳离子间相互作用的信息(Papke、Ratner 和 Shriver，1982；Dupon、Papke、Ratner、Whitmore 和 Shriver 1982；Tetters 和 Frech，1986；Kakihana、Sanchez 和 Torell，1990)。聚合物-无机盐配合物的振动光谱通常包括阳离子在高分子与阴离子形成的溶剂化笼子中振动的低频特征模式和高分子本身的特征振动模式(Papke、Ratner 和 Shriver，1981)。通过包括 EXAFS 在内的谱学测量可以得到更多的细节信息，将在第 6 章中讨论。

5.2.5 聚合物基体

随着 PEO 中离子传输现象的发现，其他聚合物的研究也逐渐开展，以理解离子-聚合物相互作用及离子传输的本质。考虑到 PEO 材料在 60℃ 以下会出现结晶相，从而使 PEO: 盐体系的室温电导率降低，因此许多研究集中在室温下呈无定形的材料，因为它们的电导率较高。一般来说，无定形的聚合物基体与无机盐形成无定形的配合物。如图 5.12 所示的无规立构的聚环氧丙烷(PPO)是一个被广泛研究的非晶聚合物基体。"无规立构"是指其侧链甲基的立体构象是随机分布的，因此没有高分子结晶所需的规整性。但是无规立构 PPO-盐配合物并不是最好的聚合物电解质。例如，它的性能就不如熔点以上的 PEO 基电解质。这可能是由于侧链甲基带来的额外空间位阻限制了有利于离子电导的链段运动。此外，空间位阻效应貌似也削弱了高分子与阳离子的相互作用(Cowie 和 Cree，1989)。另一种聚合物，聚氧化亚甲基(PMO)，通常也称为聚甲醛$(CH_2O)_n$，有高浓度的极性基团，因而看上去是一种很好的聚合物基体。遗憾的是，PMO 实际上是一种硬塑料，其极性基团与单价阳离子的相互作用不足以弱化它的内聚能而使其变软。

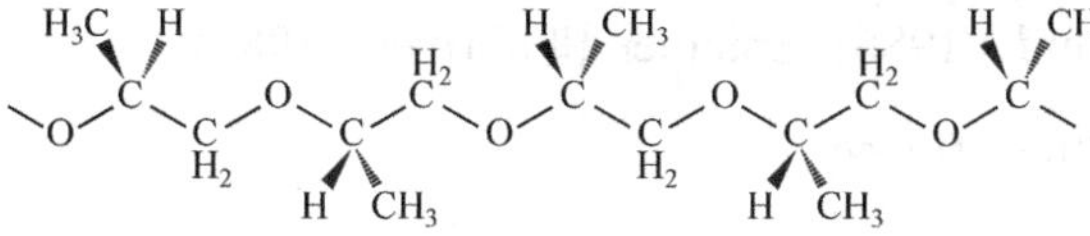

图 5.12 无规立构的聚环氧丙烷的分子结构。

如图 5.13 所示的材料，有时也称之为无定形的聚氧乙烯(aPEO)，实际是由随机分布的中等长度的 PEO 链段与氧化亚甲基单元相连而成的聚合物(Wilson、Nicholas、Mobbs、Booth 和 Giles，1990)。这些氧化亚甲基单元破坏了 PEO 分子链的螺旋状规则结构，因此可以抑制结晶。虽然 aPEO 基体聚合物及其无机盐配合物仍有可能在低于室温的温度下结晶，但这不影响它们在室温及以上温度的性能。类似地，如图 5.14 所示，在中等长度的 PEO 链段之间引入二甲基硅氧烷基团也可以形成无定形高分子(Nagoka、Naruse、Shinohara 和 Watanabe，1984)。

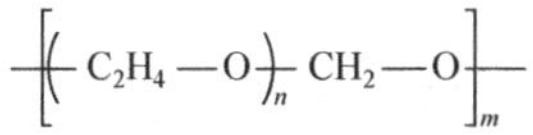

图 5.13 甲氧基连接的聚氧乙烯。

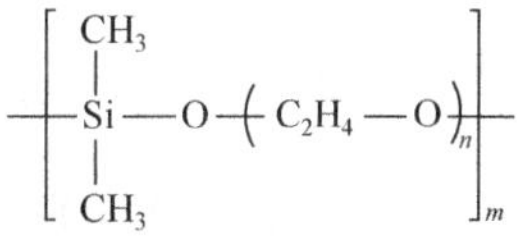

图 5.14 二甲基硅氧烷基团连接的聚氧乙烯。

无定形的梳形高分子是很好的碱金属盐的基体，这类高分子一般是在聚磷腈(图 5.15；Blonsky、Shriver、Austin 和 Allcock，1984)或聚硅氧烷(图 5.16；Xia、Soltz 和 Smid，1984)主链上挂有短链聚醚侧基。PN 主链的极性较低，且不与阳离子配位。这些主链的玻璃化转变温度较低，标志着其柔性较高，有利于促进离子传输。

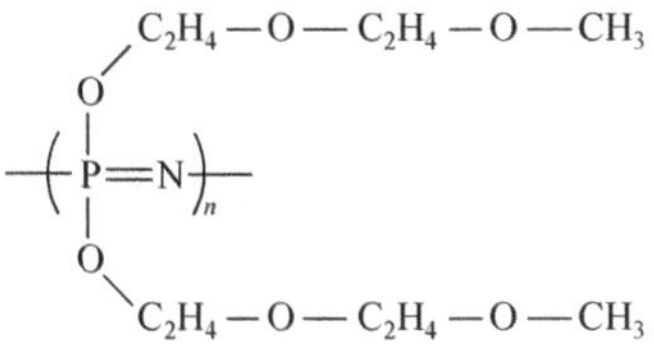

图 5.15 MEEP[聚二(甲氧乙氧乙氧基)磷腈]。

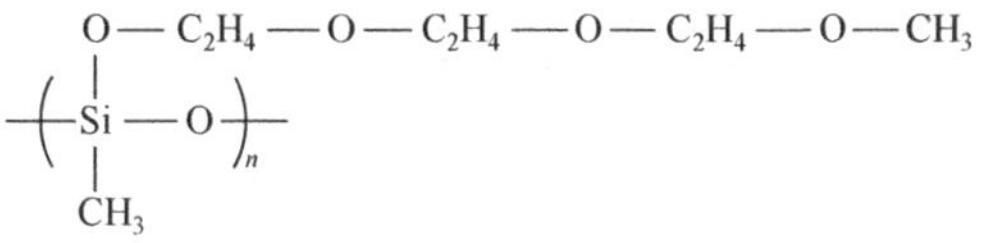

图 5.16 聚硅氧烷。

考虑不同的聚合物拓扑结构，除了线形和梳形高分子，枝化和网络状的高分子也被研究过(Killis、LeNest、Cheradame 和 Gandini，1982)。高分子网络的交联度可以调控它们的流动和形变特性。宏观层面上，聚合物电解质需要足够坚硬才可以隔离电池的阴、阳极片，同时还需要有足够的柔性以容纳器件工作过程中电极的体积变化。因此，微观层面上聚合物基体的交联度不能太高，以避免局部高分子链段呈现刚性而使玻璃化转变温度 T_g 升高，这不利于离子传输。

化学交联策略的一个例子是在 PEO 链间形成氨基甲酸酯基连接的工作(图 5.17；Killis 等，1982)。Killis 等在聚醚体系中引入了氨基甲酸酯基交联，并广泛研究了网络状电解质的整体力学性能与电导率之间的关系。研究过的其他用于聚合物电解质的化学交联网络状材料还包括如图 5.18 所示的聚醚连接的聚磷腈(Tong 和 Shriver，1987)和硅氧桥接的

PEO(Fish、Khan 和 Smid，1986；Spindler 和 Shriver，1987)。

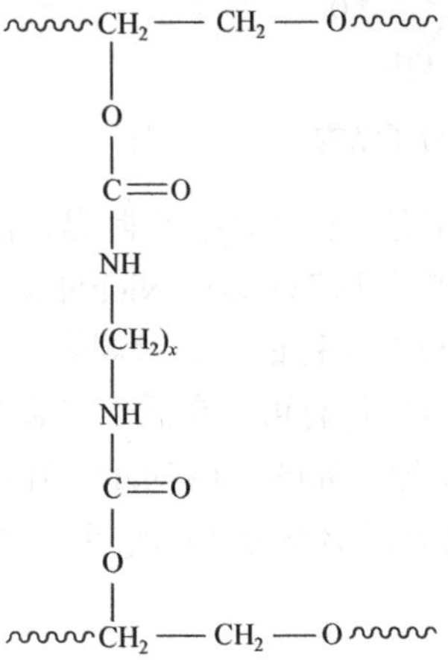

图 5.17　氨基甲酸酯基连接的聚氧乙烯链。

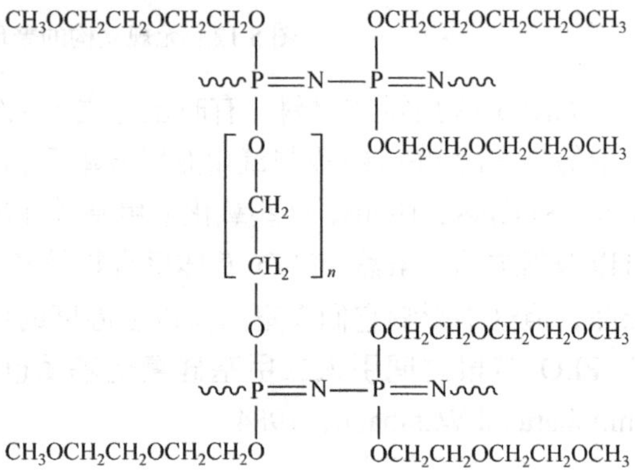

图 5.18　聚氧乙烯连接的 MEEP。

　　另一种形成网络的方式是在预先流延成膜的聚合物或聚合物-无机盐配合物中引入化学或辐照交联。这种原位交联的方式有实际应用上的便利，可以控制膜的厚度并在交联后保持形状。辐照交联的机理是样品经高强度 γ 射线的照射(MacCallum、Smith 和 Vincent，1984)，造成 C—H 键断裂，生成碳基自由基，通过相邻链间的自由基形成网络结构。总体来说，交联策略的目标是达到足够的交联度使高分子失去流动性，同时避免交联度过高导致刚性材料带来的低离子迁移率以及不能容纳电池充放电过程中电极的体积变化。

　　在聚合物电解质中引入极性小分子可以显著提高电导率(Abraham 和 Alamgir,1990)。在加入极性共溶剂时，网络状高分子能保持它们的物理形状，因此这类体系正因其实际应用的可能性而被大量研究。在高能量密度电池应用中，极性小分子这种易挥发的组分可能不是一个严重的问题，因为这些电池本来就必须严密封装以避免高活性的电极材料如金属锂等与空气接触。研究最深入的体系通常用到高极性的小分子，如碳酸丙烯酯(PC)等。例如，聚丙烯腈和聚乙烯吡咯烷酮曾用作 PC 与 $LiClO_4$ 混合后的聚合物基体，得到的材料具有非常出色的电导率：20℃下 1.7×10^{-3} S·cm^{-1}，–10℃下 1.1×10^{-3} S·cm^{-1} (Abraham 和 Alamgir，1990)。这里的小分子具有双重功能：它可以塑化基体聚合物使其更具柔性，更易发生链段运动，还可以使阳离子(有时甚至是阴离子)溶剂化，从而降低离子间的相互作用。

　　基于类似的想法，小分子螯合剂也曾加入聚合物电解质中。短链的聚乙二醇是一个例子。环状聚醚则是与碱金属阳离子结合更为有效的配位剂。有两个例子，分别是图 5.19 所示的单环冠醚和图 5.20 所示的双环穴醚配体(Lindoy，1989)。单晶 X 射线数据表明冠醚经常不能很好地将阳离子与阴离子屏蔽开[图 5.21(a)]。而穴醚-盐配合物的结构数据则表明其中的阳离子通常都可以与阴离子屏蔽[图 5.21(b)]。但是穴状配体对聚合物-盐配合物的影响又常被盐的沉淀复杂化了(Doan、Heyen、Ratner 和 Shriver，1990)。当阳离子被穴醚包裹时，促进它溶于聚合物基体的阳离子-聚合物相互作用也因穴醚的屏蔽而消失，因此阳离子在穴醚中的包覆会导致盐在聚合物基体中的溶解度降低。

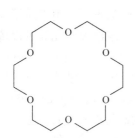

图 5.19 单环冠醚。

图 5.20 双环穴醚。

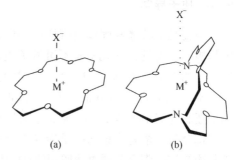

图 5.21 冠醚(a)和双环穴醚(b)中的阳离子配位示意图，(b)中配体更好地屏蔽了阴、阳离子间的相互作用。

在本章中，对于醚类极性基团的强调反映了醚类聚合物基体在聚合物电解质研究中的支配地位。这是由于聚醚对离子良好的溶剂化效应、分子链的高柔性以及高化学稳定性等多种因素综合的结果。其中，化学稳定性尤为重要，因为在高能量密度的电池中聚合物电解质必须接触具有高氧化性的正极材料和高还原性的负极材料。表 5.1 列出了其他研究过可以用作聚合物电解质基体的极性聚合物，包括酯、硫醚和亚胺，其中有一些在本章中讨论过。

表 5.1 一些已用作聚合物电解质固体溶剂的配位聚合物

名称	单体结构
聚环氧丙烷[poly(propylene oxide)] [a]	$[CH_2CH(CH_3)O]_n$
聚乙烯亚胺[poly(ethylenimine)] [b]	$(CH_2CH_2NH)_n$
聚亚烷基硫醚[poly(alkylene sulfides)] [c]	$[(CH_2)_pS]_n$
聚丁二酸乙二醇酯[poly(ethylene succinate)] [d]	$[OCH_2CH_2OC(O)CH_2CH_2C(O)]_n$
聚 N-甲基氮丙啶[poly(N-methylaziridine)] [e]	$[CH_2CH_2N(CH_3)]_n$
聚环氧氯丙烷[poly(epichlorohydrin)] [f]	$[OCH_2CH(CH_2Cl)]_n$
聚乙酸乙烯酯[poly(vinyl acetate)] [g]	$\{CH_2CH[OC(O)CH_3]\}_n$
聚二(甲氧乙氧乙氧基)磷腈 [poly[bis(methoxyethoxyethoxy) phosphazene]] [h]	$\{NP[O(CH_2CH_2O)_2CH_3]_2\}_n$
氧化亚甲基连接的聚氧乙烯 [oxymethylene-linked poly(oxyethylene)] [i]	$[(CH_2CH_2O)_mCH_2O]_n$

a. Armand, M. B., Chabagno, J. M. and Duclot, M. J. (1979) in *Fast Ion Transport in solids: Electrodes and Electrolytes*, Eds. P. Vashishta, J. N. Mundy, and G. K. Shenoy, North-Holland, New York, 131.

b. Chiang, C. K., Davis, G. T., Harding, C. A. and Takahashi, T. (1985) *Macromolecules*, **18**, 825.

c. Clancy, S., Shriver, D. F. and Ochrymowycz, L. A. (1986) *Macromolecules*, **19**, 606.

d. Dupon, R., Papke, B. L., Ratner, M. A. and Shriver, D. F. (1984) *J. Electrochem. Soc.*, **131**, 586.

e. Armand, M. B. (1983) *Solid State Ionics*, **9/10**, 745.

f. Shriver, D. F., Papke, B. L., Ratner, M. A., Dupon, R., Wong, T. and Brodwin, M. (1981) *Solid State Ionics*, **5**, 83.

g. Wintersgill, M. C., Fontanella, J. J., Calame, J. P., Greenbaum, S. G. and Andeen, C. G. (1984) *J. Electrochem. Soc.*, **121**, 2208.

h. Blonsky, P. M., Shriver, D. F., Austin, P. and Allcock, H. R. (1986) *J. Am. Chem. Soc.*, **106**, 6854.

i. Craven, J. R., Mobbs, R. H. and Booth, C. (1986) *Makromol. Chem. Rapid Commun.*, **7**, 81.

5.2.6　质子导体

　　与在其他液体和固体电解质中一样，质子的传导和其他离子颇为不同。由于质子高度易极化的特性，它几乎是不可避免地处于接近共价键的环境中。现已发现几类可以传导质子的聚合物电解质。PEO 与 H_3PO_4 形成配合物，其室温电导率为 $4 \times 10^{-5}\ S \cdot cm^{-1}$ (Donoso、Gorecki、Berthier、Defendini、Poinsignon 和 Armand，1988)。直链或支链的聚乙烯亚胺与 H_3PO_4 或 H_2SO_4 复合也可以得到质子导体(Daniel、Desbat 和 Lassegues，1988)。也许迄今为止最有意思的质子传导复合物是有机硅(有机物修饰的硅烷电解质)。这些经有机基团修饰的陶瓷是通过溶胶-凝胶法制备的。可以预计在甲醇燃料电池等器件中将特别具有超优的化学稳定性和热稳定性。一个具体的例子是如图 5.22 所示的磺酸苄基修饰的硅氧烷(Goutier-Lineau、Denoyelle、Sanchez 和 Poinsignon，1992)。这个电解质的室温电导率可以达到 $10^{-2}\ S \cdot cm^{-1}$。

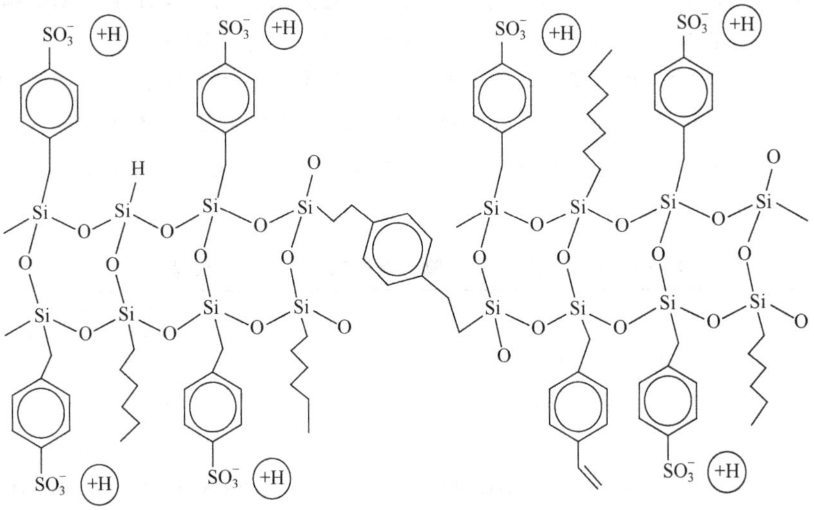

图 5.22　基于磺酸苄基修饰的硅氧烷质子传导膜。

5.3　聚 电 解 质

　　这类材料中存在与高分子主链共价连接的带正电荷或负电荷的离子，因此只有未连接的反离子可以进行长程迁移。表 5.2 中给出了一些作为固体离子学的对象研究过的聚电解质的例子。有些常见的聚电解质如聚苯乙烯磺酸钠，其材料的刚性太强，离子迁移率很低。在其中加入增塑剂，如短链的聚乙二醇等，可以将刚性的低离子电导的聚电解质转变为更柔顺的高离子电导材料(Hardy 和 Shriver，1985)。光谱数据表明醚氧原子与阳离子配位，可以降低阳离子与固定在高分子链上的阴离子之间的结合，同时提供了有利于离子迁移的局部可移动配位环境。另一个来自红外光谱的信息是聚乙二醇通过端羟基(—OH)与共价连接在聚苯乙烯主链上的磺酸盐基团的氢键相互作用留存于聚苯乙烯磺酸盐的基体之中。一类离子良导体是带短链聚醚侧基与四烷基季铵盐的聚磷腈(Chen、

Ganapathiappan 和 Shriver，1989)。另一类良好的阳离子导体是带短链聚醚侧基和大空间位阻酚盐离子的聚硅氧烷，其中与酚盐基团上的氧原子相邻的苯环因体积较大而降低了离子间的结合(Liu、Okamoto、Skotheim、Pak 和 Greenbaum，1985)。

表 5.2　一些聚电解质

名称	单体结构
聚 2-甲基丙烯酰氧乙基磺酸锂 [a] [lithium poly(2-sulphoethyl methacrylate)]	$\left(CH_2-\underset{\underset{CO_2CH_2CH_2SO_3^-Li^+}{\vert}}{\overset{\overset{CH_3}{\vert}}{C}}\right)$
聚磷腈磺酸钠 [b] [sodium poly(phosphazene sulphonates)]	$CH_3(OCH_2CH_2)_nO \quad O(CH_2CH_2O)_nCH_3$ $\left(N{=}\underset{CH_3(OCH_2CH_2)_nO}{\overset{}{P}}\right)_x\left(N{=}\underset{OCH_2CH_2SO_3^-Na^+}{\overset{}{P}}\right)_y$
聚二烯丙基二甲基氯化铵 [c] [poly(diallyldimethylammonium chloride)]	$N^+ \ Cl^-$
聚苯乙烯磺酸钠 [d] [sodium poly(styrene sulphonate)]	$SO_3^-Na^+$
Nafion 衍生物 117 [e] [Nafion derivative 117]	$(CF_2CF_2)_x{-}(CFCF_2)_y$ $\vert$ $OCF_2CF_2OCF_2CF_2SO_3^-Li^+$

a. Bannister, D. J., Davies, G. R., Ward, I. M. and McIntyre, J. E. (1984) *Polymer*, **25**, 1291.

b. Ganapathiappan, S., Chen, K. and Shriver, D. F. (1989) *J. Am. Chem. Soc.*, **111**, 4091.

c. Hardy, L. C. and Shriver, D. F. (1984) *Macromolecules*, **17**, 975.

d. Hardy, L. C. and Shriver, D. F. (1985) *J. Am. Chem. Soc.*, **107**, 3823.

e. Tsuchida, E. and Shigehara, K. (1984) *Mol. Cryst. Liquid Cryst.,* **106**, 361.

　　一种分子链上连有全氟磺酸盐阴离子的聚电解质特别有希望成为优良的 Li⁺ 导体(Sanchez、Benrabah、Sylla、Alloin 和 Armand，1993)。全氟磺酸根的强酸性确保 Li⁺ 处于高解离状态，而其柔性链又起到类似增塑剂的作用提升离子传输性能。30℃下其电导率可达到 $10^{-5} \text{ S} \cdot \text{cm}^{-1}$。

　　由于聚电解质只有一种可移动离子，其电导率数据的解释得到极大的简化。聚电解质在电池等电化学器件中的应用也有显著的优势。与聚合物-无机盐配合物不同，应用聚电解质的电池在充放电过程中电解质-电解质界面不会建立起因盐浓度的变化引起的高阻抗层。遗憾的是，目前还没有可实际应用的具有一定柔性的聚电解质薄膜。

　　配位剂和溶剂的影响：

　　在上面的例子中，短链聚乙二醇作为增塑剂加入刚性聚电解质中，提升了可移动离子附近高分子和溶剂的运动。这种策略已广泛用于改善电解质中的离子传输。

在某些聚电解质中加入穴醚可以显著提高电导率，红外光谱和拉曼光谱数据表明穴醚可以破坏离子-离子相互作用(Chen、Doan、Ganapathiappan、Ratner 和 Shriver，1991；Doan、Ratner 和 Shriver，1991)。阳离子-穴醚配合物的有效半径大于阳离子本身，使离子迁移率降低，但是降低离子缔合带来的提高电导率的效应显然更强一些。当然也有可能是聚合物-阳离子配合物的减少使穴醚-阳离子配合物更容易迁移，但是这一点还没有详细的研究证实过。

由于配体和阳离子形成较强的配合物，可以想象这种配合物的形成会使得阳离子转移至正极材料中的过程变慢：

$$[M(穴醚)]^+(聚合物) + (正极) \longrightarrow 穴醚(聚合物) + M^+(正极)$$

这个问题已经在汞齐电极中研究过，结果表明穴醚对于钠离子进入汞齐电极的速率影响极小，可以忽略(Chen 等，1991；Doan 等，1991)。穴醚的另一个有意思的应用是它可以提升二价阳离子在聚电解质中的迁移率(Chen 和 Shriver，1991)。

一个研究过的体系是含 Mg^{2+} 和连接在磷腈主链上的磺酸根反离子的聚电解质，其电导率较低，是由 Mg^{2+} 迁移引起的。当加入一个双环配体穴醚[2.1.1]时，其电导率有很大提升(Hancock 和 Martell，1988)。显然，配合物的形成减弱了阳离子-阴离子和阳离子-聚合物的相互作用，使阳离子更易迁移，尽管阳离子的有效离子半径变大了。

含镧系三价阳离子的聚合物-无机盐配合物也曾被研究过，它们的电导率很低。此外，电中性的配合物 $Nd(DMP)_3$(DMP = 2,2,6,6-四乙基-3,5-庚二酮)可溶于 PEO；尽管没有离子电导，但是该聚合物有可能用作激光材料。迄今为止最有名也是最有商业化前景的聚电解质是 Nafion 和相关的氟化磺酸，其结构如图 5.23 所示。这些质子导体在合适的增塑剂存在时可以有非常高的离子电导率，正在大量应用于以氢气为燃料的原型固体聚合物燃料电池中。

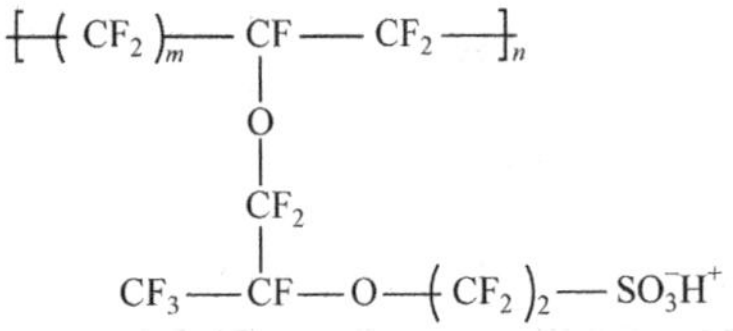

图 5.23　Nafion，m 通常为 13。

5.4　小　　结

无溶剂高分子体系中的离子传输研究到现在已有 20 年左右的历史。其间，有关这些材料的制备、表征和电荷传输过程的理解都取得了长足的进展。高分子链段运动对离子传输的重要性已经确立，与减弱阴、阳离子间相互作用的各种策略一道，这些研究看上去是未来最有希望的方向。尽管如此，目前我们对于这些材料的离子传输过程的理解还只是处在初级阶段，而聚合物电解质的结构以及跨越电极-电解质界面的离子传输等问题的理解则更难令人满意。领域内明显还有相当大的空间需要更多敏锐的离子传输机理的研究。毫无疑问，材料合成方面也有众多机会来优化离子传输和提高电解质稳定性。可以想象未来也许会发展出基于电荷传输新机理的全新聚合物电解质类型。例如，或许可以合成带有通道的刚性聚合物，其通道的大小和组成都适合离子传输。这种材料将类似于

β-氧化铝等无机陶瓷电解质。这个活跃的研究领域将不断产生很多科学与技术上的挑战。

参 考 文 献

Abraham, K. M. and Alamgir, M. (1990) *J. Electrochem. Soc.*, **137**, 1657.

Ansari, S. M., Brodwin, M., Druger, S., Stainer, M., Ratner, M. A. and Shriver, D. F. (1986) *Solid State Ionics*, **17**, 101.

Armand, M. B. (1986) *Ann. Rev. Mater. Sci.*, **16**, 245.

Armand, M. B., Chabagno, J. M. and Duclot, M. (1978) *Extended Abstracts Second International Conference On Solid Electrolytes*, St Andrews, Scotland.

Armand, M. B., Chabagno, J. M. and Duclot, J. M. (1979) in *Fast Ion Transport in Solids*, eds Vahista, P., Mundy, J. N. and Shenoy, G. K., North-Holland, Amsterdam, p. 131.

Armand, M. and Gauthier, M. (1989) in *High Conductivity Solid Ionic Conductors*, Ed. T. Takahashi, World Scientific Press, Singapore, p. 117.

Bailey, F. E. and Koleska, J. V. (1976) *Poly(ethylene oxide)*, Academic Press, New York, p. 94-7.

Benrabah, D., Bard, D., Sanchez, J.-Y., Armand, M. and Gard, G. G. (1993) *J. Chem. Soc. Faraday Trans.*, **89**, 355.

Blonsky, P. M., Shriver, D. F., Austin, P. and Allcock, H. R. (1984) *J. Am. Chem. Soc.*, **106**, 6854.

Bruce, P. G. (1992) in *Fast Ion Transport in Solids*, eds Scrosoti, B., Magistris, A., Mavi, C. M. and Maviotto, G., NATO ASI Series, Vol. 250, p. 87.

Bruce, P. G. (1995) *Electrochimica Acta*, in press.

Bruce, P. G., Gray, F. M., Shi, J. and Vincent, C. A. (1991) *Phil. Mag.*, **64**, 1091.

Bruce, P. G. and Vincent, C. A. (1993) *J. Chem. Soc. Faraday transactions*, **89**, 3187.

Chatani, Y., Fujii, Y., Takayanagi, T. and Honma, A. (1990) *Polymer*, **31**, 2238.

Chatani, Y. and Okamura, S. (1987) *Polymer*, **28**, 1815.

Chen, K, Doan, K. E, Ganapathiappan, S., Ratner, M. and Shriver, D. F. (1991) *Proc. Mat. Res. Soc. Symp., Solid State Ionics II*, **201**, 215.

Chen, K., Ganapathiappan, S. and Shriver, D. F. (1989) *Chem. Mater.*, **1**, 483.

Chen, K. and Shriver, D. F. (1991) *Chem. Mater.*, **3**, 771.

Cowie, J. M. G. and Cree, S. H. (1989) *Ann. Rev. Phys. Chem.*, **40**, 85.

Daniel, M. F., Desbat, B. and Lassegues, J. C. (1988) *Solid State Ionics*, **28-30**, 632.

Doan, K. E., Heyen, B. J., Ratner, M. A. and Shriver, D. F. (1990) *Chem. Mater.*, 2.

Doan, K. E., Ratner, M. A. and Shriver, D. F. (1991) *Chem. Mater.*, **3**, 418.

Dominey, L. (1991) *Third International Symposium on Polymer Electrolytes*, Annecy, France.

Donoso, P., Gorecki, W., Berthier, C., Defendini, F., Poinsignon, C. and Armand, M. (1988) *Solid State Ionics*, **28-30**, 969.

Dupon, R., Papke, B. L., Ratner, M. A., Whitmore, D. H. and Shriver, D. F. (1982) *J. Am. Chem. Soc.*, **104**, 6247.

Fenton, D. E., Parker, J. M. and Wright, P. V. (1973) *Polymer*, **14**, 589.

Fish, D., Khan, I. M. and Smid, J. (1986) *Polymer Preprints*, **27**, 325.

Fujita, M. and Honda, K. (1989) *Polymer Comm.*, **30**, 200.

Goutier-Lineau, I., Denoyelle, A., Sanchez, J.-Y. and Poinsignon, C. (1992) *Electrochimica Acta*, **37**, 1615.

Hancock, R. D. and Martell, A. E. (1988) *Comments on Organic Chemistry*, **6**, 237.

Hardy, L. C. and Shriver, D. F. (1985) *J. Am. Chem. Soc.*, **107**, 3823.

Jacobs, P. W. M., Lorimer, J. W., Russer, A. and Wasiucionek, M. (1989) *J. Power Sources*, **26**, 503.

Kakihana, M., Sanchez, S. and Torell, L. M. (1990) *J. Chem. Phys.*, **92**, 6271.

Killis, A., LeNest, J. F., Cheradame, H. and Gandini, A. (1982) *Macromol. Chem.*, **183**, 2835.

Lee, Y. L., Sudarsana, B. and Crist, B. (1991) *Solid State Ionics*, **45**, 215.

Lightfoot, P., Mehta, M. A. and Bruce, P. G. (1992) *J. Mater. Chem.*, **3**, 379.

Lightfoot, P., Mehta, M. A. and Bruce, P. G. (1993) *Science*, **262**, 883.

Lightfoot, P., Nowinski, J. L. and Bruce, P. G. (1994) *J. Am. Chem. Soc.*, in press.

Lindoy, L. F. (1989) *The Chemistry of Macrocyclic Ligand Complexes*, Cambridge University Press, Cambridge.

Linford, R. G. (ed.) (1987, 1990) *Electrochemical Science and Technology of Polymers*, Vols. 1 and 2.

Liu, H., Okamoto, Y., Skotheim, T., Pak, Y. S. and Greenbaum, S. G. (1985) *Mat. Res. Soc. Symp. Proc.*, **135**, 349.

Liu, K.-J. and Parsons, J. L. (1969) *Macromol.*, **2**, 529.

MacCallum, J. R. and Vincent, C. A. (1987, 1989) *Polymer Electrolyte Reviews*, Vols. 1 and 2, Elsevier, London.

MacCallum, J. R., Smith, M. J. and Vincent, C. A. (1984) *Solid State Ionics*, **11**, 307.

Matsuura, H. and Miyazawa, T. (1969) *J. Pol. Sci.*, **A-27**, 1735.

Maxfield, J. and Shepherd, I. W. (1975) *Polymer*, **16**, 505.

Nagoka, K., Naruse, H., Shinohara, I. and Watanabe, M. (1984) *J. Polym. Sci. Polym. Let.*, **22**, 659.

Papke, B., Ratner, M. A. and Shriver, D. F. (1981) *J. Phys. Chem. Solids*, **42**, 493.

Papke, B., Ratner, M. A. and Shriver, D. F. (1982) *J. Electrochem. Soc.*, **129**, 1434.

Ratner, M. A. and Shriver, D. F. (1988) *Chem. Rev.*, **88**, 109.

Sanchez, J.-Y., Benrabah, D., Sylla, S., Alloin, F. and Armand, M. (1993) *Ninth International Conference On Solid State Ionics*, Netherlands.

Shriver, D. F., Papke, B. L., Ratner, M. A., Dupon, R., Wong, T. and Brodwin, M. (1981) *Solid State Ionics*, **5**, 83.

Spindler, R. and Shriver, D. F. (1987) in *Conducting Polymers*, Ed. L. Alcacer, D. Reidel, Dordrecht.

Stainer, M., Hardy, L. C., Whitmore, D. H. and Shriver, D. F. (1984) *J. Electrochem. Soc.*, **131**, 784.

Tetters, D. and Frech, R. (1986) *Solid State Ionics*, **18/19**, 271.

Tonge, J. S. and Shriver, D. F. (1987) *J. Electrochem. Soc.*, **134**, 269.

Tonge, J. S. and Shriver, D. F. (1989) in *Polymers For Electronic Applications*, Ed. Lai, J. H., CRC Press, Boca Raton, Florida.

Turowsky, L., and Seppelt, K. (1988) *Inorg. Chem.*, **27**, 2135.

Vallée, A., Besner, S. and Prud'homme, J. (1992) *Electrochimica Acta*, **37-9**, 1579.

Vincent, C. A. (1989) *Prog. Solid State Chem.*, **88**, 109.

Wilson, D. J., Nicholas, C. V., Mobbs, R. H., Booth, C. and Giles, J. R. M. (1990) *Br. Pol. J.*, **22**, 129.

Wright, P. V. (1975) *Br. Polymer J.*, **7**, 319.

Xia, D. W., Soltz, D. and Smid, J. (1984) *Solid State Ionics*, **14**, 221.

Yoshihara, T., Tadokoro, H. and Murahashi, S. (1964) *J. Chem. Phys.*, **41**, 2902.

Zahurak, S. M., Kaplan, M. L., Rietman, E. A., Murray, D. W. and Cava, R. J. (1988) *Macromolecules*, **21**, 654.

6 聚合物电解质 II：物理原理

——P. G. Bruce 和 F. M. Gray
圣安德鲁斯大学化学系

6.1 简 介

电化学领域中的电解质这一课题，即针对盐溶于溶剂的研究，被一些人认为是一个成熟的学科。虽然与它的姐妹学科，即主要研究电解质与电极界面的电极电化学相比，电解质研究似乎并不那么令人兴奋。然而，对固体聚合物电解质来说，事实远非如此。这类材料由盐溶解于固态的可配位的聚合物"溶剂"中而形成。从最初 Fenton、Parker 和 Wright(1973)开始研究这一体系，到 Armand(1978)认识到它们作为含有"固态溶剂"的电解质而拥有独特潜力以来，这一体系更被集中进行研究。近年来，很多这一类电解质被制备出来。Shriver 和 Bruce 撰写的本书前一章介绍了聚合物电解质并讨论了不同的体系。目前这一领域已经积累了足够的知识，可以允许我们归纳和建立关于聚合物电解质材料的基本物理原理。本章着重处理固体聚合物电解质的物理层面的内容，这也是本章与前一章的主要区别所在。

关于聚合物电解质的本质理解来源于对各种不同电解质的广泛归纳和对几种典型体系非常深入的分析。说到典型体系，基于一种聚醚——聚氧乙烯，通常简称为 PEO [(—CH$_2$—CH$_2$—O—)$_n$]的聚合物电解质仍然占绝对优势。不过由于高分子中的离子传导仅限于无定形态，而 PEO 又非常倾向于结晶，因此也非常需要一种完全为无定形态的高分子用作聚合物电解质的基体。在这方面具有重要研究价值的一种"高分子溶剂"是甲氧基连接的聚氧乙烯[—(CH$_2$—O—(CH$_2$—CH$_2$—O—)$_m$)$_n$—]，简称为 PMEO(Craven、Mobbs、Booth 和 Giles，1986)。这种材料可以制备成无定形态高分子量(>100 000)高纯度的基体，其聚合物本身的电导率可以降低到 10^{-8} S·cm^{-1}，大约比 PEO 低两个数量级 (Gray、Shi、Vincent 和 Bruce，1991)。因为它是一种直链高分子，因此也很容易加工，可加入不同的盐浇铸成薄膜。

在本章中我们只考虑不含小分子添加剂或增塑剂的高分子量无定形态固体聚合物电解质。添加小分子增塑剂的电解质最多只能被理解为在固体高分子基体中固定化的液体电解质。这样的体系与无增塑剂的材料有本质不同。在后续的章节中我们将依次考虑盐溶解的热力学、所形成的电解质的结构、高分子中离子运动的机理，以及电解质中电荷与物质的传输。关于聚合物电解质现有理解的更为全面的概述可以参见本书第 5 章引用的综述文献。

6.2　盐为何溶于高分子

6.2.1　溶解热力学

盐在溶剂中的溶解，无论溶剂是液体或固体，都必须伴随着体系在等温等压条件下 Gibbs(吉布斯)自由能的下降。因为 $\Delta G = \Delta H - T\Delta S$，我们必须同时考虑溶解过程的焓变和熵变。先考虑等式中的第二项：体系的总熵变 ΔS 由两部分组成，一部分是由离子从规则晶格点阵进入高分子基体的无序化而带来的正熵变 ΔS_s，另一部分是由离子配位引起高分子链变硬导致的负熵变 ΔS_p(该效应也在玻璃化转变温度 T_g 随盐浓度增加而升高中反映出来)。离子可以与一条或多条高分子链配位形成分子内或分子间的交联。与四氢呋喃等小分子液体溶剂相比，这种高分子溶剂的熵减小可能更为敏锐，因为在小分子电解液中绝大部分溶剂分子在溶解过程中受到的影响不大。由于盐和高分子各自的熵变符号相反，体系的总熵变 $\Delta S = \Delta S_s + \Delta S_p$ 最后可能为正也可能为负。和早先的认识相反，现在看来溶解过程总熵减小在聚合物电解质中可能更为普遍。本章后面的讨论将提供这方面更为详细的证据。但是总的来说，不同体系中盐和高分子各自熵变的差异远不如它们焓变的差异大。因此，对于任一指定的盐-高分子组合，我们重点探究 ΔH 作为溶解过程是否发生的一个主要控制因素，必须考虑的因素有：

(1) 盐的晶格能——正的 ΔH_s。

(2) 高分子中出现合适的配位位点——正的 ΔH_p。

(3) 阳离子的溶剂化，阳离子与高分子中合适的配位原子(如醚氧原子)等形成配位键——负的 $\Delta H_{s\text{-}p}$。

(4) 溶解的离子之间的静电相互作用——负的 ΔH_i。

不同盐的晶格能差异非常大，较高的离子电荷数和较小的离子半径带来更大的晶格能。在高分子中创建位点所需的焓与高分子链上基团之间的相互作用强度有关。一般认为 ΔH_p 不如 ΔH_s 重要。

在水和其他存在氢键的溶剂中阴、阳离子都是溶剂化的，但是在聚合物电解质或其他非氢键溶剂(如四氢呋喃和乙腈)中阴离子几乎完全不被溶剂化。阴离子更多是通过与阳离子的相互吸引而不是与高分子链的相互作用而稳定在高分子中。因此，盐在高分子中的溶解焓很大程度上取决于盐中的**阳离子**与高分子链上的基团之间形成的配位键的强度。鉴于以上提及的阴、阳离子相互作用，聚合物电解质中的 ΔH_i 比水系电解液中更为重要。离子-离子相互作用非常强，足以形成离子对或更大的离子簇。

溶于高分子后离子间的静电相互作用是盐晶体中静电相互作用的遗存。考虑到盐溶解后离子间强相互作用仍被保留，溶解过程可以理解为盐晶体中部分静电相互作用(离子键)被阳离子与高分子相互作用替代的过程。

显然，实际上决定一种盐在一种高分子中是否可以溶解的主要因素是盐的晶格能以及阳离子被高分子链溶剂化的程度。

6.2.2 何种盐溶于何种聚合物

我们现在可以考虑何种阴离子和阳离子溶于何种聚合物。先从阴离子开始。由于阴离子的溶剂化较弱，含有单价多原子阴离子(其电荷分散在整个阴离子的多原子之间)的盐是最好的候选(Armand 和 Gauthier，1989)。举例来说，LiF 易溶于水，部分原因是 F⁻ 被水分子强烈溶剂化，但是它却不溶于 PEO；作为对照，LiClO₄ 在这种聚合物中的溶解度很高。此外，含有单价大阴离子的盐通常具有较低的晶格能，这也有助于溶解。最常用的阴离子有 ClO_4^-、$CF_3SO_3^-$、$(CF_3SO_2)_2N^-$、$(CF_3SO_2)_3C^-$、BPh_4^-、AsF_6^-、PF_6^- 和 SCN^-。如果阴离子比较大且易极化，则含有单原子阴离子的盐也可以溶解。因此，含 I⁻ 和 Br⁻ 的盐可溶，而氯化物中只有几种可溶，氟化物都不溶于聚合物。

因为盐在高分子中的溶解焓取决于阳离子-聚合物的相互作用，仅当高分子链上存在能与阳离子配位的原子时溶解过程才可能发生。例如，LiClO₄ 易溶于 PEO(—CH₂—CH₂—O—)ₙ，但几乎完全不溶于聚乙烯(—CH₂—CH₂—)ₙ。这两种高分子都是线性结构，它们唯一的区别在于 PEO 链上的亚乙基(C_2H_4)之间有一个醚氧原子。由于醚氧原子是极好的配位基团，可以与很多阳离子形成很强的配位键。在小分子液体溶剂(如四氢呋喃)中，每个溶剂分子只含有一个配位原子。在这种情况下，阳离子的溶剂化程度主要取决于阳离子周围能挤下溶剂分子的数量。但是对于高分子量的聚合物，阳离子可能经常与同一分子链上的多个原子配位。也就是说，高分子链必须可以在不引起过多应变的情况下围绕在阳离子周围，同时链上的配位原子还可以与阳离子相互作用。已经有工作显示(—CH₂—CH₂—O—)ₙ 重复单元提供的配位醚氧原子的间距恰好可以使阳离子实现最大程度的溶剂化。相比之下，基于(—CH₂—O—)ₙ 或(—CH₂—CH₂—CH₂—O—)ₙ 重复单元的聚醚是弱得多的溶剂，虽然它们都含有同样的配位原子(Cowie 和 Cree，1989；Armand、Chabagno 和 Duclot，1979)。要求高分子溶剂提供一个适合阳离子嵌入的空腔并且空腔周围排列有配位原子，类似手和手套，充分显示了聚醚溶剂和冠醚等大环配体之间的相似性。就像大环配体的情况一样，如果高分子链的构象已经存在一个合适的空腔，则该配位过程的熵损失可以减到最小。

其他在聚合物电解质中广泛出现的配位基团还有 —N̈R —、—N̈H — 和 —S̈ —。阳离子与不同配位基团之间的作用强度可以依照软硬酸碱理论(HSAB)区分(Pearson，1963；Bruce、Krok 和 Vincent，1988)。像醚氧原子这样电负性强可极化度低的配体是硬的，而像 —S̈ — 这样可极化度较高的配体是软的。类似地，可极化度较低的阳离子如 Mg^{2+} 是硬的，与之相对的是 Hg^{2+} 等软性阳离子。同类的离子与配体相互作用最强，因此聚醚溶剂对硬的阳离子(如 Mg^{2+} 或 Ca^{2+})的溶剂化作用最强。这可能就是 $MgCl_2$ 和 $MgBr_2$ 能在聚醚中溶解的原因，因为特别强的阳离子溶剂化效应可以克服 Cl⁻ 和 Br⁻ 带来的不利影响。

溶解过程也不仅限于单价或二价阳离子。含有三价阳离子的盐也可溶于聚合物，如 $Eu(ClO_4)_3$ 和 $La(ClO_4)_3$(Bruce、Nowinski、Gray 和 Vincent，1990；Mehta，1993)。虽然这些盐的晶格能高于相应的单价阳离子的盐，但是阳离子-聚合物相互作用也比单价阳离子盐强很多，足以补偿其高的晶格能。

6.2.3 阳离子溶剂化的证据

聚合物电解质中阳离子溶剂化的直接证据主要来自光谱技术。红外光谱和拉曼光谱已研究过不少体系(见第 5 章，Torell 和 Schantz，1989；Frech、Manning、Teeters 和 Black，1988)。在 PEO 基体系中观察到 $860\sim870\ cm^{-1}$ 的低频振动模式被认为与阳离子-醚氧相互作用有关，这些振动模式在纯 PEO 样品中是没有的。

扩展 X 射线吸收精细结构(extended X-ray absorption fine structure，EXAFS)和相关的技术可以提供指定离子周围近邻环境的信息(Koningsberger 和 Prins，1988)。遗憾的是这种技术还不能用于探测所有的离子，不过对可探测的离子来说，这是一种极有价值的工具。EXAFS 技术特别适合测定键长，但是测定离子的配位数和几何构型则不太精确(Latham、Linford 和 Schlindwein，1989)。不过当研究对象有已用其他技术深入表征过的模型体系作比对时，这种技术效果最为强大。

X 射线和中子衍射方法在揭示材料结构的精准信息，包括结晶相中离子周围的配位环境方面的能力很强大。遗憾的是，聚合物中的离子传输主要发生在聚合物-盐配合物的无定形相中。不过，实际上在很多体系中可以分别制备结晶相和无定形相的配合物，有些情况下甚至可以制备组分相同的结晶相和无定形相样品。这些情况下结晶相聚合物-盐配合物的晶体学研究就极为重要，因为这通常可以揭示支配离子-聚合物相互作用以及聚合物电解质结构的基本规律。目前这样的研究工作还比较少。在 PEO: NaI 和 PEO: NaSCN 体系中，用单晶方法已经获得了完整的晶体结构(Chatani 和 Okamura，1987；Chatani、Fujii、Takayanagi 和 Honma，1990)。$PEO_3: LiCF_3SO_3$、$PEO_3: NaClO_4$、$PEO_4: KSCN$、$PEO_4: NH_4SCN$ 和 $PEO_4: RbSCN$ 的完整晶体结构已经用粉末衍射方法得到(Lightfoot、Mehta 和 Bruce，1992，1993；Lightfoot、Nowinski 和 Bruce，1994；Thomson、Lightfoot、Nowinski 和 Bruce，1994)。晶体结构及其对聚合物电解质结构的意义已在第 5 章中讨论。纯 PEO 聚合物链的螺旋状构象在它与盐的配合物结构中得到保留，从 Li^+ 到 Rb^+ 等不同尺寸的阳离子得以放入螺旋中，这一现象证实了 6.2.2 节中的说明，即对阳离子进行配位的同时保持高分子链构象张力不过大是非常重要的。

6.2.4 离子缔合

6.2.1 节中提到聚合物电解质中存在离子缔合。这里我们考虑离子簇的特征和它们存在的结构证据。缔合物种参与传输过程的情况在后续 6.4 节中讨论。

虽然盐在高分子中的溶解很大程度上取决于局域的阳离子-聚合物相互作用，即阳离子溶剂化，但这本身并不决定溶液中物种的性质。聚合物基体(如 PEO)的介电常数为 $5\sim$ 8，与水的介电常数 78 相比非常低。因此，水是可极化度非常高的介质，主要原因是 H_2O 分子具有较大的永久偶极矩。H_2O 分子在离子周围取向带来规则排列的偶极，降低了离子的有效电场，因而减弱了离子间的相互作用。很多情况下这种相互作用弱到可以用 Debye-Hückel(德拜-休克尔)理论来近似处理。但是在固体聚醚中的情况不是这样，离子间较强的相互作用导致离子簇的形成。考虑由 M^+ 和 X^- 组成的盐 MX，可能形成的最简单的物种是由一个阴离子(X^-)、一个阳离子(M^+)和中间将它们隔开的高分子链组成的一个离子对$[MX]_s^0$，称为一个**溶剂间隔离子对**(图 6.1)。下标 s 表示离子间被部分溶剂隔开，而上标 0 表示这一物种不带电荷。还可以形成较大的聚集体，三离子聚集体$[M_2X]_s^+$和$[MX_2]_s^-$，甚至更大的带电荷或中性的离子簇都有可能。当然这样的离子缔合并不局限于在单价离子之间发生，实际上含有二价或三价阳离子盐的情况下缔合更为突出。这些体系中的离子对和三离子聚集体不再分别是电中性和带电荷的。如果盐 MX_2 含有二价阳离子和一价阴离子，则离子对将带有一个净的正电荷。

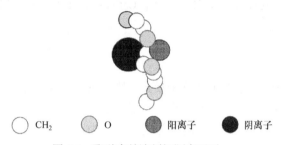

○ CH₂　　○ O　　● 阳离子　　● 阴离子

图 6.1　聚醚中的溶剂间隔离子对。

溶剂间隔离子对的形成很大程度上由库仑力，即离子的电荷及介质的介电常数决定。然而，还可以形成第二类离子聚集体的离子之间不再有分隔的溶剂，这类物种称为**接触离子聚集体**，如$[MX]^0$、$[M_2X]^+$、$[MX_2]^-$等(图 6.2)。缺失的下标表示直接的阴、阳离子相互作用。在小分子溶剂(如四氢呋喃)中，从溶剂间隔离子对转变为接触离子对的过程取决于将溶剂杂原子(该例中为醚氧)从阳离子的配位环境中拿开并用阴离子取代的自由能变化。焓变和熵变的贡献都必须考虑到。总的来说，在高盐浓度环境下比较倾向于生成这种接触离子对。聚合物电解质的情况类似，但额外有一点需要考虑。溶剂的杂原子被限制在局域的高分子链上，由于存在空间效应，并且要避免高分子链过度拉伸，结果可能是与杂原子的配位环境不饱和。阳离子周围的空位就可以被阴离子占据而无需替换其他原子(Bruce，1989)，而且阴离子几乎没有被高分子链溶剂化，因此有些聚合物电解质体系特别容易形成接触离子对。PEO: 盐配合物的晶体结构看上去支持这种观点，因为对于目前为止研究的所有这类体系，阳离子均位于 PEO 链螺旋中，每个阳离子留出两个位点供阴离子直接配位。

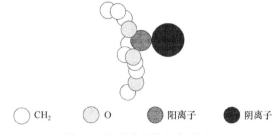

○ CH₂　　○ O　　● 阳离子　　● 阴离子

图 6.2　聚醚中的接触离子对。

X 射线衍射和拉曼光谱技术均已用于研究离子缔合的本质，后者主要依赖于观察阴离子，特别是$CF_3SO_3^-$和ClO_4^-，在周围环境变化时振动模式的改变。需要指出的是，这种技术只能探测接触离子簇。对于光谱技术来说，溶剂间隔离子簇和自由离子是无法分辨的，因此光谱研究的论文中提到"自由离子"时必须要小心对待。研究表明在 PEO 基和聚环氧丙烷(PPO)基电解质中，改变盐的浓度可以使接触离子对与三离子聚集体甚至是更大的离子簇之间的平衡在 30：1 到 5：1 之间变化(Torell 和 Schantz，1989)。结果表明盐浓度增大时有更多三离子聚集体取代离子对。光谱数据还表明，升高温度有利于离子聚集，这与盐溶解过程的负熵变是一致的。更多详细信息可以在引用的参考文献中找到。EXAFS 也发现可以形成接触离子对。例如，Latham 等(1989)发现 PEO: ZnI_2 电解质中存在 I^- 对 Zn^{2+} 的直接配位。

6.2.5 负溶解熵

6.2.1 节中我们考虑了盐溶于高分子量聚合物中的热力学。溶解过程总熵变包含两项贡献，一项是离子从晶格点阵进入溶液中的正熵变，另一项是高分子链被离子固定而带来的负熵变。虽然有些体系的溶解过程总熵变可能为正，但是在很多聚合物体系中高分子链的熵减少超过离子无序化的熵增加，使总熵变为负。这种情况在聚合物电解质中比在小分子溶剂中更容易出现，因为高分子链作为溶剂的熵损失更大。此外，由于存在离子缔合，溶解过程的离子实际熵增加比盐完全解离的情况小。这些因素共同作用导致负的溶解熵(Cameron 和 Ingram，1989)。因为溶解过程的自由能变化 ΔG 由下式给出：

$$\Delta G = \Delta H - T\Delta S$$

如果 ΔS 为负，则溶解过程只有当 ΔH 为负且其值大于 $T\Delta S$ 时才能发生。当体系的温度上升，式中第二项的值增加，我们可以预料达到一定温度时 ΔS 变为正值，这时盐将会析出。实际上已经观察到了这种情况。用变温 X 射线衍射技术可以清楚地证实在加热时 $Ca(CF_3SO_2)_2$ 晶体从无定形的 $PEO-Ca(CF_3SO_2)_2$ 中沉淀出来(Mehta、Lightfoot 和 Bruce，1993)。盐的沉淀过程经常被错误地称为"盐析"，实际上，盐析是指在非电解质溶液中加入盐而使溶质沉淀的过程，它与盐本身的溶解度无关(Kortüm，1965)。

6.3 离子传导机理

首先很重要的一点是必须对小分子液体溶剂和高分子量固体聚合物中的离子传输进行区分。在前一类介质中，离子带着它们的溶剂化壳层一起移动，其传输与电解质的宏观黏度有关。在低分子量聚合物中也是这样。例如，在线性聚醚体系中，这种情况在分子量小于 3200 时都适用(Bruce 和 Vincent，1993)。超过这一界限时，离子必须至少部分去溶剂化才能移动，也就是说，离子传输和电解质的**宏观**黏度不相关，高分子链随分子量增加更为严重地缠结在一起，因而不能跟随离子作长程迁移。固体聚合物中的离子传导机理与之不同，它与聚合物短链段的**微观**黏度紧密相关。这一点也从以下的观测结果反映出来，即无定形聚合物离子传输的典型 $\lg\sigma$ -1/T 曲线(见第 5 章)经常与高分子链段局部弛豫的温度依赖性平行，后者通过介电或机械弛豫来观测(Fontanella、Wintersgill、Smith、Semancik 和 Andeen，1986)。在固体聚合物中，离子必须从它们的配位环境中解离才能迁移，因此那些结合紧密的阳离子(见 6.2.2 节有关软硬酸碱理论的讨论)是不能移动的。所有的离子在小分子溶剂中都可以移动。为了形成具有可移动阳离子的固体聚合物电解质，必须使阳离子-聚合物相互作用保持平衡，既要足够强以促进盐的溶解，又不能太强使阳离子可以移动。PEO: Hg(ClO$_4$)$_2$ 是这种折中的一个好例子。本节中考虑的正是这种穿过缠结的高分子环境的特殊的离子传输。因此，聚合物电解质可以当作一种黏度极高的流体，其中聚合物溶剂的局部运动使离子得以传输。20 世纪 70 年代后期最初开始研究这些材料时，一般认为聚合物电解质中的离子传输机理是基于刚性聚合物骨架上的离子跃迁，其中阳离子沿着 PEO 螺旋中的通道进行迁移。但是随后应用很多实验技术研究聚合物电解质之后发现动态变化的高分子环境在离子传输中起关键作用。

在讨论离子传输机理时，电解质浓度是一个重要的参数。摩尔电导率对盐浓度的数据即使在极低盐浓度(0.01 mol·dm^{-3})下也表现出离子缔合的电导率行为特征。振动光谱表明盐浓度增大时离子周围的环境因库仑相互作用而发生变化。实际上，很多聚合物电解质体系的盐浓度经常远高于 1.0 mol·dm^{-3}(对应醚氧原子与阳离子数的比例小于 20∶1)，这些体系中的离子传输可能与熔融水合盐或库仑流体更为接近。然而，我们在这里讨论的模型不太可能给出聚合物电解质动态基体中离子传输的独特描述。以下我们简要地给出描述聚合物电解质中离子传输的几个模型。

6.3.1 离子电导率的温度和压力依赖性

一个均匀同质的聚合物电解质在温度 T 和压力 P 下的直流电导率 σ 通常可以表示为

$$\sigma(T, P) = \sum_i c_i q_i u_i \tag{6.1}$$

式中，c_i 为第 i 种载流子的浓度；q_i 为所带的电荷；u_i 为迁移率。求和符号作用于所有带电物种，包括单个阴、阳离子和离子簇等(原则上求和号也包括电子和空穴，但是实验表明在聚合物电解质中它们对电导率没有贡献)。当盐浓度增大时，所有载流子的浓度、迁移率甚至载流子的性质都会发生变化。但是如果假设溶于聚合物中的盐 MX 完全解离成阳离子 M$^+$ 和阴离子 X$^-$，并且它们彼此没有相互作用，那么提出描述电导率的模型这一任务就可以简化为找到描述离子迁移率的模型。这一假设的有效性将在有关离子缔合的章节中深入讨论。

1. 经验关系式

无定形体系在玻璃化转变温度附近多种弛豫和传输性质的温度依赖性可以用 Williams-Landel-Ferry(WLF)公式描述(Williams、Landel 和 Ferry，1955)。这个关系式最初是从拟合多种不同液体体系的观测数据得来的。它将体系的特征性质，如介电弛豫时间的倒数、磁共振弛豫速率等，表达为位移因子 a_T，是任一机械弛豫过程在温度 T 时与在另一参考温度 T_s 下的比值，并由下式定义：

$$\lg a_T + 常数 = \lg\left[\frac{\eta(T)}{\eta(T_s)}\right] = -\frac{C_1(T - T_s)}{C_2 + T - T_s} \tag{6.2}$$

式中，η 为黏度(对高分子量聚合物来说是微观黏度)；T_s 为参考温度；C_1 和 C_2 为实验可测的常数。这两个"普适"常数与测量的具体性质无关，其值为 $C_1 = 8.9$，$C_2 = 102$ K。虽然参考温度 T_s 原则上可以取任意温度，但是通常取高于玻璃化转变温度 50 K，则位移因子可以表示为

$$\lg a_T = -\frac{17.4(T - T_g)}{51.6 + T - T_g} \tag{6.3}$$

但是因为 T_g 的测量由动力学决定，所以此式是该公式较不准确的表达形式。很多时候发现以不同物性定义的位移因子往往与测量的物性无关。此外，如果对不同的聚合物体系选择不同的参考温度 T_s，并将位移因子 a_T 表示为 $(T - T_s)$ 的函数，结果发现 a_T 对所有不同聚合物几乎是完全普适的。Williams、Landel 和 Ferry 认为位移因子的普适性来自于弛豫速率对自由体积的依赖关系。虽然 WLF 关系式本身没有自由体积基础，但是两个常数 C_1 和 C_2 在自由体积理论中可能具有相当的重要性(Ratner，1987)。交联聚合物电解质网络中的位移因子可以通过测量机械损耗正切获得(Cheradame 和 Le Nest，1987)。图 6.3 展示了 PEO 基交联网络的 $\lg a_T$ 值对折合温度 $T - T_g$ 的函数。图中的拟合曲线对应常数 $C_1 = 10.5$，$C_2 = 100$。图 6.4 中显示的位移因子与离子电导率之间的相关性则表明离子运动确实是由局部高分子链段运动推动的。将 WLF 公式与 Stokes-Einstein 公式联立求得扩散系数 D，再与 Nernst-Einstein 关系式联立得

$$u = qD / kT \tag{6.4}$$

式中，q 为电荷。假设盐是强电解质，即其在聚合物中完全解离，那么电导率与温度的关系可以写成 WLF 形式：

$$\lg \frac{\sigma(T)}{\sigma(T_s)} = \frac{C_1(T - T_s)}{C_2 + (T - T_s)} \tag{6.5}$$

式(6.5)对多种聚合物电解质体系都成立，T_g 的降低引起电导率上升。

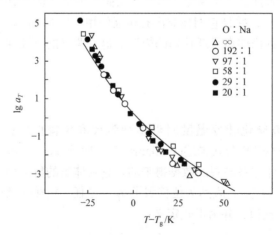

图 6.3　PEO(400)基交联电解质的位移因子对折合温度的函数。

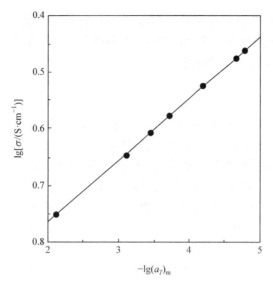

图 6.4　WLF 公式中位移因子 a_T 与 PEO 基交联电解质的离子电导率之间的关系。

WLF 关系式是 Vogel-Tamman-Fulcher(VTF)经验公式的延伸(Vogel，1921；Tamman 和 Hesse，1926；Fulcher，1925)，后者最初用来描述过冷液体的性质，它的原始形式为

$$\eta^{-1}(T) = A\exp\left[-B/R(T-T_0)\right] \tag{6.6}$$

式中，$T_0 = T_s - C_2$；A 为指前因子，它正比于 $T^{1/2}$ 并且由给定参考温度下的传输系数(这个例子中是 η^{-1})决定。常数 B 具有能量的量纲，但是并不与任何简单的活化过程直接相关(Ratner，1987)。式(6.6)对很多传输性质成立，如果假设电解质完全解离，该式可以通过 Stokes-Einstein 公式与扩散系数关联，导出一个常用来拟合聚合物电解质的电导率 σ 的形式：

$$\sigma = \sigma_0 \exp\left[-B/R(T-T_0)\right] \tag{6.7}$$

该公式表明 T_0 温度以上的热运动对弛豫和传输过程有贡献，T_g 较低的体系中将观察到更快的运动和弛豫过程。

根据在推导中使用的模型和引入的假设不同，式(6.7)可以有细微不同的表现形式。例如，如果认为离子扩散是一个活化过程，就像在玻璃和陶瓷中的情况一样，那么在式(6.7)的指前因子项中会包含离子迁移率的试探频率 ν_0。试探频率该如何表示已经有一些建议，但是最简单的模型是假设它与温度无关，即 ν_0 是一个常数。在过渡态理论中，ν_0 代表一个完全激发的振动自由度，则 $\nu_0 = kT/h$。按照 Cohen 和 Turnbull(1959)的做法，可以将离子周围的原子想象成一个笼子，离子在笼中运动的速率与理想气体分子一样。这个动力学理论可以给出以下方程：$\nu_0 = (8kT/\pi m)^{1/2}/2d$，其中 m 为气体分子的质量，d 为笼子的直径。据此，式(6.7)的指前因子可以写为 σ_0/T^m，其中 $m=0$、1 或 1/2。多少令人惊讶的是，许多玻璃态电解质在很大一个温度范围内(~300℃)的电导率变化的最佳拟合结果是指前因子与温度无关。考虑到聚合物电解质可变的温度范围比较窄，从实验数据来看

也不需要在指前因子中加入温度项。对于无定形材料，其实验数据几乎总是可以用 VTF/WLF 类型的公式得到令人满意的拟合。但是如果拟合是在不同的温度变化区间进行的，那么拟合参数可能会有显著的差异。

2. 自由体积模型

在玻璃态电解质的离子传输(第 4 章)中我们简短地讨论了自由体积方法，它同时也是理解高分子链段运动最简洁的方式之一。除聚合物电解质外，它还用来分析熔融盐和液体中的离子运动，但是无论对哪一种体系，该模型都不能完全令人满意。WLF 和 VTF 方程虽然是经验性的，但是自由体积理论可以以 VTF 的形式表示(Ratner，1987)。但是反过来说，如果一个聚合物电解质电导率的温度依赖性可以准确地用 VTF 方程表示，并不意味着该体系的行为是由自由体积重排决定的。Cohen 和 Turnbull 的自由体积模型假设链段和离子的运动不是热激发过程，而是自由体积重新分布的结果。总的来说，该模型认为当温度升高时，材料的体积膨胀产生更多的局部空体积，高分子链段(或离子物种或溶剂化分子)可以移动到这些自由体积中。对于一个给定材料，先推导其空体积的尺寸分布函数，然后使这一分布的概率最大化。强电解质假设下 Stokes-Einstein 公式可以得出黏度正比于扩散系数的倒数，并且在恒定体积下黏度几乎与温度无关，如果传输或弛豫速率由超过某一最小临界体积 V^* 的空体积的产生速率决定，则

$$\eta^{-1} \sim \exp\left(-\gamma V^* / V_f\right) \tag{6.8}$$

式中，V_f 为摩尔自由体积；V^* 为摩尔临界体积；γ 为一个常数，表示允许自由体积之间有重叠。将 V_f 对温度展开，以自由体积消失的温度 T_0 为参考温度，则

$$V_f = V_f\left(T_0\right) + \left(T - T_0\right)\left(\frac{\delta V_f}{\delta T}\right)_{T_0} \tag{6.9}$$

假设 Nernst-Einstein 关系式[式(6.4)]成立，电解质完全解离，可以推导出电导率的自由体积表示式(Ratner，1987)，其形式与式(6.7)一致。其中

$$B = \gamma V^* / \left(\delta V_f / \delta T\right)_{T_0} \tag{6.10}$$

常数 B 并不是活化能垒，而是与传输的临界自由体积 V^* 和膨胀性有关。在聚合物电解质中，一般认为 V^* 随高分子链段的尺寸而不是离子运动确定，因为无论阴离子还是阳离子传输之前高分子链必须先移动。

Miyamoto 和 Shibayama(1973)提出了一个模型，实际上是自由体积理论的延伸，它允许明确出现离子相对于反离子和聚合物基体移动时的能量要求。文献(Cheradame 和 Le Nest，1987)详细阐述了这一理论，并描述了交联聚醚基网络中的离子电导率。其电导率可以用下式表示：

$$\sigma = \sigma_0 \exp\left(-\frac{\gamma V^*}{V_f} - \frac{\Delta E}{RT}\right) \tag{6.11}$$

该式展示了 Arrhenius 和自由体积行为的联合。活化能 ΔE 为

$$\Delta E = E_{\mathrm{j}} + W / 2\varepsilon \tag{6.12}$$

式中，E_{j} 为离子从一个位点协同转移到另一个位点的能垒；W 为盐的解离能；ε 为基体的介电常数(此处注意与第 4 章 T_{g} 以上在无机玻璃态电解质中传输现象的相似之处)。如果 ΔE 比较小，则式(6.11)中的第二项趋向于 1，自由体积行为占主导。如果简化数据消除自由体积行为[式(6.11)中的第一项]，则在四苯基硼酸钠掺杂的 PEO 网络中可以得到活化能 ΔE 约为 20 kJ·mol⁻¹。折合电导率是 WLF 位移因子的线性函数，即

$$\ln\left[\frac{\sigma(T)}{\sigma(T_{\mathrm{g}})}\right] = -\left(\frac{V_{\mathrm{i}}^{*}}{V_{\mathrm{p}}^{*}}\right)\ln a_{T} \tag{6.13}$$

式中，V_{i}^{*} 和 V_{p}^{*} 分别为离子运动和高分子链段运动的自由体积。发现 $V_{\mathrm{i}}^{*}/V_{\mathrm{p}}^{*}$ 接近于 1，也就意味着这两种性质与同样的微观过程相关。Watanabe 和他的同事(Watanabe 和 Ogata，1987)也研究了含盐聚醚网络的电导率和弹性模量，并将两者用类似的方法进行关联。然而，在不同折合温度下以电导率对盐浓度作图，发现电导率增加的幅度大于完全解离假设给出的预测。其原因可能是式(6.11)中的活化能 ΔE 不可忽略。该工作显示电导率和力学弛豫的临界体积几乎完全一样，ΔE 可以从下式求出：

$$\frac{T}{T_{\mathrm{g}}}\left[\frac{\sigma(T)}{\sigma(T_{\mathrm{g}})}\bigg/\frac{1}{a_{T}}\right] = A\exp\left(\frac{-\Delta E}{RT}\right) \tag{6.14}$$

自由体积模型已经广泛应用于聚合物电解质的研究。它能较好地解释这类材料的很多性质，特别是电导率的温度依赖性，但也有几方面的不足之处，最大的弱点是该模型完全忽略了大分子的动力学效应。此外，它没有直接相关的微观图像，因此不能简单预测各种变量(如离子尺寸、可极化度、离子对、溶剂化强度、离子浓度、聚合物结构和链长度等)对离子传导过程的影响。图 6.5 展示了该模型的一些局限性。几种含不同盐的 PEO 基网络在不同折合温度($T_{\mathrm{g}}+T$)下的电导率对盐的晶格能作图。如果自由体积理论足够准确，那么在相同折合温度下电导率应当为一常数。实际情况显然不是这样，主要原因是该模型忽略了离子间相互作用。

3. 构象熵模型

基于 Gibbs 等(Gibbs 和 di Marzio，1958；Adams 和 Gibbs，1965)的构象熵模型的另一组理论在一定程度上弥补了上述自由体积模型的不足。与自由体积模型类似，构象熵模型也只讨论聚合物的性质。该模型中假设传质机理是高分子链的协同重排，其平均重排概率为

$$W = \exp\left(\frac{-\Delta\mu S_{\mathrm{c}}^{*}}{kTS_{\mathrm{c}}}\right) \tag{6.15}$$

式中，S_{c}^{*} 为重排所需要的最小构象熵，通常取 $S_{\mathrm{c}}^{*} = k\ln 2$；$S_{\mathrm{c}}$ 为在温度 T 的构象熵；$\Delta\mu$ 为抵制分子链重排的摩尔自由能垒。当温度趋向于玻璃化转变温度时，分子的弛豫时间越来越长，体系不能达到平衡。最终在温度 T_0 时动态构象熵变为 0，这一温度通常在 T_{g}

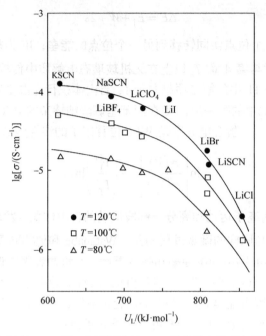

图 6.5　在不同折合温度 (T_g+T) 下，含不同盐的 PEO 网络的电导率与盐的晶格能的关系。

以下约 50 K。将 W 与弛豫时间的倒数相关联，并假设液态与玻璃态的热容差 ΔC_{p} 与温度无关，则可以给出一个 WLF 型关系式：

$$-\lg a_T = \frac{a_1(T - T_{\mathrm{s}})}{a_2 + T - T_{\mathrm{s}}} \tag{6.16}$$

常数 a_1 和 a_2 为

$$
\left.
\begin{aligned}
a_1 &= 2.30\Delta\mu S_{\mathrm{c}}^* \big/ \Delta C_{\mathrm{p}} k T_{\mathrm{s}} \ln\!\left(\frac{T_{\mathrm{s}}}{T_0}\right) \\
a_2 &= T_{\mathrm{s}} \ln\!\left(\frac{T_{\mathrm{s}}}{T_0}\right) \Big/ \left[1 + \ln\!\left(\frac{T_{\mathrm{s}}}{T_0}\right)\right]
\end{aligned}
\right\} \tag{6.17}
$$

其中 a_2 轻微依赖于温度。也可以写成 VTF 形式：

$$W = A\exp\!\left(\frac{-K_\sigma}{T - T_0}\right) \tag{6.18}$$

其中 $K_\sigma = \Delta\mu S_{\mathrm{c}}^* / k\Delta C_{\mathrm{p}}$。Shriver 等(Papke、Ratner 和 Shriver，1982；Shriver、Dupon 和 Stainer，1983)将构象熵模型用于聚合物电解质。他们假设 $\Delta C_{\mathrm{p}} = B/T$，其中 B 为常数，得到

$$\sigma(T) = A\exp\!\left(\frac{-K_\sigma}{T - T_0}\right) \tag{6.19}$$

其中 $K_\sigma = \Delta\mu S_{\mathrm{c}}^* T_0 / kB$。这个方法有它的价值。对几个不同聚合物电解质体系的分析都得

到合理的活化能数值，$(T_g - T_0)$ 值也都接近 50 K。构象熵方法也暗示了电导率的一些其他行为。例如，电导率随压力增加而下降，无定形聚合物分子量超过一定数值后电导率不随之变化，以及在某一固定折合温度 $(T - T_0)$ 下的电导率随 T_0 的下降而增大。Angell 和 Bressel(1972)利用 VTF 方程的一种等温式形式解释了电导率-盐浓度关系图中的电导率极大值：

$$\sigma = AX \exp\left[\frac{-K}{Q(X_0 - X)}\right] \tag{6.20}$$

式中，$Q = \mathrm{d}T_g / \mathrm{d}X$；$X$ 为盐的摩尔分数；X_0 为温度 $T = T_g$ 时盐的摩尔分数。Cowie(Cowie、Martin 和 Firth，1988)报道了在一种无定形梳形高分子-LiClO₄ 复合的电解质中，式(6.20)预测的电导率及其极大值与实验数据符合得相当好(图 6.6)。指前因子 A 随温度升高而下降，直至某一特定温度后下降变得很轻微。这有可能表示阳离子-聚合物相互作用平衡有一定的温度依赖性。

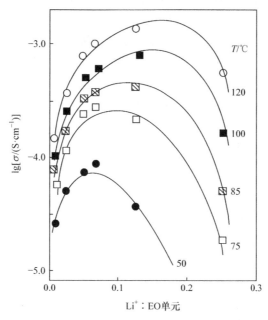

图 6.6　一系列 PVMEO₃-LiClO₄ 体系在 50℃、75℃、85℃、100℃和 120℃下 lg σ 随盐浓度的变化。图中实线代表式(6.20)的计算结果。

　　构象熵模型不仅可以描述与 VTF 和 WLF 方程一致的传输性质，而且可以正确预测一些自由体积模型不能解释的压力依赖等行为。该模型对 VTF 方程的理解相比自由体积理论有很多优势，但是不如后者简单。这两者都不考虑微观运动机理，因此也有理由采用虽不够准确但更为简洁的模型。

6.3.2　聚合物电解质的动态响应

　　尽管 VTF 和 WTF 方程加上自由体积或构象熵模型可以描述聚合物电解质的一些传

输性质，但它们都是不基于微观的处理方式，因此失去了局部的机理信息。实验上有多种技术可以用来探测链段运动的特征时间尺度。例如，力学弛豫、介电弛豫与损耗、高频交流电导率、Brillouin(布里渊)散射、核磁共振(NMR)弛豫和准弹性中子散射(QENS)都曾用来研究聚合物电解质中高分子组分和离子组分的频率依赖特性(MacCallum 和 Vincent，1987，1989；Gray，1991)。

在固体离子导体中有一种表征传输机理的方法是比较结构弛豫时间 τ_s 和电导率弛豫时间 τ_σ。这种方法可以表明非晶玻璃态电解质与非晶聚合物电解质之间的区别，后者在低于 T_g 时是不良导体。可以定义一个去偶联指数：

$$R_\tau = \tau_s / \tau_\sigma \tag{6.21}$$

已有工作研究了不同离子材料中 R_τ 的温度依赖行为。对于玻璃材料如 $LiAlSiO_4$ 等，当温度远高于玻璃化转变温度时，R_τ 非常接近 1。当熔融玻璃逐渐冷却到 T_g 以下，在某一温度体系开始偏离平衡，结构弛豫时间变得越来越长。当温度处于远低于 T_g 时，这些玻璃态电解质的 R_τ 值可以很大，典型地可以达到 10^{12}。在聚合物电解质中，传输和弛豫过程紧密关联，R_τ 接近于 1，因为离子传导机理与结构弛豫机理非常相似。一般来说，高浓度聚合物-盐配合物的 R_τ 常小于 1，通常为 0.1 数量级。这意味着可能使高分子结构重排的弛豫过程并不见得一定允许离子移动。这可能缘于离子间相互作用，导致离子的固定化或库仑拖拽。图 6.7 展示了一系列化合物的 R_τ 数据，并表明了聚合物电解质中溶剂协助的运动与玻璃材料中的活化跃迁机理之间的区别。

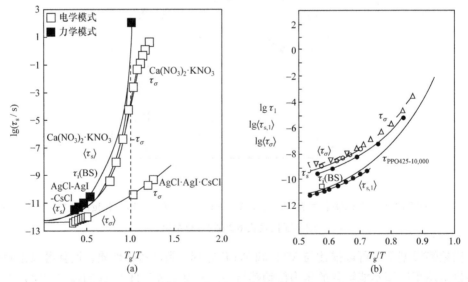

图 6.7　离子导电材料中剪切力(力学模式)和电导率(电学模式)的平均弛豫时间 τ_s 和 τ_σ。(a) 玻璃态材料在 T_g 以上时，$\tau_\sigma \sim \tau_s$；在 T_g 以下时，$\tau_\sigma \ll \tau_s$。(b) 对于聚合物电解质[如(PPO)13：$NaCF_3SO_3$]，当 $T > T_g$ 时，$\tau_\sigma \geqslant \tau_s$。

聚合物电解质中的离子运动强烈依赖于聚合物基体的链段运动。基于此并假设电导率对离子间相互作用依赖较低，Druger、Nitzan 和 Ratner 提出了一个微观模型(Ratner，

1987；Ratner 和 Nitzan，1989)以描述传输机理，称为动态成键逾渗(DBP)理论。对于聚合物电解质中的电导率，阳离子与阴离子的运动有根本性的区别。阳离子的运动可以看作是配位键的形成和断开以及配位位点之间的移动，而阴离子的运动则是从一个占据位点到一个足够大可以容纳该阴离子的空位点的跃迁过程。电导率是协同运动和偶尔的离子独立运动的加和结果；其中后者的时间尺度远快于聚合物的弛豫。

一个最简单的模型包含在晶格位点之间跃迁的离子(而不是像 AgI 这样的固体电解质中固定在晶格上的离子)，这些离子服从跃迁行为的方程：

$$P_i = \sum_j P_j W_{ji} - P_i W_{ij} \tag{6.22}$$

式中，P_i 为在位点 i 发现可移动离子的概率；W_{ij} 为单位时间内离子从位点 j 跃迁到位点 i 的概率，如果不是在相邻位点之间，该跃迁概率为 0。然后假设 W_{ij} 可能有两种取值

$$\left. \begin{array}{l} W_{ij} = 0, \quad 概率为 1-f \\ W_{ij} = w, \quad 概率为 f \end{array} \right\} \tag{6.23}$$

如果所有相邻位点都被占据，则 W_{ij} 等于 0。跃迁的相对概率是 $f(0 \leqslant f \leqslant 1)$。由于高分子的运动，链构象持续变化，位点之间的相对位置不断移动。因此，跃迁概率需要以一个由高分子运动决定的时间尺度 τ_{ren} 不断调整或者说更新。所以 W_{ij} 的值是由参数 w、f 和 τ_{ren} 确定的。而这些又可以与系统参数如离子尺寸、自由体积、温度和压力等相关联。与静态逾渗模型不同，动态模型中的扩散不出现阈值(与实验结果一致)，但是扩散系数有很大的变化。与自由体积理论比较，f 相当于 $\exp(-\gamma \eta^* / \eta_f)$，而 w 相当于离子速率除以晶格常数。τ_{ren} 是与构象或取向变化对应的特征弛豫时间。从这个模型出发可以得出一系列结论：

(1) 如果观测时间远远大于 τ_{ren} 且 $f > 0$，则离子运动总是扩散性的。

(2) 如果更新时间非常短，离子运动等价于在均质体系中以有效速率 wf 进行跃迁。如果更新速率很慢，则离子运动接近静态成键逾渗模型。随着更新时间变快，扩散系数和电导率不断增大，直至离子运动的决速步从离子跃迁变为不依赖于链段运动的离子传输。

(3) 受频率影响的性质，如谱学行为、介电弛豫和频率依赖的电导率等也可以用 DBP 模型描述。从图 6.8 中可以看到单纯聚合物基体和聚合物离子导体的行为有很大不同。当频率高于～10 GHz，其响应基本相同，可能反映的是离子或聚合物基体中偶极的位移性运动。当频率降低，只有离子可以以扩散的形式对变长的时间尺度持续地作出响应。因此，纯聚合物的响应在低频处降为零，而聚合物电解质则在低频处保持平坦，对应于因动态模型中的成键更新过程而打开的直流频率下的扩散。这些结果可以与实验数据进行比较。

除一些特殊的应用外，动态成键逾渗模型还被拓展用于研究考虑晶格的重要性，并强调了不同更新过程相关性的作用以及更新过程对逾渗阈值处扩散的影响。Ratner 和 Nitzan(1989)给出了这些方面的讨论。

有关聚合物离子导体仍有诸多涉及结构和动态变化的重要问题有待进行理论上的深入思考。例如，含多价阳离子的情况，有些体系表现出阳离子传输，而有些体系中的阳离

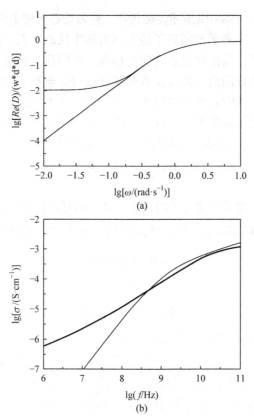

图6.8　(a) 基于简单动态逾渗模型计算得到的频率-电导率关系图。下方的线代表不考虑动态更新时的扩散系数，上方的线代表考虑动态更新后的扩散系数。(b) 纯 PEO(粗线)和 PEO-NaSCN 在 22℃时的频率-电导率关系图。只有离子能进行长程扩散，这与考虑动态更新的扩散过程一致。

子由于较强的溶剂化作用而不能传输。因此，对那些处于这两种极端之间的体系，与离子-聚合物解离有关的一项就尤为重要。这一项最有可能的形式是 $\exp(-\Delta H_{diss}/2RT)$。至此，我们建立的模型中最大的不足之处在于没有考虑可移动离子之间的相互作用。聚合物电解质中的离子浓度经常大于 $1.0\ mol\cdot dm^{-3}$，离子间的平均距离为 $0.5\sim0.7\ nm$ 数量级，因此体系中存在较强的库仑相互作用，也必然影响离子运动。Ratner 和 Nitzan 已经开始从理论角度处理这个问题(Ratner 和 Nitzan，1989)，但是目前还没有建立完整的图像来描述存在离子缔合的聚合物电解质中的离子传导。导致离子缔合的离子间相互作用将在下面的章节中进一步讨论。

6.4　离子缔合与离子传输

　　在 6.2 节中我们已经讨论过离子缔合。在那一节中我们用静态技术如红外光谱、拉曼光谱、EXAFS 和 X 射线衍射等得到了离子簇存在的证据。这一节中我们将从动态角度考察离子缔合，特别聚焦于能反映离子簇存在的电化学测量。因为离子缔合与聚合物电解质中的物质和电荷传输之间结合非常紧密，这两个主题将在本节中一并讨论。

6.4.1 离子缔合

1. *摩尔电导率*

非水液体电解质中的离子缔合特性传统上是通过测量摩尔电导率 Λ 随盐浓度 c 的变化来研究的(Kortüm，1965)。摩尔电导率的定义是 σ/c，其中 σ 为电解质的电导率。因此，Λ 是单位盐浓度的电导率。对于一个完全解离成阳离子 M^+ 和阴离子 X^- 的单价离子盐 MX，σ 由下式给出：

$$\sigma = ce(u_+ + u_-) \tag{6.24}$$

式中，c 为盐浓度；e 为电子电荷；u_+ 和 u_- 为离子迁移率。由此得出：

$$\Lambda = e(u_+ + u_-) \tag{6.25}$$

因此，如果离子迁移率不随浓度变化，则 Λ 也应该不变。Gray 等测量了 $LiClO_4$ 平均分子量为 100 000 的无定形固体聚醚 PMEO 中摩尔电导率 Λ 随浓度的变化(Gray 等，1991)。这个聚合物经过精心提纯后，其电导率测量可以扩展到 $10^{-3}\ mol \cdot dm^{-3}$ 以下。图 6.9 展示了浓度范围从 $10^{-3} \sim 0.25\ mol \cdot dm^{-3}$ 的数据。从低浓度开始，摩尔电导率随盐浓度增加急剧下降，这无法用离子迁移率的变化解释。实际测量表明体系的玻璃化转变温度 T_g(217 K)在 $0.1\ mol \cdot dm^{-3}$ 之前都是恒定的，其离子迁移率也应当不变(Gray 等，1991)。Λ 急剧下降的原因在于离子缔合。在极低盐浓度，低于图 6.9 所示浓度几个数量级的情况下，高氯酸锂以孤立的 Li^+ 和 ClO_4^- 离子形式存在。随着浓度增大，较强的离子间相互作用促使形成离子对，后者与自由离子之间存在平衡：

$$Li^+ + ClO_4^- \Longleftrightarrow [LiClO_4]^0$$

当总盐浓度增大时，考虑质量作用定律，离子对浓度的增加是以自由离子浓度为代价的。由于离子对不带电荷，因此每单位盐浓度的电导率，即摩尔电导率，必然如实验所见般下降。盐浓度进一步增大时，Λ 最终达到一个极小值，在该点离子对的浓度达到极大。有两种机理可以解释越过极小值之后离子浓度和 Λ 增大。第一种机理假设在更高盐浓度下将形成三离子聚集体并与离子对形成快速动态平衡，而三离子聚集体是带电荷的，因此可以增大 Λ。另一种机理认为由于 Debye-Hückel 类型的长程离子相互作用，高盐浓度下离子的活度降低，与中性离子对相比，这更有利于自由离子的稳定化，因此推动动态平衡向自由离子，即重新解离的方向移动。考虑到 Λ 实际上在很低的盐浓度 $10^{-2}\ mol \cdot dm^{-3}$ 就开始增大，三离子聚集体的形成很可能比活度效应更重要。离子聚集体形成的观点也和低介电常数非水液体电解质中的经典研究一致(Fuoss 和 Kraus，1933)。可以想象有两种机理通过三离子聚集体实现电荷传输，两者可能都在实际发生作用。第一种机理中三离子聚集体作为分立的个体穿过聚合物实现长程传输，该机理与 6.3 节中的自由离子传输机理类似，可以由高分子链段运动协助实现。该机理对阴离子型的 $[MX_2]^-$ 比阳离子型的 $[M_2X]^+$ 更有可能实现，因为后者的移动需要两个 M^+ 阳离子同时从高分子链上解离。第二种机理也是由链段运动协助的，当三离子聚集体跟随链段移动遇到一个离子对时，将一个离子转移到离子对上，形成一个新的三离子聚集体，留下一个离子对。这两种机理的区别不在于链段运动，而在于一个机理是整个三离子聚集体被"传送"出去，但是另一个机理中只是转移了一个简单阳离子或阴离子。第二个机理中的三离子聚集体和离子对甚至可以是**不动的**。当盐浓度增大，离子聚集体之间的距离越来越短时，第二种机理变得更加重要。该机理对阳离子型和阴离子型的三离子聚集体同样适用，甚至在更高浓度时，可能在更大的本身无法移动的离子聚集体之间出现单个离子转移。

图 6.9 中展示的固体聚合物电解质的数据规律与低分子量液体高分子电解质中的一致(图 6.10；MacCallum、Tomlin 和 Vincent，1986；Cameron、Ingram 和 Sorrie，1987)。液体高分子体系与传统非水电解质类似，Λ 在低浓度下都有一个极小值。至此，我们在基于液体和固体溶剂的低介电常数电解质的离子缔合行为之间建立了明确的联系，至少是在盐浓度低于大约 0.1 mol·dm^{-3} 时。

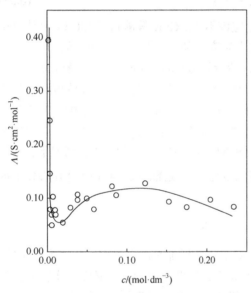

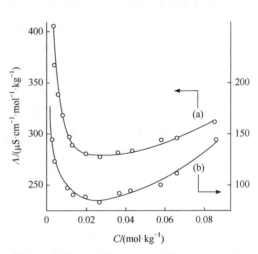

图 6.9　在 298 K 下，亚甲氧基连接的 PEO 的摩尔电导率与 LiClO₄ 浓度的函数关系(Gray 等，1991)。

图 6.10　在 25℃下，PEO (400) 与(a)LiClO₄ 和 (b)LiCF₃SO₃ 复合物的摩尔电导率与盐浓度的函数关系(MacCallum、Tomlin 和 Vincent，1986，已获得许可)。

测量 Λ 随浓度的变化并不能提供关于离子对形式的具体信息，如是接触离子对还是溶剂间隔离子对。离子对的迁移率也不能用来区分。接触离子对很可能比溶剂间隔离子对更易迁移，因为后者还包含了至少一段高分子链。但是，也可以想象溶剂间隔离子对中的阴、阳离子一起移动，实际上相当于中性的离子对发生了有效移动。这对接触和溶剂间隔三离子聚集体都成立。下面即将讨论的电池直流极化测量可以区分可移动和不可移动离子对。

2. 直流极化

摩尔电导率测量对固体电解质和液体电解质同样适用。但是，直流极化方法对电化学池在分钟或小时时间尺度上施加恒定的直流电势微扰，同时测量通过电池的电流，这样的方法只对不存在对流的固体溶剂有价值(Bruce 和 Vincent，1987)。由于具有这样的独特性，固体溶剂中的直流极化这个题目将在本章中详细讨论。我们从考虑以下电池开始：

$$\overset{+}{M} / M^+X^- / \overset{-}{M}$$

它由两个金属 M 电极和置于其间的电解质 MX 组成，电解质完全解离成 M^+ 阳离子和 X^- 阴离子。阳离子在电极上有电化学活性，而阴离子是电化学惰性的。施加直流电压后，阳离子 M^+ 在电场作用下向负(阴)极运送，同时阴离子 X^- 被电场向正(阳)极运送，称为迁移[图 6.11(a)]。起初阶段的离子迁移电流除以施加的电压得到电解质的本体电导率。较长时间后(几秒钟左右)，阳离子开始到达阴极，并且原有的阴离子迁移后留下来的阳离子在阴极处被消耗，同时有相等数量的阳离子在阳极处产生。开始发生电解，两个电极附近区域开始形成浓度梯度。此时，电极附近的离子传输不仅受电迁移而且受沿浓度梯度的扩散影响[图 6.11(b)]。因为扩散层不断向电解质本体扩展，流经电池的电流也会随时间发生变化。这种半无限的扩散导致电流以平方根关系随时间衰减。在液体电解质中，扩散层止于对流发生处，因此扩散只限于电极附近的区域。对流现象限制了该实验在液体电解质中的时间尺度，通常不超过几十秒，除非用旋转圆盘电极等方法对对流加以控制。与之不同的是，在固体电解质中两个扩散层持续向对方扩大生长直至融合而达到稳态[图 6.11(c)]。该稳态条件下阴离子净流动为零，因为阴离子从右向左的电迁移恰好与沿浓度梯度从左向右的扩散抵消。稳态下的电流是由阳离子的迁移与扩散引起的。这种稳态测量可以揭示离子缔合的本质，因此我们将进行更为深入的分析。可以用在阳极和阴极的盐浓度 c_a 和 c_c 表示流经该固体聚合物电解质池的稳态电流 I_s^+ 以及此时电解质两端的电势差 ΔV (Bruce、Evans 和 Vincent，1987)，推导的表达式如下：

$$\Delta V = \frac{2RT}{F} \ln\left(\frac{c_a}{c_c}\right) \tag{6.26}$$

$$I_s^+ = -2FD_+\left(c_a - c_c\right) \tag{6.27}$$

式中，D_+ 为阳离子的扩散系数，其他各项意义如常。电压表达式具有 Nernst 方程的形式，而电流表达式与 Fick 第一扩散定律相关。这些方程是基于完全解离的理想电解质假设，即离子间相互作用可以忽略，并假设电极反应是可逆的，具体推导见本章后的附录。直流极化实验测量施加一定电压下的稳态电流，因此我们希望将 I_s^+ 和 ΔV 两者直接联系起来。所以需要在式中消去浓度项，而这只有在阳极和阴极之间的离子浓度差很小时才能实现。这种情况下 c_a / c_c 接近于 1 而 $\ln(c_a / c_c)$ 可以近似为级数展开式中的线性项，两

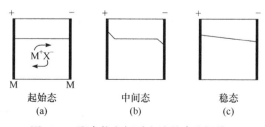

图 6.11　聚合物电解质电池的直流极化。

式中的 c_a 和 c_c 才可以消去。进一步来说，此时 $I_s^+ / \Delta V$ 与所加的电压无关，可以认为是稳态下电池的有效电导率。另外，当 ΔV 超过 20 mV 时，阳极和阴极的离子浓度差太大，上面的假设不再适用。其后果是在较高的电压下，稳态电流小于欧姆体系，也就是说有效电导率小于低 ΔV 下测得的极限值。

虽然考察理想电解质有助于我们理解直流极化，但是聚合物电解质不是理想电解质，因为在这么低介电常数的介质中必然存在显著的离子间相互作用。因此，需要考虑以下两个因素：

(1) 离子间的长程相互作用。

(2) 长寿命的缔合体，即离子对、三离子或更高离子数的聚集体。

对于完全解离但非理想的聚合物电解质(存在长程离子相互作用但没有离子缔合)，假设电极反应可逆，可以推导出稳态电压 ΔV 和电流 I_s^+ 的表达式如下：

$$\Delta V = (1+G)(\mathrm{d}\ln a_{\pm} / \mathrm{d}\ln c)(RT / F)\ln(c_a / c_c) \tag{6.28}$$

$$I_s^+ = -(1+G)(\mathrm{d}\ln a_{\pm} / \mathrm{d}\ln c)FD_+(c_a - c_c) \tag{6.29}$$

这两个公式与理想电解质的公式类似，但是增加了两项。G 依赖于阴、阳离子流之间的偶联，它与导出此式的不可逆热力学传输方程中的交叉系数有关。$a_{\pm}$ 是离子活度，$\mathrm{d}\ln a_{\pm} / \mathrm{d}\ln c$ 是热力学增强因子(Bruce，1991)。从不可逆热力学推导这些公式的细节请见参考文献。在稀溶液情况下，G 和 $\mathrm{d}\ln a_{\pm} / \mathrm{d}\ln c$ 都趋向于 1，因此 I_s^+ 依然保持与 ΔV 的线性关系至约为 20 mV 的上限。然而，在更高离子浓度下，G 和 $\mathrm{d}\ln a_{\pm} / \mathrm{d}\ln c$ 都会超过 1，导致 I_s^+ 与 ΔV 之间的线性范围超出 20 mV。

当电解质中含有可移动的缔合物种时情况变得复杂。Hardgrave(1990)分辨了含有自由离子、离子对和三离子聚集体的 16 种不同的情况。Bruce、Hardgrave 和 Vincent(1989) 针对最简单的缔合电解质情况推导了稳态电流与施加电压的关系，其中唯一的缔合物种是离子对，且离子假设为理想行为。该体系中电压与稳态电流表达式如下：

$$\Delta V = (2RT / F)\left[\ln(c_a / c_c) + KD_0(c_a - c_c) / D_-\right] \tag{6.30}$$

$$-I_s^+ = 2FD_+(c_a - c_c) - (FKD_0 / D_-)(c_a^2 - c_c^2)(D_+ + D_-) \tag{6.31}$$

式中，K 为形成离子对 MX 的缔合常数；D_0 为离子对的扩散系数；D_- 为阴离子的扩散系数。同样地，可以预测含有这种电解质的电池表现出欧姆响应的电压范围。如果 D_0 较大，则稳态下阴离子向一个方向的迁移与相反方向的阴离子和离子对(都含有 X$^-$ 组分)的扩散相抵消。这使得我们可以在不引入过大的离子浓度梯度的情况下施加较高的电压。这种情况下对数项可以近似线性化，欧姆行为区域可以延伸到数伏之高！

图 6.12 展示了 120℃时不同电压下对如下电池进行直流极化测量的结果(Bruce、Hardgrave 和 Vincent，1992a)：

$$Li(s)|含 LiClO_4 的固体 PEO|Li(s)$$

在每一个盐浓度下，该电池在恒定的直流电压下极化直至电流达到稳态。逐渐增大施加电压，在一系列不同电压下重复实验，记录相应的稳态电流。按照以前发表的文献(Bruce

等，1987)，考虑 Li 电极钝化层，用交流阻抗测量其电阻后对施加的电压进行修正，以便将实验结果与可逆电极假设下推导的公式进行比较。将稳态电流对经过修正的施加电压作图可以得到线性区域的上限(图 6.12)。图 6.13 展示了 120℃下 I_s^+ 对 ΔV 线性响应上限随 PEO 中的高氯酸锂浓度变化的数据。将图 6.13 分为低浓度和高浓度两个区域，先考虑前者，显然线性区上限远超 20 mV，尽管在低浓度条件下电解质应当趋向于理想行为(长程离子相互作用小)。该结果可以用存在电中性的高氯酸锂离子对进行合理的解释。如上所述，如果离子对的扩散系数和浓度与离子的相应值相比相差不大甚至更高，那么可以预期线性范围会更宽。这一假说与本节开始时测量无定形高分子量 PMEO 中低浓度盐溶液的当量电导的解释是一致的。但是，与 Λ 的测量不同，直流极化要求离子对必须是**可移动的**，这使得直流测量可以获得重要的额外信息。

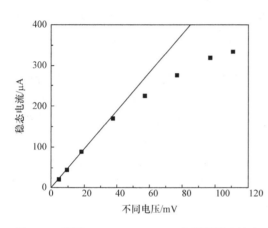
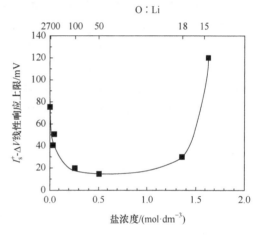

图 6.12　基于 50：1 PEO-LiClO₄ 电解质的电池在 120℃下稳态电流 I_s^+ 与经过修正的施加电压 ΔV 的函数关系(Bruce 等，1992a)。

图 6.13　根据 120℃下 Li/LiClO₄-PEO/Li 电池中的电流/电压行为得到的 I_s^+ 对 ΔV 线性响应上限 (Bruce 等，1992a)。

在 O：M 值为 100：1～18：1(0.2～1.3 mol·dm⁻³)范围内，线性上限的行为反映出体系的传质是由带电的离子物种(单离子或复合离子)主导的。从发表的文献(Bouridah、Dalard、Deroo 和 Armand，1986)中可以获得 $\mathrm{d}\ln a_\pm / \mathrm{d}\ln c$ 的值，不过 G 的值只有在对水系电解液的测量中估算过(Katchalsky 和 Curran，1965)。然而，在 O：M 为 15：1 的浓度下发现线性上限为 120 mV，在合理的假设下无论如何都不能用简单偏离理想行为来解释。类似地，最简单的解释还是因为形成了某种离子对。这一发现与 Boden、Leng 和 Ward 等(1991)在 15：1 的 LiCF₃SO₃ 与聚乙二醇体系中报道的一致。他们发现利用 NMR 测得离子自扩散系数而计算的摩尔电导率与实验测量值相比有较大的偏差。他们解释引起该偏差的原因是"成对正、负电荷离子相关联的扩散运动"，即离子对。在如此高浓度下，离子对、三离子或更大的离子簇即使无法进行长程传输，也会增大体系的相对介电常数[Delsignore、Faber 和 Petrucci(1985)曾报道：相对介电常数从纯二甲基碳酸酯溶剂的 3.1 上升到 0.29 mol·dm⁻³ LiClO₄ 溶液的 6.3]。在这些高浓度电解质中浓度的增大也可能导致聚集体重新解离。不过仍然需要记住的是，当盐浓度达到平均每个 Li⁺ 对应 18 个醚氧原子时离子间距离小到只有几埃(Å)，这时分立而不相关联的离子聚集体(包括离子对)的概念就逐渐失去重要性。虽然在低盐浓度下存在离子缔合的证据相当强力，但是必须强调高盐浓度下直流极化测量的结果是基于一些假设的，特别是 G 的值。对这些高盐浓度下的结果不能排除有其他的解读。

6.4.2 传输

在电解质的背景下，传输是指当盐溶于溶剂后产生的所有物种的运动。举例如下，如果一个 1∶1 单价盐 MX 溶于聚合物形成 M^+、X^-、$[MX]^0$、$[M_2X]^+$、$[MX_2]^-$ 五个物种，那么传输测量的目标就是理解其中每一个物种的运动，而它们的迁移率和相对浓度都不一样。带电物种与电中性物种之间有一个区别：前者在电场和浓度梯度驱动下都可以传输，而后者的传输只能由浓度梯度驱动。本节中我们会用到两个很容易混淆的概念：迁移数(transport number)和转移数(transference number)。它们的共同点是都只适用于带电物种的传输。对一个电解质施加电压并测量通过的电流，那么任意一个带电物种的迁移数 t 就是该物种输送的电流的比例，或者等价于该物种在电解质的总电导率中贡献的比例。所有物种迁移数的加和等于 1。而转移数 T 是指盐的某一种**成分**输送的电流比例(Spiro，1971)。以 1∶1 单价盐 MX 为例，其基本成分为 M^+ 和 X^-，当其溶于聚合物时，X^- 成分以 X^- 物种的形式存在，也以三离子聚集体 $[M_2X]^+$ 阳离子和 $[MX_2]^-$ 阴离子的一部分存在。该成分还存在于离子对 $[MX]^0$ 中，不过这不影响转移数。X^- 成分由这三种带电物种传输，而它们又携带了该成分的电荷。该电池中通过的 1 F 电荷中，由 X^- 成分携带的净电荷的 Faraday 数就是它的转移数。阳离子和阴离子的转移数相加等于 1。如果盐完全解离成 M^+ 和 X^-，那么阳离子或阴离子的迁移数和转移数是相同的。

电导率经常是电解质研究中开展的第一项测量，不过它只能提供电荷传输的总体信息。就连一个完全解离的电解质，电导率测量也不能区分阳离子和阴离子携带的电流。迁移数或转移数测量试图更深入地探查电解质中不同物种的运动。

表 6.1 列出了用于聚合物电解质传输性质研究的各种技术。对于完全解离的盐，所有技术都得到相同的 t 值(可能有微小的差别，主要是由于存在一些次级效应，如长程离子相互作用或溶剂运动等，可能对不同测试技术产生不同的影响)。但在缔合电解质中，同一组的不同技术结果接近，不同组的技术得到的结果一般差别较大。篇幅所限这里不能详述每一种技术，有关细节参见文献[Bruce 和 Vincent(1989)和其中引用的参考文献]。不过，我们将从每一组中选一种技术来说明它们之间的不同之处。假定我们考虑的是含有缔合的 1∶1 单价盐的固体聚合物电解质。

表 6.1 聚合物电解质中的传输测量方法

I	II	III
Hittorf/Tubandt 法	放射示踪	直流极化法
浓差电池	脉冲梯度场核磁共振(PFG NMR)	交流法
离心法	Cottrell 法	

1. Hittorf/Tubandt 测量

该方法在电池中通过一定量的电荷，然后测定阳极和阴极附近电解质的成分变化。这一技术用到的电池类型如下：

$$M(s)|聚合物\text{-}MX(s)|聚合物\text{-}MX(s)|聚合物\text{-}MX(s)|M(s)$$

其中三个电解质区域是完全等同的。当通过 1 F 电荷时，1 mol M 从阳极脱出，同时有 1 mol M 沉积到阴极上。假设电解质中含有 M^+、X^-和$[MX]^0$，那么电流是由 M^+向阴极和 X^-向阳极的运动输送的。考虑到电解质中间区在实验中保持不变，电中性的离子对不参与电极区与中间区之间的净流动。测量阴极区的盐浓度变化可以直接给出 X 的浓度变化。如果是完全解离的电解质，可以据此直接算出阴离子的迁移数。这也适用于含 M^+、X^-和 $[MX]^0$ 的电解质。不过对于含 M^+、X^-、$[MX]^0$、$[M_2X]^+$和$[MX_2]^-$物种的缔合电解质，阴极区的分析只能确定盐中 X^-成分的净传输，因为该过程中同时发生$[M_2X]^+$进入阴极区以及 X^-和$[MX_2]^-$离开阴极区的传输。对于所考虑的体系，X^-成分的转移数 T_{X^-}（由阴极区中 X 的摩尔数变化给出），与含有 X 物种的迁移数有如下关系：

$$T_{X^-} = t_{X^-} + 2t_{MX_2^-} - t_{M_2X^+} \tag{6.32}$$

类似地

$$T_{M^+} = t_{M^+} + 2t_{M_2X^+} - t_{MX_2^-} \tag{6.33}$$

且

$$T_{M^+} + T_{X^-} = 1 \tag{6.34}$$

由于 Hittorf 法测量的实验难度较高，目前在固体聚合物电解质中用该方法得到准确可靠的转移数的实例并不多。Leveque、Le Nest、Gandini 和 Cheradame(1983)将它用于高度交联的聚合物网络，其电池可以由不黏附的薄片组合而成。当阴离子连接在聚合物基体而固定后，测得阳离子的迁移数为 1。近来 Bruce、Hardgrave 和 Vincent (1992b)在含有 LiClO$_4$ 的 PEO 体系中成功测量了转移数，表明非交联聚合物体系中也可以实现 Hittorf 法测量。120℃下，醚氧对锂离子比例为 8∶1 时，测得该聚合物电解质的转移数 $T_+ = 0.06 \pm 0.05$。该结果与阴离子比阳离子更易迁移的观点一致，因为前者与高分子链的结合与后者相比更为松散。

2. 放射示踪测量

这类方法用放射性原子核对盐成分进行标记，带有放射性标记的盐首先在聚合物表面沉积成薄膜，然后跟踪它们在聚合物电解质中的扩散进程。Chadwick、Strange 和 Worboys 等(1983)用连续切片技术研究了 PPO-NaSCN 等聚合物电解质，测量了样品中 ^{22}Na 和 ^{14}C 的分布。如果我们考虑聚合物电解质中只含有自由离子 M^+、X^-和与之平衡的离子对$[MX]^0$ 的情况，那么引入 M^+成分的放射性标记原子核将在 M^+和$[MX]^0$ 物种间分配；类似地，X^-成分的放射性标记原子核将在离子对与 X^-之间分配。所有带标记的物种都将在聚合物中扩散。当离子对的浓度或迁移率与离子相比小到可以忽略时，测得的 M^+

和 **X**⁻成分的扩散系数就分别对应于 M⁺和 X⁻的扩散系数。这种情况下阳离子的迁移数可以定义为

$$t_+ = D_+ / (D_+ + D_-) \tag{6.35}$$

然而，当离子对的浓度或迁移率相比于单个离子越来越显著时，测得两种成分的扩散系数都逐渐接近离子对而不是自由离子的扩散系数。因此，表观上看来 t_+ 和 t_- 都趋向于 0.5。事实上在这种情况下，以上公式已不能用来计算迁移数。通常在有可移动离子对或复杂离子簇的情况下，用此类方法测量的扩散系数和 t_+ 并不对应于电解质中某个单独物种的性质。

脉冲梯度场核磁共振(PFG NMR)技术在实验上和放射示踪方法不同，但是其原理非常类似。每种成分的原子核中有一部分通过自旋翻转而被标记，然后观察它们的扩散。这两种技术都会受到电中性缔合物的影响，这一点与 Hittorf/Tubandt 法不同。

3. 电流分数

直流极化技术已经在 6.4.1 节中描述过了。对于没有可移动缔合物种(如[MX]⁰或[M₂X]⁺)的电解质，前述电解质直流极化池在低极化电压 ΔV 条件下，稳态电流 I_s^+ 与初始电流 I_0 之比等于阳离子迁移数 t_+。如果电解质含有可移动离子对或其他电中性缔合物种，那么电流比值的理解就变得复杂，因为稳态下阳离子成分的传输，即稳态电流中包括了电中性物种在浓度梯度中扩散的贡献。尽管如此，无论电解质处于什么状态，电流比值在表征薄膜电池的离子传输方面都具有相当重要的价值。这些薄膜电池与实际电化学器件在本质上有相似之处：实际上重要的是盐中的电活性成分如锂离子等在电池中的净输送，而不是电解质本体电导率。

因为电解质可能含有缔合物种，我们选择将 I_s^+ / I_0 定义为通用术语**电流分数**，其中假设了可以允许有界面电阻，而界面电阻可能在实验过程中发生变化。由于稳态电流相对于施加的电压在超过某个电压上限之外并不是线性关系，因此一般来说上面描述的参数与电压有关。不过，至少当电压在 20 mV 以内时稳态电流与施加电压线性相关，因此我们可以定义极限电流分数 F_+ 如下：

$$F_+ = \lim_{\Delta V \to 0} I_s^+ / I_0 \tag{6.36}$$

该参数为电解质在指定温度下某电压范围内与电压无关的性质。极限电流分数是不存在界面电阻时初始电流在达到稳态时能保持的电流部分的最大值。在某些情况下，这个参数可能与特定物种的迁移数或转移数相等，但是在**预先**不知道电解质含有什么物种时，这个参数最好还是解释为 F_+，而不是 t_+ 或 T_+。在含 LiClO₄ 的聚醚电解质中观察到的这一参数通常为 0.2～0.3。

6.4.3 小结

电化学和光谱测量表明固体聚合物电解质中的离子缔合现象与低介电常数液体电解质中同样普遍。对于聚醚与简单 1：1 单价盐电解质体系，摩尔电导率对盐浓度测量表明

在极低浓度($\ll 10^{-3}\,mol \cdot dm^{-3}$)下自由离子为主，随盐浓度上升直至 $10^{-2}\,mol \cdot dm^{-3}$，自由离子逐渐被离子对代替。在直流极化实验中观察到较宽的线性范围表明这些离子对是可迁移的。在更高的浓度(高达～$10^{-1}\,mol \cdot dm^{-3}$)下三离子聚集体逐渐取代离子对。三离子聚集体既可以一个整体移动，也可能转移一个阳离子或阴离子到相邻的离子对而实现移动。其中，第二个机理在浓度增大时可能变得更为重要。浓度为～$1\,mol \cdot dm^{-3}$ 以上体系的直流极化测量也表明电中性的缔合体，即离子对或更大的离子簇，可能再度出现，不过在这么高的浓度下，最好将该体系视为溶剂化的熔融盐。离子缔合带来的一个后果是测量迁移数或转移数的不同技术可能得到不同的结果。正因为如此，比较多种不同技术研究的电解质传输性质可以反映出聚合物电解质中有关离子缔合性质的有用信息。

本章附录

电压 ΔV 与稳态电流 I_s^+ 表达式的推导

考虑一个电池由含盐(MX)的聚合物电解质和两个金属电极 M 组成，盐完全解离为 M^+和 X^-，M 电极与 M^+之间的转化可逆。电池常数为 1，电解质是理想的。

稳态下 X^-的净流动为零，它们的电化学势处处相等。

$$d\tilde{\mu}_- = RT d\ln c - F d\phi = 0 \tag{A6.1}$$

式中，$\tilde{\mu}_-$ 为阴离子的电化学势；c 为盐浓度(电中性条件要求 $c = c_+ = c_-$)；ϕ 为电解质中任一位置处的电势。

电势梯度与化学势梯度因此有如下关系

$$\frac{d\phi}{dx} = \frac{RT}{F}\frac{d\ln c}{dx} = \frac{RT}{F}\left(\frac{1}{c}\right)\frac{dc}{dx} \tag{A6.2}$$

式中，x 为阴极与阳极之间任一位置。另有

$$I_s^+ = \left(I_s^+\right)^d + \left(I_s^+\right)^m \tag{A6.3}$$

式中，d 和 m 分别表示扩散和电迁移导致的电流。现在 $(I_s^+)^d$ 可以从 Fick 第一定律得到，而 $(I_s^+)^m$ 可以从电势梯度中的电导率方程得到，则有

$$I_s^+ = -FD_+ \frac{dc}{dx} - \left(\frac{F^2 D_+}{RT}\right)c\frac{d\phi}{dx} \tag{A6.4}$$

式中，D_+ 为阳离子扩散系数。因此，将式(A6.2)的 $d\phi / dx$ 代入可得

$$I_s^+ = -2FD_+ dc / dx$$

此式对稳态电流 I_s^+ 来说有多重重要含义：因为 $I_s^+ = 2(I_s^+)^d = 2(I_s^+)^m$，我们得到 $(I_s^+)^d = (I_s^+)^m$。稳态下电解质中的电流处处相等为常数；不仅如此，因为电解质是理想的，D_+ 也为常数。因此，根据式(A6.4)，浓度随位置 x 线性变化

$$dc / dx = \Delta c / \Delta x = c_a - c_c \tag{A6.5}$$

因为

$$\Delta x = 1$$

现在可得电解质中任一位置的盐浓度为

$$c = (c_a - c_c)x + c_c \tag{A6.6}$$

还有

$$c_a + c_c = 2c_0 \tag{A6.7}$$

现在我们可以计算稳态下电解质两端的电势降：

$$\frac{\mathrm{d}\phi}{\mathrm{d}x} = -\left(I_s^+\right)^m \left(\frac{RT}{F^2 D_+}\right)\frac{1}{c} = -\left(I_s^+\right)^m \left(\frac{RT}{F^2 D_+}\right)\frac{1}{(c_a - c_c)x + c_c} \tag{A6.8}$$

所以

$$\begin{aligned}
\phi_a - \phi_c = \Delta\phi &= \left(I_s^+\right)^m \left(\frac{RT}{F^2 D_+}\right)\int_0^1 \frac{\mathrm{d}x}{(c_a - c_c)x + c_c} \\
&= -\left(I_s^+\right)^m \left(\frac{RT}{F^2 D_+}\right)\frac{1}{(c_a - c_c)}\ln\left(\frac{c_a}{c_c}\right)
\end{aligned} \tag{A6.9}$$

但是

$$\left(I_s^+\right)^m = \left(I_s^+\right)^d = -FD_+\mathrm{d}c/\mathrm{d}x = FD_+(c_a - c_c) \tag{A6.10}$$

所以

$$\Delta\phi = (RT/F)\ln(c_a/c_c)$$

阴、阳两极之间的浓度差还产生一个 Nernst 电势 $\Delta E = RT/F \ln(c_a/c_c)$，因此

$$\Delta V = 2\Delta\phi = (2RT/F)\ln(c_a/c_c) \tag{A6.11}$$

根据式(6.10)有

$$I_s^+ = -2FD_+(c_a - c_c)$$

参 考 文 献

Adams, G. and Gibbs, J. H. (1965) *J. Phys.,* **43**, 139.

Angell, C. A. and Bressel, R. D. (1972) *J. Phys. Chem.,* **76**, 3244.

Armand, M. B. and Gauthier, M. (1989) in *High Conductivity Solid Ionic Conductors: Recent Trends and Applications*, Ed. Takahashi, T. World Scientific, Singapore, p. 114.

Armand, M. B., Chabagno, J. M. and Duclot, M. (1978) *2nd Int. Conference on Solid Electrolytes*, St. Andrews.

Armand, M. B., Chabagno, J. M. and Duclot, M. (1979) *Fast Ion Transport in Solids*, Eds. Vashishta, P, Mundy, J. N and Shenoy, G. K., North-Holland, Amsterdam, p. 131.

Boden, N., Leng, S. A. and Ward. I. M. (1991) *Solid State Ionics*, **45**, 261.

Bouridah, A, Dalard, F., Deroo, D. and Armand, M. B. (1986) *Solid State Ionics*, **18/19**, 287.

Bruce, P. G. (1989) *Faraday Discuss. Chem. Soc.*, **88**, p. 91.

Bruce, P. G. (1991) *Synthetic Metals*, **45**, 267.

Bruce, P. G., Evans, J. and Vincent, C. A. (1987) *Polymer*, **28**, 2324.

Bruce, P. G., Hardgrave, M. T. and Vincent, C. A. (1989) *J. Electroanal. Chem.*, **271**, 27.

Bruce, P. G., Hardgrave, M. T. and Vincent, C. A. (1992a) *Electrochimica Acta*, **37**, 1517.

Bruce, P. G., Hardgrave, M. T. and Vincent, C. A. (1992b) *Solid State Ionics*, **53/56**, 1087.

Bruce, P. G., Krok, F. and Vincent, C. A. (1988) *Solid State Ionics*, **27**, 81.

Bruce, P. G., Nowinski, J. L., Gray, F. M. and Vincent, C. A. (1990) *Solid State Ionics*, **38**, 231.

Bruce, P. G. and Vincent, C. A. (1987) *J. Electroanal. Chem.*, **225**, 1.

Bruce, P. G. and Vincent, C. A. (1989) *Faraday Discuss. Chem. Soc.*, **88**, 43.

Bruce, P. G. and Vincent, C. A. (1993) *J. Chem. Soc., Faraday Trans*, **89**, 3187.

Cameron, G. G. and Ingram, M. D. (1989) *Polymer Electrolyte Reviews,* Vol. 2, Eds. MacCallum, J. R. and Vincent, C. A., Elsevier Applied Science, London, p. 157.

Cameron, G. G., Ingram, M. D. and Sorrie, G. A. (1987) *J. Chem. Soc., Faraday Trans.*, **83**, 3345.

Chadwick, A.V., Strange, J. H. and Worboys, M. K. (1983) *Solid State Ionics*, **9/10**, 1155.

Chatani, Y. and Okamura, S. (1987) *Polymer*, **28**, 1815.

Chatani, Y., Fujii, Y., Takayanagi, T. and Honma, A. (1990) *Polymer*, **31**, 2238.

Cheradame, H. and Le Nest, J. F. (1987) *Polymer Electrolyte Reviews - 1*, Eds. MacCallum, J. R. and Vincent, C. A., Elsevier Applied Science Publishers, London, p. 103.

Cohen, M. H. and Turnbull, D. (1959) *J. Chem. Phys.*, **31**, 1164.

Cowie, J. M. G. and Cree, S. H. (1989) *Ann. Rev. Phys. Chem.*, **40**, 85.

Cowie, J. M. G., Martin, A. C. S. and Firth, A. M. (1988) *British Polymer J.*, **20**, 247.

Craven, J. R., Mobbs, R. H., Booth, C. and Giles, J. R. M. (1986) *Macromol. Chem. Rapid Commun.*, **7**, 81.

Delsignore, M., Faber, H. and Petrucci, S. (1985) *J. Phys. Chem.*, **89**, 4968.

Fenton, D. E., Parker, J. M. and Wright, P. V. (1973) *Polymer*, **14**, 489.

Fontanella, J. J., Wintersgill, M. C., Smith, M. K., Semancik, J. and Andeen C. G. (1986) *J. Appl. Phys.*, **60**, 2665.

Frech, R., Manning, J., Teeters, D. and Black, B. E. (1988) *Solid State Ionics*, **28/30**, 954.

Fulcher, G. S. (1925) *J. Amer. Ceram. Soc.*, **8**, 339.

Fuoss, R. M. and Kraus, C. A. (1933) *J. Am. Chem. Soc.*, **55**, 2387.

Gibbs, J. H. and di Marzio, E. A. (1958) *J. Chem. Phys.*, **28**, 373.

Gray, F. M. (1991) *Polymer Electrolytes: Fundamentals and Technological Applications*, VCH Publishers, New York.

Gray, F. M., Shi, J., Vincent, C. A. and Bruce, P. G. (1991) *Phil. Mag. A.*, **64**, 1091.

Hardgrave, M. T. (1990) PhD Thesis, University of St. Andrews.

Katchalsky, A. and Curran, P. F. (1965) *Non-Equilibrium Thermodynamics in Biophysics*, Harvard University Press, Harvard.

Koningsberger, D. C. and Prins, R. (Eds.) (1988) *X-Ray Absorption*, Wiley, Chichester.

Kortüm, G. (1965) *Treatise on Electrochemistry*, Elsevier, Amsterdam.

Latham, R. J., Linford, R. G. and Schlindwein, W. S. (1989) *Faraday Discuss. Chem. Soc.*, **88**, 103.

Leveque, M., Le Nest, J.-F., Gandini, A and Cheradame, H. (1983) *Macromol. Chem. Rapid Commun.*, **4**, 497.

Lightfoot, P., Mehta, M. A. and Bruce, P. G. (1992) *J. Mater. Chem.*, **2**, 379.

Lightfoot, P., Mehta, M. A. and Bruce, P. G. (1993) *Science*, **262**, 883.

Lightfoot, P., Nowinski, J. N. and Bruce, P. G. (1994) *J. Am. Chem. Soc.*, **116**, 7469.

MacCallum, J. R. and Vincent, C. A. (1987) *Polymer Electrolyte Reviews - 1*, Elsevier Applied Science Publishers, London.

MacCallum, J. R. and Vincent, C. A. (1989) *Polymer Electrolyte Reviews - 2*, Elsevier Applied Science Publishers, London.

MacCallum, J. R., Tomlin, A. S. and Vincent, C. A. (1986) *Eur. Polymer J.*, **22**, 787.

Mehta, M. A. (1993) PhD Thesis, University of St. Andrews.

Mehta, M. A., Lightfoot, P. and Bruce, P. G. (1993) *Chem. of Materials*, **5**, 1338.

Miyamoto, T. and Shibayama, K. (1973) *J. Appl. Phys.*, **44**, 5372.

Papke, B. L, Ratner, M. A. and Shriver, D. F. (1982) *J. Electrochem. Soc.*, **129**, 1694.

Pearson, R. G. (1963) *J. Am. Chem. Soc.*, **85**, 97.

Ratner, M. A. (1987) *Polymer Electrolyte Reviews-1*, Eds. MacCallum, J. R. and Vincent, C. A., Elsevier Applied Science Publishers, London, p. 173.

Ratner, M. A. and Nitzan, A. (1989) *Faraday Discuss. Chem. Soc.*, **88**, 19.

Shriver, D. F., Dupon, R. and Stainer, M. (1983) *J. Power Sources*, **9**, 383.

Spiro, M. (1971) in *Physical Methods of Chemistry*, Eds. Weissberger, A. and Rossiter, B. W., Vol. 1, Part Ⅱ A, Ch. Ⅳ, Wiley-Interscience, New York.

Tamman, G. and Hesse, W. (1926) *Z. Anorg. Allg. Chem.*, **156**, 245.

Thomson, J. B., Lightfoot, P., Nowinski, J. L. and Bruce, P. G. (1994) personal communication.

Torell, L. M. and Schantz, S. (1989) *Polymer Electrolyte Reviews - 2*, Eds MacCallum, J. R. and Vincent, C. A., Elsevier Applied Science, London, p. 1.

Vogel, H. (1921) *Phys. Z.*, **22**, 645.

Watanabe, M. and Ogata, N. (1987) *Polymer Electrolyte Reviews - 1*, Ed. MacCallum, J. R. and Vincent, C. A., Elsevier Applied Science Publishers, London, p. 39.

Williams, M. L., Landel, R. F. and Ferry, J. D. (1955) *J. Am. Chem. Soc.*, **77**, 3701.

7 插嵌电极：主体及其插嵌化合物的原子和电子结构

——W. R. McKinnon

加拿大国家研究委员会，渥太华

7.1 离子和电子结构的重要特点

嵌入型或插入型化合物是一类包含主体原子和客体原子(或分子)的固体。主体原子形成晶格结构或骨架，客体原子占据骨架内的空位。插嵌化合物有两个区别于其他固体的特征：首先，客体物质是可移动的，会在主体晶格空位间移动；其次，客体物质可以在主体中嵌入或脱出，所以客体的浓度是可变的。这两个特性也是插嵌化合物作为电池电极材料需要研究的。

客体物质种类繁多，包括从质子到二价阳离子(Bruce、Krok、Nowinski、Gibson 和 Tavakkolik，1991)，以及较大的有机分子。本章只讨论以锂离子为代表的碱金属类客体。主体材料种类也很多，本章将主要关注过渡金属氧化物或硫族化合物(硫化物、硒化物和碲化物)，同时简要介绍石墨插嵌化合物，关于石墨的更多信息可参考综述文章(Solin，1982；Dresselhaus 和 Dresselhaus，1981)。即便是刚才提及的几类，也只讨论其中很少的一部分已知化合物。本章主要目的是通过这些例子阐述插嵌行为涉及的基础物理和化学。

在碱金属插嵌化合物中，主体中的客体是离子化的，其最外层的 s 电子会转移到主体的电子能级上。因此，有两个要点需要关注，即离子占据的空位和电子占据的能级或能带。电中性的客体(如水分子)将只在共嵌入部分讨论。在一些主体材料(如石墨)中，有的客体会接受来自主体的电子变成负离子。本章的很多理论可以用来解释这类发生明显变化的电子受体。

7.1.1 离子的占位

在过渡金属硫化物或氧化物中，带正电的客体(如锂离子)会占据被硫或氧负离子包围的位点，并尽可能地远离带正电的过渡金属离子。由于锂离子的核外电子层是占满的(与很多主体中的过渡金属离子不同)，其位点的几何构型并不重要，只要位点周围的阴离子均匀分散即可。因此，被四个阴离子包围的锂离子会优先与阴离子形成四面体而非方形。

这里讨论的许多化合物的客体大部分时间都定域在某个指定位点，只是偶尔会从一个位点跃迁到另一个位点。这种化合物可用晶格-气体模型来描述。不过当客体离子非常大以至于需要占据几个位点时(如石墨中的铯离子)，这个模型就不适用了。此时，更合适将铯离子当作液体看待，其与石墨晶格的周期势发生弱相互作用(Clarke、Caswell 和 Solin，1979)。

主体可以为客体提供的未占据位点取决于其结构，而一个特定的结构可以包含不同类型的位点。例如，如图 7.1(a)所示，在密集堆积的硫(或氧原子)晶面之间就存在两种不同的未占据位点：分别是由六个硫组成的八面体位点和由四个硫组成的四面体位点。锂离子通常优先占据这两类位点。而更大的离子，如 Na_xTiS_2 中的钠离子(Moline 等，1984)可能会占据三棱柱位点。三棱柱位点一般由一个密堆积层直接叠加在另一个密堆积层上形成[图 7.1(b)]。固体中离子的大小一般是经验值，通常可以根据已发表的离子半径数值(Shannon，1976)来预测一个离子能否进入一个给定的晶格位点。

综上所述，取决于这些位点之间的连接关系，客体的占位可以形成一维、二维或三维晶格结构。主体结构也可以根据它的强键的维度来分类。图 7.2 展示了其四种可能的几何构型。如果主体是由弱键合的链组成[图 7.2(a)]，那么客体就可以在链之间的任意方向运动，形成一维主体带着三维客体位点的晶体结构。相反，主体可以是各个方向都强键合的结构，形成一维的通道位点结构[图 7.2(b)]。当主体是层状结构时，位点也形成层状结构[图 7.2(c)]。最后，一个三维的主体结构可包含三维的位点结构[图 7.2(d)]。7.2 节将举例讨论这四种情况。

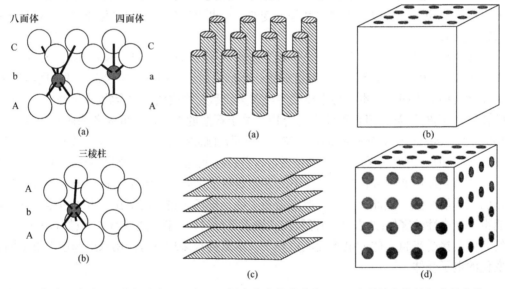

图 7.1　阴离子密堆积层之间的离子嵌入位点：(a) 八面体和四面体位点；(b) 三棱柱位点。

图 7.2　插嵌化合物的分类：(a) 由弱键合的链组成的主体；(b) 具有一维客体离子晶格位点的三维主体；(c) 层状主体(二维主体和二维晶格位点)；(d) 具有三维晶格位点的三维主体。

主体的维度结构会影响很多性能。例如，层状主体材料可以容纳的客体尺寸范围较大，所以在电池中，锂离子从溶液中嵌入主体层间时可能会携带大尺寸的溶剂分子，形成共嵌入(将在 7.5.2 小节讨论)。对于具有三维结构的主体材料，位点通常太小，不能容纳大的有机分子，因此不会发生共嵌入。

7.1.2　电子的"占位"(电子结构)

为了理解注入主体中的电子发生了什么，我们需要先了解主体的电子结构。在过渡金属硫化物或氧化物中，硫或氧的 p 电子轨道与过渡金属的 s、p、d 电子轨道有重叠，形成成键和反键轨道能级。固体晶格的周期性将这些能级扩展成能带。虽然每条能带都包含了两类原子的贡献，但为了简单起见，通常用贡献较大的原子和轨道来命名能带，尽可能地忽略能带的混合特征。

图 7.3 展示了相关能带的结构示意图。氧或硫的 p 能带是填满的，而过渡金属的 d 能带是空的或半填满的。客体的外层 s 轨道电子(图中未显示)形成了比过渡金属能级更高的能带。在插嵌过程中，来自客体的电子进入 d 能带，Fermi 能级(划分满态和空态的能级)则从 d 能带的底部上移。

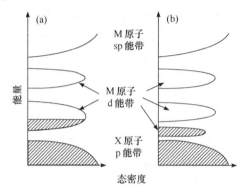

图 7.3　过渡金属氧化物和硫化物的电子能带。M=金属，X=硫或氧。该能带的填充适用于 MoS₂。

在图 7.3 中，d 能带被分裂成几个次能带。较低的 d 能带是由与硫原子 p 轨道重叠最少的 d 轨道衍生出来的(因为 d 能带是由 d 轨道和 p 轨道反键组合而成，两个轨道重叠越多，形成的 d 能带能量越高)。能带具体如何分裂取决于硫与过渡金属的配位情况。对于八面体配位，每个过渡金属原子能级较低的能带包含 6 个电子态，而能级较高的能带包含 4 个电子态，其中自旋向上和自旋向下分别计算。对于三棱柱配位，能级较低的能带进一步分裂，而能级最低的能带有两个电子态。像 TiS₂ 和 MoO₃ 这类化合物，d 能带是空的，因此它们是半导体或绝缘体。对于 MoS₂ 来说，由于每个硫原子需要 2 个电子去获得满电的外电子层，因此钼会贡献 6 个外层电子中的 4 个给硫的能带。这样钼就只剩下 2 个 d 占据态，所以对于 Mo 为三棱柱配位的 2H 型 MoS₂，能级最低的 d 能带是被占据的，形成半导体。而对于 Mo 占据八面体位的 1T 型 MoS₂，d 能带不发生分裂，因此是一种金属。1T 型 MoS₂ 最早是在电池研究中发现的，它由 Li 和 2H 型 MoS₂ 反应而成。这种相转变的驱动力可能来自于电子占据第二个 d 能带时 d 电子态能级差被消除所获得的能量(Py 和 Haering，1983)。

尽管本章讨论能带图如图 7.3 所示的化合物，但这个能带结构图并不适合较小的过渡金属原子，尤其是元素周期表第一行末尾的那些元素(Zaanen、Sawatzky 和 Allen，1985)。用局域概念来描述这些元素更合适。这些化合物中 d 电子态类似于原子的 d 轨道，因此尽管能带图显示了部分占据态的金属能带，这些材料也可以是非金属。我们采用原子模型来描述这类材料，认为来自客体的电子改变了过渡金属的价态(Rouxel，1989)。

以上的讨论忽略了嵌入离子的电荷对能带的影响。由于嵌入离子更靠近主体的硫原子而非过渡金属，它的正电荷降低了 p 电子而非 d 电子的能量。这种下降可以在 LiTiS₂

和 TiS$_2$ 的能带结构计算结果中看到(Umrigar、Ellis、Wang、Krakauer 和 Posternak，1982；也可参考 McKinnon，1987 的图 6)。因此，即使客体引入的电子态远高于 Fermi 能级，它也会改变能带。不过大致上可以认为 Fermi 能级附近的 d 能带形状保持不变。这种情况可以采用一个刚带模型来描述，并假设 d 能带的形状(但不一定是能级)在插嵌过程中保持不变(刚性的)。

越接近客体离子，则受客体离子的电荷影响就越大。客体离子使周围的硫族原子极化，而这些原子又反过来影响相邻的过渡金属离子，降低其 d 电子态的能量。当电子进入一个空的 d 能带时，这种能量的降低会让电子态脱离能带，电子发生局域化，直到到达一个临界电子浓度，使材料变成金属(Mott 和 Davis，1979)。这种所谓的 Mott(莫特)跃迁已在 Na$_x$WO$_3$ 的电子光谱中观察到(Hill 和 Egdell，1983)。

即使在金属体系中，嵌入离子引起的主体极化也不能忽略。金属中的电荷被导带电子屏蔽，其屏蔽距离(称为屏蔽长度)通常与原子间的距离相当。由于屏蔽效应，我们必须谨慎地解释"刚性"这个词在刚带模型中的含义。我们的第一种倾向是假设电子被注入能带，就像水被注入玻璃杯一样，所以 Fermi 能级应随着插嵌的进行而上升。但是这种解释忽略了屏蔽效应。Friedel(1954)的研究表明，屏蔽效应会导致能带下移。在稀释极限条件下，不同离子的屏蔽云不重叠，能带的下移正好补偿了 Fermi 能级的上升；因此能带形状保持不变，但能级下降，因为电子的注入只够维持 Fermi 能级恒定。这是用刚带模型描述金属化合物的合理解释。

7.2　主体材料实例

本节讨论几个插嵌化合物的例子。这些化合物按图 7.2 分为以下几类。

7.2.1　一维主体，三维移动离子网络

这类主体材料由弱键合的链组成。一个例子是 Mo 和 Se 的系列化合物，在这类化合物中 Mo 和 Se 构成的立方晶胞排成链状，链之间可以容纳客体离子(Chevrel 和 Sergent，1982)。这类化合物在嵌入离子被移走后，其主体链也可分离溶解在溶液中(Tarascon 等，1985)。

第 5 章介绍的有机化合物如聚乙炔也属于这类插嵌化合物。

7.2.2　三维主体结构，一维移动离子通道

在很多氧化物中，过渡金属与氧配位形成八面体，八面体沿一个方向相连形成链。图 7.4 展示了金红石结构原子排布的侧视图(a)和俯视图(b)。不同链之间的八面体通过共享一个氧原子，形成共角相连的结构。八面体之间形成的一维通道每边有一个八面体，可用 1×1 表示。其他如锰钡矿和斜方锰矿这类化合物的链比一个八面体宽，因此形成更大的通道，如 2×2(c)或 2×1(d)。当通道中没有离子存在时，这种较大尺寸通道结构通常是不稳定的。

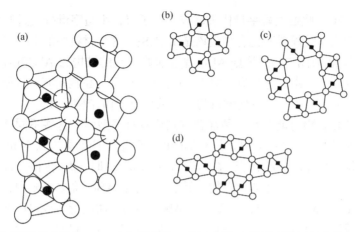

图 7.4 基于金红石的通道结构。(a) 金红石状链，显示金属-金属距离的短长交替，如 MoO_2。(b)～(d)链结构的俯视图；(b) 1×1 通道，如金红石(TiO_2)或 MoO_2；(c) 2×2 通道，如锰钡矿($BaMn_8O_{16}$)；(d) 2×1 通道，如斜方锰矿(MnO_2)。

举个具体的例子，锂离子可以嵌入多种金红石结构的氧化物中(Murphy、DiSalvo、Carides 和 Waszczak，1978)。当 Li_xMoO_2 中的 x 从 0 变到 1 时，其结构从单斜变成八面体再变回单斜(Dahn 和 McKinnon，1987)。在两种单斜结构中，Mo 原子发生移动并沿着链形成 Mo-Mo 原子对(Cox、Cava、McWhan 和 Murphy，1982)，但是当 x 的值处于中间并形成八面体结构时，这些原子对会消失(Dahn 和 McKinnon，1987)。金红石结构的 Li_xWO_2 可考虑用作电池中金属锂负极的替代材料(Murphy 等，1978)。

7.2.3 二维体系：层状主体，层状客体占位

如图 7.5 所示，很多层状化合物是由密堆积的阴离子与过渡金属进行八面体或三棱锥配位而成。相邻的阴离子层之间只有弱相互作用，因此可以嵌入多种尺寸的客体离子。这种层间占位已经在图 7.1 中阐述过。

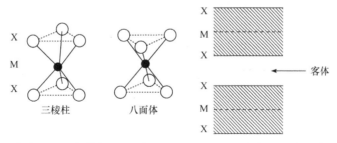

图 7.5 层状结构。如右所示，客体离子可以插入 X—M—X 夹层之间。在夹层中，M 原子与 X 原子进行三棱柱或八面体配位。

如图 7.1 中所示的密堆积层之间的位点，层状化合物的结构通常可用 ABC 命名法则来描述。例如，现在有一密堆积层的原子，且原子位点命名为 A，那么下一层原子将有 3 个可能的位点：第一层原子的正上方(也是 A 位点)，或者是第一层原子的间隙，可以是 B 或 C 位点。根据这样的命名法则，三棱锥型三明治结构可命名为 AbA，而八面体型三明

治结构可记为 AbC，此处大写字母代表硫或氧原子层，小写字母指代过渡金属原子层。

目前最广为人知的锂插嵌化合物应该是 Li_xTiS_2。这个材料中的 Li($x<1$ 时)和 Ti 都是与 S 进行八面体配位(图 7.1)。根据 ABC 命名法则，它的结构为 AbC(b)AbC，其中括号内的字母代表锂原子。由于它具有三方(T)对称性并且每个晶胞只有一层原子，这种结构也称 1T 结构。Li 在 TiS_2 中的电化学行为将在后面结合阶结构阐述。

一个特定的化合物可能存在多种堆叠方式或具有多型体，这些不同结构可能具有不同的过渡金属原子配位，也可能只是具有不同的三明治结构堆叠方式(Hulliger，1976)。插嵌行为可以引发多型体之间的转变。在前面讨论 Li_xMoS_2 时，我们用图 7.3 所示的能带结构解释过三棱柱化合物到八面体化合物的转变过程(在 ABC 命名法则中，此结构从六方的 2H 型，即 AbA BaB，转变成 1T 型，即 AbC AbC)。插嵌行为也可以在不改变过渡金属离子配位的情况下改变结构的堆叠顺序。例如，在 Li_xZrS_2 材料中，锂离子的嵌入使原子层从 1T，或者说 AbC(b)AbC(b)AbC，转变成斜方六面体 3R 型结构，即 AbC(a)BcA(b)CaB(Whittingham 和 Gamble，1975)。Li 和 Zr 在 3R 型结构中的距离比在 1T 型中更远，所以这个结构的转变可以理解为一种降低 Li 和 Zr 离子之间库仑排斥力的方式。

当这类化合物中 Li 的浓度较低时，其一般占据八面体位点。但是在如 VSe_2 这类化合物中，一个过渡金属只带来一个八面体位点，所以当 $x>1$ 时，至少有些 Li 必须占据四面体位点。由于四面体位点在八面体位点原子层的上方或下方，所以当 $x>1$ 时，八面体位点的 Li 移动到四面体位点可以降低 Li 之间的排斥力。当 $x=1$ 变成 $x=2$ 时，结构从 AbC(b)AbC 转变为 AbC(a,c)AbC。这个说法也可以合理解释为什么化合物 Li_2VSe_2 中所有的 Li 占据四面体位点(Tigchelaar、Wiegers 和 van Bruggen，1982)。

$LiNiO_2$ 和 $LiCoO_2$ 这两个层状氧化物也具有 3R 型结构 AbC(a)BcA(b)CaB。该结构中的氧晶格呈现立方密堆积结构 ACBACB(或等效于 ABCABC)。因此，这类化合物与立方化合物密切相关。例如，$LiNiO_2$ 或 $LiCoO_2$ 的结构可以想象成每隔一层用 Li 取代 NiO 或 CoO(AbCaBcAbCaB)立方结构中的 Ni 或 Co。其中，Ni 可能不能完全被 Li 取代，取代后 Li 层可能包含部分残余 Ni(Dahn、von Sacken 和 Michal，1990b)。

层状结构还可以更复杂，如 MoO_3(Hulliger，1976)、钒的氧化物如 V_2O_5(Murphy、Christian、DeSalvo、Carides 和 Waszczak，1981)，以及磷-硫类化合物如 $NiPS_3$(Brec，1986)。这些复杂结构有些无法用密堆积层的 ABC 命名法则描述，因此用配位多面体来表示。例如，图 7.6 比较了(a) V_2O_5 和(b) δ-LiV_2O_5 的部分结构，此处每个 V 被 5 个氧组成的棱锥包围(注意氧在棱锥的角位点，此处未标记)。Li 的引入会引起原子层的位移，产生更小的 Li 位点，如图 7.6(b)所示(Cava 等，1986)。

7.2.4　三维体系

Chevrel 化合物如 Mo_6Se_8 的结构基元是立方体，其中 Mo 位于立方体的面心，Se 占据立方体的角(图 7.7)。这些立方体排列成一个接近立方体的晶格，但是旋转使得一个立方体中的 Mo 和另一个立方体中的 Se 键联。大的客体会占据如图 7.7 中所示的位点。对于较小的客体，或者当 $Li_xMo_6Se_8$ 中的 $x>1$ 时，这些位点会分裂成包含六个位点的环(因为距离太近，所以不会被同时占满)，并且被另外六个位点组成的环所包围(Yvon，1982)。

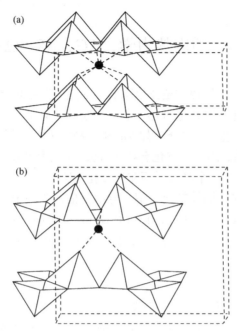

图 7.6　(a)V_2O_5 和(b)LiV_2O_5 的部分结构。氧位于五边棱锥的角位点，每个棱锥容纳一个钒。(a)中的实心圆是 Li 的可能位点，(b)中的实心圆是 Li 的实际位点。虚线框是晶胞，由于层的位移，(b)中的晶胞比(a)中的大两倍(未显示晶胞中的所有原子)。本图参考 Cava 等(1986)提出的结构。

Chevrel 化合物的电子结构类似于图 7.3(a)所示，但上下能带所包含电子态的数量不

同。Mo—Mo 键使 d 能级分裂成两个能带(Nohl、Klose 和 Andersen，1982)。因为每个 Mo_6Se_8 团簇包含 12 个 Mo—Mo 键(12 个 Mo_6 八面体的边)，所以每个团簇的较低能带包含 24 个电子态。每个 Mo 贡献 6 个电子到能带中，总共 36 个电子，但其中 16 个填充到 Se 的 p 能带，剩余的 20 个进入能级较低的 d 能带。

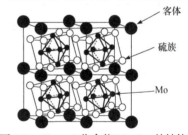

图 7.7　Chevrel 化合物 Mo_6Se_8 的结构。

钙钛矿及其相关化合物也具有三维结构。在 ABO_3 类钙钛矿中，BO_3 八面体位于立方晶格上，通过共享八面体角连接。A 原子占据这些八面体之间的大间隙位点。在 ReO_3 中没有 A 原子，因此 A 位点可以容纳客体。因为相邻的八面体只通过一个氧原子相连，它们可以相互旋转，从而改变 A 位点的形状。在 Li_2ReO_3 中，旋转将较大的 A 位点分裂成两个更适合 Li^+ 的较小位点(Cava 等，1982)。青铜 WO_3 也具有钙钛矿结构。

ReO_3 的结构通常可以作为描述其他结构的起点。例如，图 7.6(a)所示的 V_2O_5 的层状结构可以通过拿走 ReO_3 的氧原子层然后剪切得到。三维主体材料 V_6O_{13} 的结构可通过拿走 V_2O_5 的第二组氧平面然后再次剪切得到。更详细的讨论可参考 Murphy 等(1981)的文章。

尖晶石属于立方化合物，但其结构可以描述为密堆积的氧堆叠层。如图 7.1(a)所示，过渡金属和客体分别占据八面体和四面体位点。然而，与图 7.5 的层状化合物(每隔一层的金属层都是空的)不同的是，每一层的八面体或四面体位点都被主体的金属原子占据。

7.3　插嵌热力学，ΔG、ΔS 和ΔH

室温下嵌入得到的化合物通常是亚稳态的，加热时其结构会发生改变或分解为其他化合物。这并非说这类化合物是绝对热力学不稳定的，只是与冷冻保存实验条件相比，结构改变或分解会慢慢发生。室温下，如 Mo_6Se_8 这样的主体材料，Mo 和 Se 的比例是固定的。从热力学角度来看，约束主体化合物 Mo_6Se_8 的元素组成不变就意味着我们可以将插嵌化合物 $Li_xMo_6Se_8$ 看成一个赝二元而非三元化合物。

当这个约束不存在时，固体就会分解。分解可描述为一个包含客体和等效于主体材料的组分的高维相图(Godshall、Raistrick 和 Huggins，1980)。对于一个电池，区分这种分解和嵌入会很困难，尤其是这种方式形成的固体结构通常高度无序。

7.3.1　电压和化学势的关系

插嵌热力学最重要的特征是客体的浓度可以发生变化。因此，我们希望了解 Gibbs 自由能 G 随嵌入客体原子数 n 的变化函数。描述这些变化的热力学量是化学势 μ，定义为

$$\mu = \partial G / \partial n \tag{7.1}$$

用电池研究插嵌热力学的优点是可以通过直接测量电池电极间的电压 E 获得 μ。

现在我们来看一个以主体材料为一个电极，锂金属为另一个电极的电池，并且用 μ 和 μ_0 分别表示主体和锂金属中 Li 的化学势。如果客体在电池电解液中电荷为 ze(对于 Li，$z=1$)，则每嵌入一个离子有 z 个电子通过外电路。由于电子通过的电位差为 E，因此每个嵌入离子对电池做的功是$-zeE$。这项功必须等于两个电极的自由能变化，即 $(\mu - \mu_0)$，则

$$-zeE = \mu - \mu_0 \tag{7.2}$$

因此，测量平衡状态下电池电压随电极间通过的电荷量的变化关系，就相当于测量材料化学势随 x 变化的函数，x 为化合物如 $Li_xMo_6Se_8$ 中的 Li 含量。热力学要求 μ 随客体离子浓度的增大而增加，因此随着客体离子嵌入正极中，E 降低。

如果电池的另一个电极也是主体材料，那么电池充放电时 μ 和 μ_0 都会变化。然而，测量 E 最方便的是以锂金属(或任何其他嵌入客体离子对应的单质)为对电极，因为 μ_0 是常数，并且电池电压量程中的零对应的是嵌入的极限。当 E 达到 0 时，客体对应的单质态和主体材料中的客体原子具有相同的化学势，因此客体离子沉积在主体表面。

$E(x)$ 的变化区间通常在毫伏尺度，而电压很容易测量到微伏。因此，$E(x)$ 可以精确测量，从而计算 $-\partial x / \partial E$(负号表示 E 随 x 减小)。如图 7.8 所示，$E(x)$ 的细微变化在对其求导后更容易看出(图 7.8 的讨论见 7.4.5 节)。图 7.8 记录的是一个电池恒流放电的过程，当放电较慢时，电池接近平衡态。尽管某些测量可能需要几周时间，但通常放电时间达到 $10\sim20$ h 就认为足够慢。

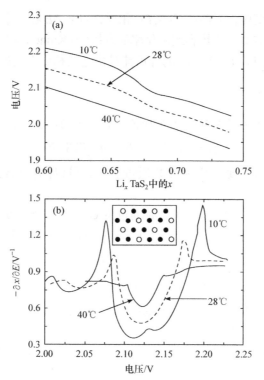

图 7.8 Li_xTaS_2 中 $x=\dfrac{2}{3}$ 附近，(a)电压和(b) $-\partial x/\partial E$ 与 x 的关系。$-\partial x/\partial E$ 的变化源于 Li^+ 的有序排列。数据来自 Dahn 和 McKinnon(1984)。为了清晰地展示数据，(a)中的电压曲线有上下移动。插图显示 $x=\dfrac{2}{3}$ 时的有序晶格。

$E(x)$ 和 $-\partial x/\partial E$ 中的特征量揭示了一个体系的诸多热动力学信息。如图 7.9 所示，现有一个化合物的自由能 G 随 x 变化的函数出现两条曲线。如果在这两条曲线上画一条切线，切点低于这两个曲线，那么在 x_1 和 x_2(切线与这两条曲线相切的点)之间，体系被分成两个相。对于在 x_1 和 x_2 之间的任意 x 位置，体系包含多个小区域，这些小区域称为两相的畴。增加 x 会导致 x_2 相组分增加，x_1 相组分减少。两个相之间的这种转变称为一阶转变。由于共存相的组成不发生变化，所以在这个两相区域内化学势是恒定的。

在电池中，两相共存区域的电压应该是恒定的，并且 $-\partial x/\partial E$ 应该是发散函数。在实际应用中，动力学效应通常使 E 在两相区域内略有下降，因此 $-\partial x/\partial E$ 会出现一个峰而不是一个散度。然而，并不是所有的电压平台都代表相变。当电池充电时，由于一阶相变引起的电压平台通常比放电时高得多，甚至在低电流下也是如此，这种滞后现象可以很好地指示一阶相变。

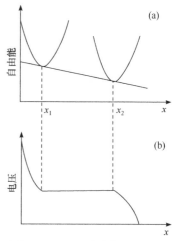

图 7.9 x_1 和 x_2 共存相的一阶相变的(a)自由能和(b)电压。

　　在高阶或连续相变中，不存在相共存；相反，$-\partial x / \partial E$ 在单个组分中发散。$-\partial x / \partial E$ 的这种发散在数学上类似于比热容或磁化率的发散(McKinnon 和 Haering，1983)。正如 7.4.5 节所讨论的，图 7.8 中 $-\partial x / \partial E$ 的峰可能是由连续相变引起的。

7.3.2　偏摩尔熵的测量

　　与自由能一样，化学势也可以分解为焓 H 和熵 S 的贡献，它们之间的关系为

$$\mu = \partial G / \partial n = \partial H / \partial n - T \partial S / \partial n \tag{7.3}$$

式中，T 为热力学温度。通过温度导数或量热法，可以测量出这两项中的一项并推断出另一项。

　　热力学相关物理量的 Maxwell 关系是通过将 G 先对一个变量进行一次微分，再对另一个变量进行一次微分得到(Huang，1987)。取 T 和 n 作为自变量，可得

$$(\partial \mu / \partial T)_{n=常数} = (\partial S / \partial n)_{T=常数} \tag{7.4}$$

由于式(7.2)中 E 与 μ 成正比，因此可以通过 E 随温度的变化来测量 $\partial S / \partial n$。这种以 x 为函数的测量是缓慢的，因为每个 x 值都必须重复测一次，并且会受到电池产生的热电电压影响(Dahn 和 Haering，1983)。

　　测量 $\partial S / \partial n$ 的另一种方法是量热法，即用热量计测量电池放电或充电时流入电池的热量 Q，该方法可在恒温条件下测量，但需要更复杂的设备。热量和插嵌化合物的能量变化 ε 以及对电池做的功 W_k 有关，因此有如下关系式(Dahn 等，1985)：

$$\begin{aligned}
dQ / dt &= d\varepsilon / dt - dW_k / dt \\
&= T\left[(\partial S / \partial n) - (\partial S / \partial n)_0\right] I / e - I\eta
\end{aligned} \tag{7.5}$$

式中，t 为时间；I 为电流。下标 0 指锂负极，η 为过电位，即测量电压与平衡电压之差。因此，如果 η 很小，测量 dQ/dt 就可以得到两个电极的 $\partial S / \partial n$ 之间的差异。

7.4　晶格-气体模型

　　晶格-气体模型以各种形式渗透到统计力学中。假设一个晶格，其中每个位点都有两种状态。如果假设状态是"满的"或"空的"，我们就可得到一个晶格-气体模型，可用于描述插嵌化合物的易理解的模型。如果状态是"向上自旋"和"向下自旋"，我们就得到一个磁系统的 Ising(伊辛)模型；如果状态是"原子 A"和"原子 B"，我们就得到一个二元合金的模型。这样的模型已经衍生出许多不同的近似技术，可用于描述很多晶格和相互作用。

　　将这些模型应用于插嵌化合物的一个难题是如何将嵌入原子分解为离子和电子。对于单电荷离子(电子的化学势 μ_e，通常称为 Fermi 能)，化学势可以写成离子和电子贡献的和

$$\mu = \mu_i + \mu_e \tag{7.6}$$

虽然这是一个标准的处理方法，但它不是唯一的，因为电子和离子之间的强相互作用肯

定会以某种不确定的方式在式(7.6)中的两项之间进行分配。对于金属，通常可以通过约定相互作用项使 μ_e 恒定。

7.4.1　离子的熵

我们先假设 μ_e 是常数,求解离子的晶格-气体模型意味着要找到将离子分布在可用位点上的能量和熵。当离子彼此不发生相互作用且所有位点等价时，位点将被随机占据。在 N_s 个可用位点的分数 x 个位点上随机分布离子的熵为(Huang，1987)

$$S = -N_s k \left[x \lg x + (1-x) \lg(1-x) \right] \tag{7.7}$$

式中，k 为 Boltzmann(玻尔兹曼)常量。则偏摩尔熵为

$$\partial S / \partial n = -k \lg \left[x / (1-x) \right] \tag{7.8}$$

如果将一个孤立离子和它的电子放入晶格需要的能量为 ε，则化学势为

$$\mu = \varepsilon + kT \lg \left[x / (1-x) \right] \tag{7.9}$$

(所谓的位点能 ε 也包含了与离子在其位点振动相关的熵的微小贡献。)

这个方程忽略了离子之间的相互作用。处理这些相互作用最简单的方法就是将它们加到这个方程中，并假设离子仍然是随机排列的。假设 U 是一个给定离子在其他位点都被占满的情况下受到的总相互作用能。当晶格只有分数 x 个位点被占据时，往晶格中添加另一个离子需要额外的能量 Ux，所以 μ 变为

$$\mu = \varepsilon + kT \lg \left[x / (1-x) \right] + Ux \tag{7.10}$$

这通常称为平均场表达式，因为每个离子都受到来自其邻近离子的平均相互作用或场。如果离子间的相互作用沿着长距离扩展，那么这样的相互作用就不会使离子从随机分布状态重新排列，该表达式就是严格准确的。如果离子发生重排，熵会改变，需要更合适的表达式。

作为 x 的函数，这些表达式可以得到如图 7.10 所示的 s 形曲线。变化的范围由 kT/e 决定，在室温下是 25 mV。在 $x=1$ 和 $x=0$ 附近偏摩尔熵会发散，表明填满所有位点或移除所有离子是不可能的。

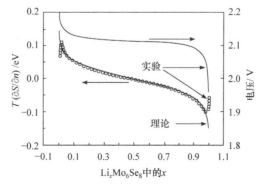

图 7.10　$Li_xMo_6Se_8$ 的电压 E 和偏摩尔熵 $\partial S / \partial n$。$\partial S / \partial n$ 的理论是基于客体离子的随机分布，电子对熵没有贡献。数据来自 Dahn 等(1985)。

7.4.2 电子的熵

如果电子和离子分开，那其也会对熵有贡献，并可以简单地认为其表达式类似于式(7.8)。因此，原子的化学势将是两个如式(7.10)的和，一个来自离子，一个来自电子，所以熵翻倍。然而，在金属插嵌化合物中却不是这样。金属中电子的熵很小。嵌入所带来的电子并不能选择能带内所有的空态，而只能选择在 Fermi 能量 kT 范围内的空态。如果 Fermi 能量用温度 T_F 表示，并从能带的底部开始测量，那么熵随电子数 n_e 的变化 $\partial S / \partial n_e$ 是 kT/T_F 量级(Kittel，1971)，而不是如式(7.8)中离子的 k 量级。通常 T/T_F 比 1 小很多，所以电子的偏摩尔熵比离子的偏摩尔熵小很多。

当增加的电子不是填充能带，而是定域在主体的过渡金属离子上时，化合物在插嵌过程中不会变成金属。这种局域体系通常含有多种价态的过渡金属离子。因此，可以认为过渡金属离子晶格上两种价态的分布熵与式(7.8)相同。然而，这只有当价态的分布能独立于客体离子时才成立。由于离子和电子之间的库仑相互作用很大，这两个分布可能高度相关，熵的计算不能简单将式(7.8)乘以 2。遗憾的是，目前这些局域体系还没有如下一节中讨论的金属体系那样详细的实验。

7.4.3 晶格-气体模型举例 $Li_xMo_6Se_8$

尽管晶格-气体模型的简单平均场表达式[式(7.10)]已用于定性地理解插嵌体系 (Berlinsky、Unruh、McKinnon 和 Haering，1979)，但找到一个表达式完全适用的体系还是令人惊讶的。一个简单的平均场理论就可以在实验误差范围内描述 $Li_xMo_6Se_8(0<x<1)$ 插嵌的多个物理量。首先式(7.10)可以准确地描述电压，这个理论与图 7.10 的电压曲线难以区分。如图 7.11 所示，式(7.10)也可以在实验误差范围内描述导数 $-\partial x / \partial E$ 。图 7.11 中拟合的一个参数，即相互作用能 U，是-0.0904 eV。

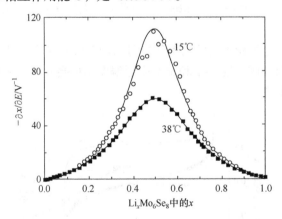

图 7.11　两个温度下 $Li_xMo_6Se_8$ 的 $-\partial x / \partial E$ 。点是数据；实线是基于平均场理论(U= -0.0904 eV)的拟合结果。数据摘自 Coleman、McKinnon 和 Dahn(1984)。

图 7.10 也展示了式(7.8)所表达的偏摩尔熵(热量计所测)。$\partial S / \partial n$ 的形状由 k 决定。计算的熵只是离子的部分，表明金属化合物中电子的熵可以忽略。

图 7.11 中拟合的 U 为负值，表示锂离子之间的作用是相互吸引的。离子的相互吸引

作用可以让其形成团簇，而且低温下化合物应该会分成两相。图 7.12 展示了 $Li_{0.5}Mo_6Se_8$ 冷却时 X 射线衍射的 Bragg(布拉格)衍射峰(Dahn 和 McKinnon，1985)。这个峰发生分裂，意味着这个材料分离为两个相，而且两个峰距离变大，说明温度降低会让两个相的组成差别变大。图 7.12(b)展示了从这些 Bragg 峰推演出的相图。相分离首次出现是在 T 足够低使得分离相的熵减可由获得的能量补偿，或者当 $U\approx kT$ 时(更准确地说，平均场理论，当 $U=4kT$)。图中的实线是根据式(7.10)的平均场理论计算而来，其中 U 的值与 $-\partial x/\partial E$ 拟合计算的值相同。

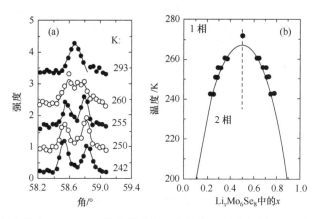

图 7.12　$Li_xMo_6Se_8$ 的相分离。(a) x=0.5 的样品冷却时的粉末 X 射线衍射。(b) 从(a)和其他 Bragg 峰的结果推断出的相图。(b)中的虚线显示了测量(a)时所遵循的路径。数据来自 Dahn 和 McKinnon(1985)。

7.4.4　晶格-气体模型的位点能

电池中电压的大小主要由式(7.10)中的 ε 决定，其中熵项决定 kT/e=25 mV 的变化范围(图 7.10)，而 U 通常是一电子伏特的一个小分数。由于离子和电子之间强烈的相互作用，ε 的计算很复杂。通过第一性原理很难预测可靠的位点能，所以我们仅能辨别 ε 的决定因素。

$Li_xMo_6Se_zS_{8-z}$ 系列化合物展示了主体阴离子对 ε 的影响。图 7.13 展示了该系列中几种化合物的 $E(x)$ 和 $-\partial x/\partial E$ (Selwyn、McKinnon、Dahn 和 Le Page，1986)。纯硫化物(z=0)的 $-\partial x/\partial E$ 峰值出现在 2.45 V；纯硒化合物(z=8)则出现在 2.1 V。因此，用 Se 取代 S 使 ε 降低 0.35 V。然而，二者混合的化合物的曲线并不是纯化合物曲线的简单位移，它有自己的结构。当 z=2 时，$-\partial x/\partial E$ 出现了三个明显的峰。每个峰对应一个不同的位点能 ε(注意，在这种情况下，峰值并不代表相变成有序结构；具体相变的情况将在下文讨论)。

三个峰的出现源于一个重要原理。离子或电子之间的相互作用主要是一种局部相互作用，仅在固体内部一个很小的范围内发生。因此，ε 是由插嵌离子的局域环境决定的。对于 Chevrel 化合物，一个 Li^+ 周围有八个 S 或 Se，其中两个比其他六个离子更靠近 Li^+，因此这两个离子决定了阴离子对 ε 的贡献。z=2 时出现的三个峰来源于 Li 被两个 S，或者两个 Se，或者一个 S 和一个 Se 包围。

在 $Li_xRu_zMo_{6-z}Se_8$ 的研究中可以看到，Chevrel 化合物也可以用于阐述电子对 ε 测量的影响(Selwyn 和 McKinnon，1987)。由于 Ru 在过渡金属系列中位于 Mo 的右边两列，

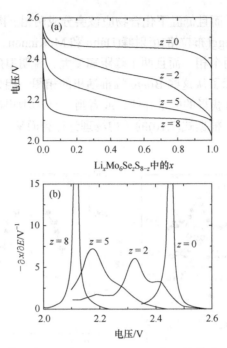

图 7.13 $Li_xMo_6Se_zS_{8-z}$ 几个 z 值对应的(a)电压和(b) $-\partial x/\partial E$ 与 x 的关系。数据选自 Selwyn 等(1986)。

每个 Ru 比它所取代的 Mo 向主体能带多注入两个电子。每个分子式单位的 Mo_6Se_8 中有四个电子的空态,因此当 $x=0$ 且 $z=2$ 时,化合物是绝缘体(Perrin、Chevrel、Sergent 和 Fischer,1980)。同样,当 $x+2z=4$ 时对应插嵌化合物也应该是绝缘体。图 7.14 展示了四种 $Li_xRu_zMo_{6-z}Se_8$ 系列化合物的 $E(x)$(Selwyn 和 McKinnon,1987)。电压在 $x=4-2z$ 处突然下降。这些化合物的电阻作为 x 的函数在下降点处有一个尖峰(Selwyn 和 McKinnon,1987)。当 x 超过 $(4-2z)$ 时,电阻再次下降,说明电子填充在能级较高的 d 能带。在 $x=y$ 处,对应图 7.3(b)中能级较低的 d 能带被填充,$Li_xNb_yMo_{1-y}S_2$ 的 $E(x)$ 值也出现了类似的下降(Py 和 Haering,1984)。由于电子可以注入较高能级的能带,因此锂嵌入 $Mo_6Se_8(x=4)$ 不是最初所想的电子的,而是源于 Li-Li 相互作用(McKinnon 和 Dahn,1986);对于其他客体,带被占时化学势会发生接近 1 eV 的跳跃,阻止了进一步插嵌。

图 7.14 需要注意的另一点是,当 $z=2$ 时,电位较高的电压平台才会随 Ru 含量变化。除了在 $x+2z=4$ 的能带边缘,$E(x)$ 的这个电压特征及其他特性(Selwyn 和 McKinnon,1987)都不随 z 改变。不过要注意的是,当 Fermi 能级越过不同态密度的间隙时,电压会下降;$z=2$ 时(电子注入能级较高的 d 能带)的第一个电压平台比 $z<2$ 时(电子注入能级较低的 d 能带)的平台低。图 7.15 解释了这个现象是如何发生的。由于屏蔽作用,当 Fermi 能在一个能带内时,能带向下移,但当 Fermi 能在态密度的间隙处,屏蔽被打破,Fermi 能向上移动。因此,电子的化学势取决于哪个能带被占据,但对给定的能带不发生变化。

图 7.15 是基于对 Friedel 论点的一种极端解释,其中屏蔽只在电子能带的间隙中被打破。屏蔽长度随着导带态密度的减小而增大,所以当态密度减小到电子屏蔽云开始明显重叠时,屏蔽也会被打破。Rouxel(1989)提及了 $Li_xFeNb_3Se_{10}$ 中能带结构计算与 $E(x)$ 特征

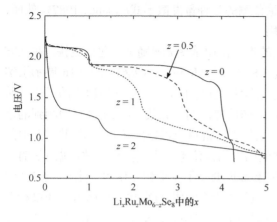

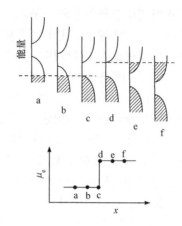

图 7.14 多个 z 下 $Li_xRu_zMo_{6-z}Se_8$ 的电压与 x 的关系。来自 Selwyn 和 McKinnon(1987)。

图 7.15 基于 Friedel(1954)屏蔽概念的插嵌模型的能带填充。上图显示了不同填充程度下的能带位置；下图显示了电子化学势(Fermi 能)的相应值。

之间的对应关系。在他的计算中，Fermi 能并没有在态密度的间隙中移动，所以如果这个解释是正确的，它就意味着低态密度下屏蔽效应多少也能被打破。Dahn 等(1991)已经证实，当态密度很小时，电子对 μ 变化的贡献是很重要的。他们发现 $Li_xB_zC_{1-z}$ 中的 $-\partial x/\partial E$ 与 X 射线吸收光谱测量的电子态密度特征值成正比。

7.4.5 晶格-气体模型的相互作用能

在这一节中，我们假设金属体系的熵和相互作用能来自离子，电子对 ε 的贡献是一个常数。当所有离子是等价相互作用，不受相之间距离的影响，则式(7.10)的平均场表达式是准确的。虽然这样的相互作用似乎是不现实的，但离子之间的弹性相互作用确实可以扩展到整个固体中。在金属氢化物的研究中，这些相互作用首次应用于插嵌化合物中(Wagner，1978)。嵌入离子使晶格膨胀(或收缩)，并建立一个随离子间距离的平方成反比衰减的应变场。在具有自由表面的晶格中，这个场产生了满足表面无应力的边界条件所需的第二个场。第二个场在晶格中几乎是恒定的。它使具有吸引力的离子之间产生一个弹性相互作用，这种相互作用基本上与离子之间的距离无关，并且大到足以解释在 $Li_xMo_6Se_8$ 中测量到的 U 值(Coleman 等，1984)。

平均场理论也可以近似应用于短程相互作用。假设 U_{nn} 是两个相邻离子之间的相互作用能，并且每个离子有 γ 个相邻离子。如果令 $U=\gamma U_{nn}$，我们就可以根据式(7.10)得到 μ 的近似值。短程吸引相互作用在性质上与长程吸引相互作用相同；两者都使 μ 随 x 变化的速度比 $U=0$ 时慢，而且两者都可导致相分离。但是具体的定量取决于相互作用的范围。这种短程吸引相互作用既可以来自嵌入离子附近的电子密度的振荡，即所谓的 Friedel 振荡，也可以来自晶格的畸变(McKinnon 和 Haering，1983)。

在短程相互作用中，离子可以通过形成小团簇来利用这些相互吸引作用，而在长程相互作用中则不存在这种可能性。这种短程有序使得相分离温度低于平均场理论预测值。

短程相互作用也会导致不同于平均值场理论预测的各种量发散形式(Huang, 1987)。然而，定性地说，平均场理论适用于吸引相互作用。

在平均场理论中，排斥相互作用(正 U)的唯一作用是使 $E(x)$ 随 x 变化得更快。在立方 Li_xTiS_2 中，平均场理论可以准确地描述 $E(x)$(Sinha 和 Murphy，1986)。图 7.16 展示了实验结果，并将其与不遵守平均场理论的层状 Li_xTiS_2 进行了比较。平均场理论的成功说明排斥相互作用是长程的。然而，减小排斥相互作用的范围会导致式(7.10)没有预测到的定性新行为，因为嵌入离子可以通过有序地占据位点来避免短程排斥相互作用。图 7.8 中的插图展示了 Li_xTaS_2 中两个密堆积的 S 层之间的八面体位点。当这些位点被占据 1/3 时，嵌入离子可以通过形成有序的排列避免与所有最近的离子发生相互作用。同样，当 2/3 的位点被占据时，它们可以通过让这些空的位点形成相同的排布来减小排斥力。如果相互作用能为 kT 或更大，在靠近 $x=1/3$ 或 $x=2/3$ 处的长程有序会在整个晶格内出现。从短程向长程有序的转变是一种相变，这种相变可能是一阶或连续相变，取决于晶格的位点和相互作用的范围。在图 7.8(b) 中，$-\partial x / \partial E$ 的峰值和最小值及其随温度的变化与晶格-气体模型基于最近排斥力预测的结果一致(Dahn 和 McKinnon，1984)。这些峰值标志着相变的位置，属于模型中的连续相变。最小值对应于有序排列的组成，$x=2/3$。$-\partial x / \partial E$ 中极小值和有序结构的对应是晶格-气体模型的一个普遍特征(Berlinsky 等，1979)。

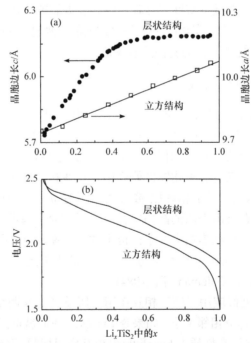

图 7.16　两种结构的 Li_xTiS_2 的(a)晶格参数和(b)电压与 x 的关系。层状结构(1T)中参数 c 是层之间的距离；立方结构(尖晶石)中参数 a 是立方晶胞的边。数据来自 Sinha 和 Murphy(1986)、Dahn 和 McKinnon(1984)，以及 Dahn 和 Haering(1981b)。

7.4.6　无序的作用

无序化扩展了 $-\partial x / \partial E$ 的特征，尤其是一阶转变引起的峰值。无序化可作为位点能分布纳入晶格-气体模型中。就像平均场理论中的排斥能 U，ε 的分布比一个 ε 本身引起电压的变化更快。无序化同样可以对相互吸引作用进行补偿，抑制一阶相转变(Richards，1984)。这种抑制作用在 Li_xC 中也被观察到(Dahn、Fong 和 Spoon，1990a)。

为了阐述 $-\partial x / \partial E$ 的无序展宽特征，图 7.17 比较了 1T MoS_2 的晶相和高无序相的 $-\partial x / \partial E$。MoS_2 晶相是通过高温加热 $LiMoS_2$ 形成的；无序相是通过在室温下将 Li 插入晶态 MoS_2 形成的。X 射线衍射证实了在晶体中，$-\partial x / \partial E$ 的尖峰属于一阶相转变(Mulhern，1989)。循环会给无序材料带来一些退火效应，使 $-\partial x / \partial E$ 峰锐化。

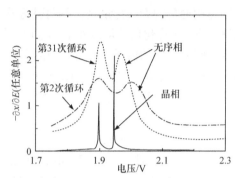

图 7.17　强无序相和晶相 $1T-Li_xMoS_2$ 的 $-\partial x / \partial E$ 比较。无序相是通过将初态的 MoS_2 放电至 1.0 V 以下得到；晶相是通过 Mo、S 和 Li_2S 的高温反应得到。数据来自 Mulhern(1989)，以及 Murray 和 Alderson(1989)。

7.4.7　滞后现象

滞后不是动力学的问题(在第 8 章中讨论)。通常，电池中的能量耗散随电流的平方而变化，因此相应的过电位 η 与电流成正比。但对于两个相分离成晶畴的体系，与晶界的移动相关的能量耗散可以产生滞后，其中过电位 η 与电流的量级无关(虽然 η 取决于电流的符号)。如果一个电池在 x 范围内充放电，与充放电的电压 $E(x)$ 画在一起，即使在电流很小的情况下也会形成一个环(称为滞回线)。滞后也会给 Q 和 $\partial S / \partial n$ 的关系带来一个额外的项(Murray、Sleigh 和 McKinnon，1991)。

7.5　微观结构：阶梯化和共嵌入

本节讨论插嵌的其他两个特征：阶梯化，即层状化合物的一种特殊有序结构；以及共嵌入，即多种客体嵌入同一化合物中。

7.5.1　阶梯化

当客体离子相互吸引时，它们就会聚集在一起。如果相互作用足够强，化合物将分成客体密度高低不同的区域。通常这些区域跨越多个原子距离向各个方向延伸。然而，在层状化合物中，插嵌在某一层的客体离子会相互吸引，而插嵌在不同层中的离子则相互排斥。这导致了一种称为阶梯化的有序排列，其中高密度和低密度区域都是一层厚度，并以有序的方式交替。

在通常的表示法(Safran，1987)中，n 阶结构是每个第 n 层都包含客体，而其他$(n-1)$层几乎是空的。n 值可以很大；如在 Rb_xC 中 $n=8$(Underhill、Krapchev 和 Dresselhaus，1980)。在 n/m 阶化合物中 m 满层与$(n-m)$空层也是交替出现(Fuerst、Fischer、Axe、Hastings 和 McWhan，1983)。原则上，可以有无限多个更复杂的模式(例如，3 个满的、2 个空的、4 个满的、3 个空的……)。

这种复杂的结构或较大的 n 值意味着不同层中的离子间发生长程相互作用，记为 U_1。我们在 7.4.5 节中看到，当相互作用为 kT 量级时，晶格-气体模型中发生有序化。在室温下，同一层离子之间的相互作用通常约为 kT 量级，不同层离子之间的相互作用应该小得多。然而，在 U_1 值很小的情况下，阶梯化仍然可以发生。这个问题可分为两个步骤来考虑：第一，在给定层中一些有相互吸引作用的离子产生含若干离子的团簇，记为 n_c；第二，这些团簇相互排斥，作用能量不是 U_1，而是 n_cU_1 和 $n_c^2U_1$ 之间，具体大小取决于一个团簇中有多少个离子与另一个团簇中的一个给定离子相互作用。因为 n_c 可以很大，故即使单独的 U_1 不是 kT 量级，但这个斥力可以是 kT 量级。

对于给定层中的相互吸引作用，一个明显的例子是在 7.4.5 节中讨论的弹性引力。插嵌过程中，层之间可能被推开几埃，对应一个较大的弹性能。这种膨胀通常是非线性的——晶格在小 x 处比在大 x 处膨胀得更快。由于这种非线性膨胀，在小 x 处的弹性能比在大 x 处的更重要。图 7.16 比较了层状和立方结构 Li_xTiS_2 晶格的膨胀情况。层状结构的非线性可以用一个简单的模型解释(Dahn 等，1982)。模型假设有两个弹性力(用弹簧模拟)——第一个弹簧将不同层结合在一起，第二个弹簧代表储存在嵌入离子附近用于推开层的能量。当这些层被推得足够远离，使第二个弹簧完全展开时，膨胀停止。该模型中的能量可以整合到晶格-气体模型中，得到如图 7.18 所示的相图。其中可以注意到升温会导致阶梯化结构在更低 x 组分的情况下出现。图中的阴影区域显示不同的阶结构共存，因此不同阶结构相之间是一阶转变。

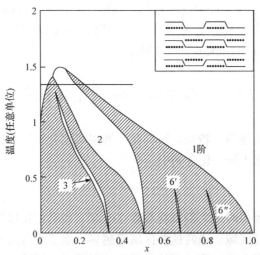

图 7.18　基于层状化合物阶梯化计算的相图，其中层随着 x 呈非线性扩展(Dahn 等，1982)。阴影区域为各相的混合物。温度 1.3 附近的实线表示在恒定温度下制备的一系列化合物。插图显示了 2 阶结构中团簇的 Dumas-Herold 图。

简单的阶梯化模型认为层是均匀的，到处都有相同的客体浓度。这意味着从一个阶结构切换到另一个需要清空和填充整个层。图 7.18 的插图中所示的 Dumas-Herold 模型可能更适合(Safran，1987)，此模型中每一层的平均组成相同，但团簇(或岛)在局部形成阶结构。即使如此，从一个阶结构转换到另一个仍然需要离子的大幅重排，并且在室温下可能只会缓慢发生。在 x 的可变范围内，可能数小时甚至数天内都不会形成完美的阶结构。有人认为，在某些情况下，如果不受动力学干扰，无穷多个阶结构的"魔鬼阶梯"可视为 x 的函数(Bak 和 Forgacs，1985)。

由于阶结构之间的转变是一阶的，所以会在电池中的 $-\partial x/\partial E$ 中产生峰。许多层状化合物的 $-\partial x/\partial E$ 在低 x 值时出峰，在同样的 x 范围内，层间距也随 x 迅速变化。尽管最初认为这些峰值是由给定层中离子的有序化造成，但 X 射线衍射证实它们是由阶梯化带来的。图 7.19 显示了三个层状化合物的 $-\partial x/\partial E$ 峰。因为这些峰代表相变，所以化合物在 x 位于峰上时是各相的混合物，x 位于峰之间的最小值处则是单相。对于 TaS_2(Dahn 和 McKinnon，1984)和 $NbSe_2$(Dahn 和 Haering，1981a)，这些最小值处的 X 射线衍射可看到对应于 2 阶结构的 Bragg 反射。在 TiS_2 中则没有观察到这些额外的反射，但是当 x 通过图 7.19 中箭头任意一边的峰时，可观测到反射峰变宽。这种宽化表明化合物倾向于分裂成两个相，但在实验的时间尺度内不能完全分裂(Dahn 和 Haering，1981b)。

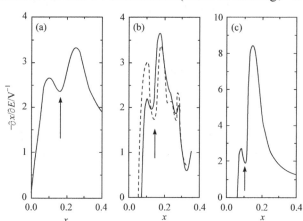

图 7.19　$x = 0$ 附近三个层状化合物(a)Li_xTiS_2 和(b)Li_xTaS_2(均来自 Dahn 和 McKinnon，1984)；(c)Li_xNbSe_2(来自 Dahn 和 Haering，1981a)的 $-\partial x/\partial E$。箭头表示与 2 阶化合物相对应的最小值。(b)中的虚线表示电流 $\frac{1}{4}$ 与实线一样大(因此实验耗时 4 倍)。

7.5.2　共嵌入

当两个(或多个)客体进入同一主体时，就会发生共嵌入。一般有两种类型的共嵌入：一种是两个客体都贡献电子给主体；另一种是一个中性的客体将另一个客体包围起来，形成一种类似于溶液中离子周围的"溶剂云"。

对于第一种情况的两种类型的客体离子，我们可以用前面讲的晶格-气体模型来描述。迄今为止模型都是二元模型：主体(或客体离子的位点)是一个组分，客体离子是另一个组分。对于两个客体，显而易见可概括为一个三元模型：主体和两种类型的客体。三元相图通常以三角形绘制，以图 7.20(McKinnon、Dahn 和 Jui，1985)所示的 $Li_xCu_yMo_6S_8$ 为例。这个相图显示了单相、两相和三相区域。在两相区域中，共存的两相是线末端(图中点虚线所示)组分的组合，称为连接线。改变 Li 的含量将使体系从图中一条连接线水平移动到另一条连接线，如图中虚线所示。随着 Li 的加入，Cu 在两相之间移动，所以这两相的组分改变。因此，在三元相图的两相区域 μ_{Li} 不是常数。但在三相区域，如被图中两相区域包围的三角形中，它是恒定的。图 7.20(b)给出了沿相图虚线的化合物的 $-\partial x/\partial E$。箭头表示化合物进入和离开两相区域的点。在这些点上 $-\partial x/\partial E$ 的突变可由简单的晶格-气体模型预测(McKinnon 等，1985)。

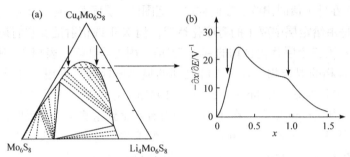

图 7.20　(a)$Li_xCu_yMo_6S_8$ 的伪三元相图(McKinnon 等，1985)。点虚线为连接线，标记两相区域。由两相区域包围的中心三角形是三相区域。虚线给出了 x 变化时 y=2.5 的化合物所遵循的路径。该化合物的 $-\partial x/\partial E$ 如(b)所示。箭头指出样品穿过两相和单相区域之间边界时的 $-\partial x/\partial E$ 特征。

在第二种类型的共嵌入中，主体中的客体离子被另一种客体的溶剂化云所包围。在电池中，当锂离子来自被溶剂分子包围的溶液，就会发生这种溶剂化作用。原则上，这种情况与第一种情况没有什么不同，只是溶剂不贡献电子给主体。在实际体系中，由于溶剂分子通常较大，所以这种情况只发生在体积可显著膨胀的材料中——通常是层状化合物。测量溶剂的分压作为密度的函数可得出溶剂的化学势(Johnston，1982)，得到的曲线原则上可以用来构造三元相图。

第一种类型的共嵌入或许可以成为改善特定主体使其成为电极的方式：添加一个更大的客体撑开晶格以改善第一个客体的扩散。然而，在电池中，溶剂共嵌入通常是一个问题。因为它会使主体晶格大幅度膨胀从而破坏电极，而且如果太多的溶剂离开电解液就会使电池变干。

7.6　未来展望

目前正在研究的许多插嵌电池，也就是所谓的"摇椅"或"锂离子"电池，其中两个电极都是锂插嵌化合物。因此，需要对锂电位低的电极(用作阳极)和对锂电位高的电极(用作阴极)。早期对电极插嵌化合物的研究主要是为了寻找阴极而不是阳极，因此可能忽略了一些适合作为阳极的材料。

从更基础的角度讲，本章的大部分内容都集中在晶格-气体模型在插嵌体系中的应用。我们了解了这些模型在金属插嵌化合物中的应用，也用这些模型定量地描述了一些插嵌化合物。但是还需要对态密度低或不能用能带图描述的体系进行更多的研究。

参 考 文 献

Bak, P. and Forgacs, G. (1985) *Phys. Rev. B*, **32**, 7535-7.

Berlinsky, A. J., Unruh, W. G., McKinnon, W. R. and Haering, R. R. (1979) *Solid State Comm.*, **31** , 135-8.

Brec, R. (1986) *Solid State Ionics*, **22** , 3-30.

Bruce, P. G., Krok, F., Nowinski, J. L. Gibson, V. C. and Tavakkolik, K. (1991) *J. Mat. Chem.*, **1**, 705.

Cava, R. J., Santoro, A., Murphy, D. W., Zahurak, S., Fleming, R. M., Marsh, P. and Roth, R. S. (1986) *J. Solid State Chem.*, **65**, 63-71.

Cava, R. J., Santoro, A., Murphy, D. W., Zahurak, S. and Roth, R. S. (1982) *J. Solid State Chem.*, **42** , 251-62.

Chevrel, R. and Sergent, M. (1982) in *Superconductivity in Ternary Compounds Ⅰ*, Eds. O. Fischer and M. B. Maple, Springer-Verlag, Berlin, pp. 25-86.

Clarke, R., Caswell, N. and Solin, S. A. (1979) *Phys. Rev. Lett.*, **47** , 1407-10.

Coleman, S. T., McKinnon, W. R. and Dahn, J. R. (1984) *Phys. Rev. B*, **29**, 4147-9.

Cox, D. E., Cava, R. J., McWhan, D. B. and Murphy, D. W. (1982) *J. Phys. Chem. Solid*, **43**, 657-66.

Dahn, D. C. and Haering, R. R. (1981a) *Solid State Comm.*, **44**, 29-32.

Dahn, J. R. and Haering, R. R. (1981b) *Solid State Comm.*, **40**, 245-8.

Dahn, J. R. and Haering, R. R. (1983) *Can. J. Phys.*, **61**, 1093-8.

Dahn, J. R. and McKinnon, W. R. (1984) *J. Phys. C*, **17**, 4231-43.

Dahn, J. R. and McKinnon, W. R. (1985) *Phys. Rev. B*, **32**, 3003-5.

Dahn, J. R. and McKinnon, W. R. (1987) *Solid State Ionics*, **23**, 1-7.

Dahn, J. R., Dahn, D. C. and Haering, R. R. (1982) *Solid State Comm.*, **42**, 179-83.

Dahn, J. R., Fong, R. and Spoon, M. J. (1990a) *Phys. Rev. B*, **42**, 6424-32.

Dahn, J. R., McKinnon, W. R., Murray, J. J., Haering, R. R., McMillan, R. S.and Rivers-Bowerman, A. H. (1985) *Phys. Rev. B*, **32**, 3316-18.

Dahn, J. R., von Sacken, U. and Michal, C. A. (1990b) *Solid State Ionics*, **44**, 87-97.

Dahn, J. R., Reimers, J. N., Tiedje, T., Gao, Y., Sleigh, A. K., McKinnon, W. R. and Cramm, S. (1991) *Phys. Rev. Lett.*, **68**, 835-8.

Dresselhaus, M. S. and Dresselhaus, G. (1981) *Adv. Phys.*, **30**, 139-326.

Friedel, J. (1954) *Adv. Phys.*, **3**, 446-507.

Fuerst, C. D., Fischer, J. E., Axe, J. D., Hastings, J. B. and McWhan, D. B. (1983) *Phys. Rev. Lett.*, **50**, 357-60.

Godshall, N. A., Raistrick, I. D. and Huggins, R. A. (1980) *Mat. Res. Bull.*, **15**, 561-70.

Hill, M. D. and Egdell, R. G. (1983) *J. Phys. C*, **16**, 6205-20.

Huang, K. (1987) *Statistical Mechanics*, 2nd edition, Wiley, New York.

Hulliger, F. (1976) *Structural Chemistry of Layer-Type Phases*, Reidel, Dordrecht.

Johnston, D. C. (1982) *Mat. Res. Bull.*, **17**, 13-23.

Kittel, C. (1971) *Introduction to Solid State Physics*, 4th edition, Wiley, New York.

McKinnon, W. R. and Dahn, J. R., (1986) *J. Phys. C*, **19**, 5121-33.

McKinnon, W. R., Dahn, J. R. and Jui, C. C. H. (1985) *J. Phys. C*, **18**, 4443-58.

McKinnon, W. R., Dahn, J. R., Murray, J. J., Haering, R. R., McMillan, R. S. and Rivers-Bowerman, A. H. (1986) *J. Phys. C*, **19**, 5135-48.

McKinnon, W. R. (1987) in *Chemical Physics of Intercalation; NATO ASI Series, Series B: Physics*, **172**, 181-94.

McKinnon, W. R. and Haering, R. R. (1983) in *Modern Aspects of Electrochemistry*, Vol. 15, Eds. R. E. White, J. O'M. Bockris and B. E. Conway, Plenum, New York, pp. 235-304.

Moline, P., Trichet, L., Rouxel, J., Berthier, C., Chabre, Y. and Segransan, P. (1984) *J. Phys. Chem. Solids*, **45**, 105-12.

Mott, N. F. and Davis, E. A. (1979) *Electronic Processes in Non-Crystalline Materials*, Clarendon Press, Oxford.

Mulhern, P. J. (1989) *Can. J. Phys.*, **67**, 1049-52.

Murphy, D. W., DiSalvo, F. J., Carides, J. N. and Waszczak, J. V. (1978) *Mat. Res. Bull.*, **13**, 1395-402.

Murphy, D. W., Christian, P. A., DiSalvo, F. J., Carides, J. N. and Waszczak, J. V. (1981) *J. Electrochem. Soc.*, **128**, 2053-60.

Murray, J. J. and Alderson, J. E. A. (1989) *J. Power Sources*, **26**, 293-9.

Murray, J. J., Sleigh, A. K and McKinnon, W. R. (1991) *Electrochimica Acta*, **36**, 489-98.

Nohl, H., Klose, W. and Andersen, O. K. (1982) *Superconductivity in Ternary Compounds I*, Eds. O. Fischer and M. B. Maple, Springer-Verlag, Berlin, pp. 25-86.

Perrin, A., Chevrel, R., Sergent, M. and Fischer, O. (1980) *J. Solid State Chem.*, **33**, 43-7.

Py, M. A. and Haering, R. R. (1983) *Can. J. Phys.*, **61**, 76-84.

Py, M. A. and Haering, R. R. (1984) *Can. J. Phys.*, **62**, 10-14.

Richards, P. M. (1984) *Phys. Rev. B*, **30**, 5183-9.

Rouxel, J. (1989) in *Solid State Ionics*, Eds. G. Nazri, R. F. Huggins and D. F. Shriver, Materials Research Society, Pittsburgh, pp. 431-42.

Safran, S. E. (1987) *Solid State Phys.*, **40**, 183-246.

Selwyn, L. S. and McKinnon, W. R. (1987) *J. Phys. C*, **20**, 5105-23.

Selwyn, L. S., McKinnon, W. R., Dahn, J. R. and Le Page, Y. (1986) *Phys. Rev. B*, **33**, 6405-14.

Shannon, R. D. (1976) *Acta Crystallographica A*, **32**, 751-67.

Sinha, S. and Murphy, D. W. (1986) *Solid State Ionics*, **20**, 81-4.

Solin, S. A. (1982) *Adv. Chem. Phys.*, **49**, 455-532.

Tarascon, J. M. and Colson, S. (1989) *Mat. Res. Soc. Symp. Proc.*, **135**, 421-9.

Tarascon, J. M., DiSalvo, F. J., Chen, C. H., Carroll, P. J., Walsh, M. and Rupp, L. (1985) *J. Solid State Chem.*, **58**, 290-300.

Tigchelaar, D., Wiegers, G. A. and van Bruggen, C. F. (1982) *Revue de Chimie Minerale*, **19**, 352-9.

Umrigar, C., Ellis, D. E., Wang, D. -S., Krakauer, H. and Posternak, M. (1982) *Phys. Rev. B*, **26**, 4935-50.

Underhill, C., Krapchev, T. and Dresselhaus, M. S. (1980) *Synthetic Metals*, **2**, 47-55.

Wagner, H. (1978) in *Hydrogen in Metals Ⅰ*, Eds. G. Alefeld and J. Volkl, Springer-Verlag, Berlin, pp. 5-51.

Whittingham, M. S. and Gamble, F. R. (1975) *Mat. Res. Bull.*, **10**, 363-72.

Yvon, K. (1982) in *Superconductivity in Ternary Compounds Ⅰ*, Eds. O. Fischer and M. B. Maple, Springer-Verlag, Berlin, pp. 25-86.

Zaanen, J., Sawatzky, G. A. and Allen, J. W. (1985) *Phys. Rev. Lett.*, **55**, 418-21.

8 电极的性能

——W. Weppner

克里斯蒂安-阿尔伯瑞希茨大学，凯撒大道 2 号，D-24143，基尔，德国

8.1 电极：离子的源和漏

第 7 章详细讨论了插嵌电极的热力学。本章主要关注的是电极反应的动力学，以及表征电极内部物质传输的技术。电极通常可以同时传输离子和电子，因此本章将重点讨论电子和离子的耦合传输。我们可以认为电子集流体提供电子给电极，中和通过电解质转移来的离子电荷。

由于可移动(电活性)物质在电解质中具有高迁移率，因此这些离子具有从高活性电极向低活性电极移动的趋势。当一个迫使离子 i 向反方向移动的电场建立时，离子的位移就停止。

$$\text{grad}\phi = -\frac{1}{z_i q}\text{grad}\mu_i \tag{8.1}$$

式中，ϕ、μ、z 和 q 分别为静电势、化学势(每个离子)、电荷数和元电荷。两个电极之间式(8.1)的积分为原电池电压。在大多数性能良好的固体电解质中，由于高度的离子无序性，可移动离子 i 的化学势在整个本体电解质中基本上是恒定的。在这种情况下，电解质内不存在较大的静电势降。此外，由于电子(金属)电导率高，电极内一般不会形成电场。因此，静电势降主要发生在电极和电解质之间的界面上。这相当于一个离子型的半导体结。由界面电场引起的电流

$$\dot{J}_E = -\frac{\sigma_i}{z_i q}\text{grad}\phi \tag{8.2}$$

补偿因电极和电解质中可移动离子的浓度差扩散引起的电流(8.2 节)。

$$\dot{J}_D = -\frac{c_i D_i}{kT}\text{grad}\mu_i = -\frac{\sigma_i}{z_i^2 q^2}\text{grad}\mu_i \tag{8.3}$$

化学势 μ 与活度 a 相关

$$\mu = \mu^\circ + kT\ln a \tag{8.4}$$

式中，μ°、k 和 T 分别为标准态的化学势、Boltzmann 常量和热力学温度。活度与浓度 c 的关系为 $a=\gamma c$，其中 γ 为活度系数。电迁移与物种的浓度成正比，而扩散只与活度**梯度**成

正比,如果γ是常数,则为浓度**梯度**。因此,原电池电压对电极中电活性物种的活度(或浓度)呈对数依赖关系。

使用连接到电极上的两根金属导线测量的电池电压还包括静电势梯度,它补偿电极中的电子化学势梯度,类似于式(8.1)。可测量的电池电压是中性电活性物种化学势μ_{i^x}之差

$$E = \frac{1}{z_i q}\mu_{i^x}^{\ 1} - \mu_{i^x}^{\ r} = \frac{kT}{z_i q}\ln\frac{a_{i^x}^{\ 1}}{a_{i^x}^{\ r}} \tag{8.5}$$

式中,1和r分别代表左侧电极和右侧电极(Nernst定律)。根据这个表达式,电极的作用是为电解质中的可移动离子提供驱动力,并形成原电池电压E。

我们也可以从能量平衡的角度看待电极的作用。电压的测量要求至少有一个小电流。就原电池而言,这相当于电活性物种从一个电极转移到另一个电极。相应的化学功等于Gibbs能的变化量ΔG,在温度和总压不变且只有单个离子转移的情况下,就等于$\mu_{i^x}^{\ 1} - \mu_{i^x}^{\ r}$。这对应于通过外电路的电子$z_i$做的电功$z_i qE$。这种能量平衡的结果与式(8.5)相同。关于插嵌电极热力学的更多细节可以参考第7章。

为了获得一个高的电池电压E(如在电池中),当电活性物种从一个电极移动到另一个电极时,Gibbs能的变化必须很大,或者两个电极中的中性电活性成分的化学势必须具有显著差异。一般来说,ΔG值和化学势取决于电极的组成,而电极的组成在原电池放电过程中会发生变化,从而可能引起电池电压的变化。这或许是电池的一个缺点。然而,当电极的组分数量等于相数时,根据Gibbs相律,化学势及电池电压就与组分无关:

$$f + p = c + 2 \tag{8.6}$$

式中,在温度和总压保持不变的情况下,f、p和c分别为自由度、相数和组分数。相的相对量可能会改变,但是相同的相之间是平衡的。在实践中,热力学活性组分的有效数量往往比实际组分的数量少得多,因为物种的低流动性,体系可能无法在合理的时间段内达到平衡。例如,氧化钇掺杂的氧化锆是一种三元化合物,但由于Zr和Y的扩散系数小,据估算小于$10^{-50}\ cm^2 \cdot s^{-1}$,因此可以将其视为二元化合物。这两种组分的比例在相的再平衡过程中不会发生变化。

我们已经看到,电池的电势是在电极和电解质之间的界面产生的。因此,电极界面的成分很重要,且不一定要与主体成分相同。事实上,由于电极中某些成分的偏析,尤其由于表面的杂质,二者的成分实际上具有较大的偏差。如果电极表面与本体平衡,且电活性组分在电极中的运动性良好,那么电极表面和本体的活性组分应具有相同的化学势。然而,如果电子在电极表面和本体的化学势明显不同,就会出现问题。产生电势的界面发生变化的另一个原因是互相接触的两个相的化学反应性。在很多情况下,这是一个最关键的问题。通常使用的相在彼此接触时都没有真正处于热力学稳定态。而电池的电势也总是在离子导电占主体向电子导电占主体的转换处产生。只要这个界面的电活性组分与电极本体处于平衡状态,电池电压就不会发生变化。但是在许多情况下,化学势沿着反应产物层下降,导致产生错误的结果也是预料之中的。我们测量的是(电子导电)反应产物表面的化学势。

除了前面描述的电极热力学方面外，离子的源和漏还有重要的动力学要求。为了在原电池上通过足够大的电流，电活性物种必须能够迅速地从一个电极迁移到电解质，并进入另一个电极。局部不均匀性将使电极内发生极化(电流引起的原电池电压下降)。离子在电极内运动的驱动力是化学扩散，它会限制电流。电池电压测量的是电活性组分在电极表面的化学势。为了提供足够大的浓度梯度以产生电流所需的扩散通量，电活性物种在本体电极及其表面的电极电势会产生差异。除了这种本体传输，离子通过偏析屏障和反应产物时也可能产生极化效应。通常，离子穿过界面的传输会成为限制因素。

若电池要通过大电流，电活性物种在电解质和电极这两相中需要具有较高的扩散能力。但是，这两相的导电性要求具有显著差异。电解质需要具有低的电子电导率，且必须是电活性物种的低迁移率而不是低浓度造成。否则，电解质的化学计量数的微小变化(如应用于两个不同的电极时)就可能导致相对大的浓度变化，从而带来高的电子电导率。此外，杂质很容易改变低的电子浓度，也将导致高的电子电导率。从实际应用的角度来看，较高的杂质容忍度在生产电池时是很重要的。

电极则要求有高的电子电导率。8.3 节将表明，电极最好具有浓度低但迁移率高的电子物种，这会提高有效扩散速率。从动力学的观点来看，电极的主要电导率应该是由少量极具流动性的电子或空穴产生。接下来的章节将描述离子在电极中传输的基本关系。

8.2 混合导体中离子和电子的传输

电活性物种在电极内朝着或远离电解质界面的扩散是一个不可逆过程。力和通量的乘积之和对应熵的产生。为了避免空间电荷积聚，必须至少存在两种带电物种的运动以进行电荷补偿。等温情况下的 Onsager(昂萨格)方程(忽略能量通量)

$$j_1 = L_{11}\mathrm{grad}\,\tilde{\mu}_1 + L_{12}\mathrm{grad}\,\tilde{\mu}_2 \tag{8.7}$$

$$j_2 = L_{21}\mathrm{grad}\,\tilde{\mu}_1 + L_{22}\mathrm{grad}\,\tilde{\mu}_2 \tag{8.8}$$

式中，$\tilde{\mu}$ 和 L_{ij} 分别为电化学势和 Onsager 系数，其中

$$L_{ij} = L_{ji} \tag{8.9}$$

(Rickert，1985)。L_{12} 和 L_{21} 表示不同物种的通量的耦合。在许多情况下，与物种的电化学势梯度对通量的影响相比，这种耦合可能被忽略。

另一方面，从现象学的观点来看，通量等于物种的浓度和平均速度的乘积

$$j = cv \tag{8.10}$$

平均速度是由力($\mathbf{F}=-\mathrm{grad}\,\tilde{\mu}$)产生的。速度与力之比定义为一般迁移率 b

$$b = \frac{v}{\mathbf{F}} = -\frac{v}{\mathrm{grad}\,\tilde{\mu}} \tag{8.11}$$

因此从式(8.10)可得到如下一般通量方程

$$j = -cb \, \mathrm{grad} \, \tilde{\mu} \tag{8.12}$$

这可以分为两项，一项是有关活度梯度(扩散)，另一项是关于电场(迁移)

$$j = -cb \, \mathrm{grad} \, \mu - cbzq \, \mathrm{grad} \, \phi \tag{8.13}$$

考虑到 $\mu = \mu^{\circ} + kT \ln a$，第一项可以写成浓度梯度的形式，以及含 $\mathrm{d}\ln a / \mathrm{d}\ln c$ 的扩展形式 (因为 $c \, \mathrm{d}\ln c = \mathrm{d}c$)

$$j_{\mathrm{D}} = -bkT \frac{\mathrm{d}\ln a}{\mathrm{d}\ln c} \frac{\mathrm{d}c}{\mathrm{d}x} \tag{8.14}$$

$\mathrm{d}\ln a / \mathrm{d}\ln c$ 称为热力学因子，是对电极的**动力学**性质起重要作用的 Wagner(瓦格纳)因子 (或热力学增强因子)的特殊形式。这个术语表示可移动组分与理想体系的偏离程度。对于理想体系，这个量变为 1，与 Fick 第一定律比较，得到

$$D = bkT \tag{8.15}$$

称为 Nernst-Einstein 方程。D 称为 Fick 扩散系数。在一般(非理想)情况下，这个量 $D = bkT$ 称为扩散率，因为它描述了离子在没有定向驱动力的情况下在材料中的迁移率。

在电场足够低的情况下，式(8.13)的第二项可以类比于 Ohm(欧姆)定律，只要每原子距离的电位差与元电荷的乘积与 kT 相比足够低(Rickert，1985)

$$i = -\sigma \, \mathrm{grad} \, \phi \tag{8.16}$$

由于 $i = zqj$，与式(8.13)的第二项比较可以得出

$$j_{\mathrm{E}} = -\frac{\sigma}{zq} \, \mathrm{grad} \, \phi = -cbzq \, \mathrm{grad} \, \phi = -\frac{cDzq}{kT} \, \mathrm{grad} \, \phi \tag{8.17}$$

通常用电迁移率 u 代替一般迁移率，电迁移率 u 定义为平均速度与电场之比。由于电动力 $\mathbf{F} = -zq \, \mathrm{grad} \, \phi$，从式(8.11)可推出电迁移率与一般迁移率的关系

$$u = |z|qb \tag{8.18}$$

由于电场和活度梯度的影响而产生的通量可由下列关系式给出

$$
\begin{aligned}
j &= -cb \, \mathrm{grad} \, \tilde{\mu} \\
&= -\frac{cu}{|z|q} \, \mathrm{grad} \, \tilde{\mu} \\
&= -\frac{cD}{kT} \, \mathrm{grad} \, \tilde{\mu} \\
&= -\frac{\sigma}{z^2 q^2} \, \mathrm{grad} \, \tilde{\mu}
\end{aligned}
\tag{8.19}
$$

在电极扩散过程中，必须考虑所有可移动物种之间的相互作用。由总体电荷呈电中性可得

$$\sum_i z_i j_i = 0 \tag{8.20}$$

一般来说，只需要考虑两个最快的物种，其他所有的物种都可以忽略不计。第二快的物种限制了最快的物种的运动，因此是速控因素。通常，电极中必须考虑电子(或空穴)和移动最

快的离子物种。对于组合运动，通量与浓度梯度之间的比例常数称为化学扩散系数 $\tilde{D}_i$

$$j_i = -\tilde{D}_i \frac{\partial c_i}{\partial x} \qquad i = 1, 2 \tag{8.21}$$

将该表达式代入式(8.20)，由于 $z_1 c_1 = -z_2 c_2$，可以得到两种物质的化学扩散系数相同

$$\tilde{D}_1 = \tilde{D}_2 = \tilde{D} \tag{8.22}$$

这意味着这两种物质的运动是耦合的，并且由于电中性而表现出相同的传输速率。速度最快的物种走在前面会产生一个电场，使速度较快的物种减速，速度较慢的物种加速。

虽然内部电场是未知的，但是考虑 $\tilde{\mu} = \mu + zq\phi$，$\mu = \mu^\circ + kT \ln a$，以及电中性条件 [式(8.20)]，可以把它从通量[式(8.19)]中消除。结果可得到有任何可迁移物种数量的一般方程

$$j_i = -D_i \left(\frac{\partial \ln a_i}{\partial \ln c_i} - \sum_j t_j \frac{z_i}{z_j} \frac{\partial \ln a_j}{\partial \ln c_i} \right) \frac{dc_i}{dx} \tag{8.23}$$

式中，t 为迁移数。由于离子和电子之间的电离平衡

$$d \ln a_i + z_i d \ln a_e = d \ln a_i - z_i d \ln a_h = d \ln a_{i^x} \tag{8.24}$$

式(8.23)也可以用中性组分表达

$$j_i = -D_i \left(\frac{\partial \ln a_{i^x}}{\partial \ln c_{i^x}} - \sum_{j \neq e, h} t_j \frac{z_i}{z_j} \frac{\partial \ln a_{j^x}}{\partial \ln c_{i^x}} \right) \frac{dc_{i^x}}{dx} \tag{8.25}$$

与式(8.21)比较可得

$$\tilde{D}_i = D_i W_i \tag{8.26}$$

其中

$$W_i = (1 - t_i) \frac{\partial \ln a_{i^x}}{\partial \ln c_{i^x}} - \sum_{j \neq i, e, h} \frac{z_i}{z_j} \frac{\partial \ln a_{j^x}}{\partial \ln c_{i^x}} \tag{8.27}$$

这就是一般的 Wagner 因子表达式，它包括了所有其他物种的运动通过内部电场对物种 i 的运动的影响。$W > 1$ 表示一个物种的移动由于其他物种的同时移动而增强，$W < 1$ 则表示由于其他物种的不可移动性导致无法补偿电荷，减慢了物种迁移。第一种情况适用于电极，而第二种情况适用于电解质。在电解质中，只有通过外电路提供电子时，可移动物种才发生移动。由于式(8.27)中的迁移数包括部分电导率和总电导率($t_j = \sigma_j / \sum_k \sigma_k$)，或者扩散率(或迁移率)与浓度的乘积，式(8.27)表明 W 既取决于动力学参数(扩散率、迁移率)，也取决于热力学性质(化学计量比、活度)。

如果所有离子和电子的活度系数 γ_j 为常数，即 Henry(亨利)定律、Raoult(拉乌尔)定律或理想稀释溶液定律成立，式(8.27)可写为

$$W_i = 1 - t_i - \sum_{j \neq i} t_j \frac{z_i c_i}{z_j c_j} \frac{\partial c_j}{\partial x} \qquad \left(\gamma_i = \frac{a_i}{c_i} = \text{常数} \right) \tag{8.28}$$

电极反应类似于锈蚀(腐蚀)层的生长(Weppner 和 Huggins，1977)。假设本体传输是决速

步，反应产物的生长速率与瞬时厚度 L 成反比

$$\frac{dL}{dx} = \frac{k_t}{L} \tag{8.29}$$

式中，k_t 称为 Tammann(塔曼)抛物常数或实际锈蚀常数，通常取决于各组分的活度。另一方面，根据 Fick 定律[式(8.21)]，电极通过吸收电活性物种的生长可由通量表示

$$\frac{dL}{dt} = \frac{\tilde{D}}{\bar{c}_i}\left|\frac{dc_i}{dx}\right| \tag{8.30}$$

式中，$\bar{c}_i$ 为产物相中可移动物种的平均浓度。

如果其他离子物种的迁移数小到忽略不计，根据式(8.26)和式(8.27)，化学扩散系数可通过可移动物种 i 的扩散率、迁移数和可移动组分活度随其浓度的变化来表示

$$\frac{dL}{dt} = D_i t_e \left|\frac{\partial \ln a_{i^x}}{\partial x}\right| \tag{8.31}$$

结合式(8.29)和式(8.30)或式(8.31)，随后对样品的厚度 L 进行积分，得到如下关系

$$k_t = \frac{1}{\bar{c}_i}\int_0^L \tilde{D}dc_i = \int_0^L D_i t_e d\ln a_{i^x} \tag{8.32}$$

上式将电极的生长速率与化学扩散系数 $\tilde{D}_i$ 或扩散率 D_i 和电子迁移数 t_e 的乘积联系起来。如果这些基本参数是已知的，且本体传输是决速步，则可以给出反应速率或选出最优值。

鉴于我们已经了解到关于电子和离子运动之间的相互作用，下节我们讨论电极需要具备什么样的特征才能给电池提供最佳性能。

8.3 电极动力学和电子在原子传输中的作用

在电极中，电子通常具有最高的迁移数。大多数可移动离子的运动通常是电池充放电过程的决速步。但离子的传输速率很大程度上受到电子和空穴相互作用的影响，且影响程度可能是多个数量级。这种特殊情况下式(8.23)可表达为

$$\begin{aligned}
j_i &= -D_i t_e \left(\frac{\partial \ln a_i}{\partial \ln c_i} + z_i \frac{\partial \ln a_e}{\partial \ln c_i}\right)\frac{dc_i}{dx}\\
&= D_i t_e \frac{\partial \ln a_{i^x}}{\partial \ln c_{i^x}}\frac{dc_{i^x}}{dx}
\end{aligned} \tag{8.33}$$

与用于理想体系(实际体系只有在高度稀释时才接近)的 Fick 第一定律相比，引入了两个额外的项：①电子迁移数和②Wagner 因子。这在电极动力学部分将有更详细的讨论。

t_e 可以通过迁移或极化测量来进行实验测定。为了使电极快速达到平衡，其值应接近 1。

$\dfrac{\partial \ln a_{i^x}}{\partial \ln c_{i^x}}$ 因子可以通过测量电动势(与 $\ln a_{i^x}$ 成正比)作为组成的函数(参考 8.5 节)进行实

验测定。为了产生高的 Wagner 因子 W，电动势需要随着可移动组分浓度的变化而快速变化(图 8.1)。在一定活度范围内每个相都是稳定的。相应地，快速形成的相的化学计量范围很窄。在动力学上，原电池反应更倾向于形成一个小的化学计量宽度的新相，而不是改变一个具有非常宽的化学计量范围的相的化学计量。具有较大化学计量范围的化合物，如插嵌化合物，以前被认为是良好的电极材料，但从动力学角度来看是不正确的。后面将证明，对电极具有窄的化学计量宽度的要求相当于要求电极具有半导体性，而非具有金属导电性。因此，从这个角度讲，之前经常提及的对金属性电极的期许应当被修正。

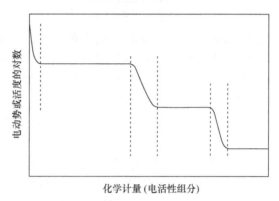

图 8.1　活度(对数形式)或电化学电池电压作为组分的函数(示意图)。平台表示活度依照 Gibbs 相律不变时的多相区。

当然，Wagner 因子只能增强离子的运动。在扩散率极低的情况下，W 可以使扩散增强几个数量级，但化学扩散系数仍可能较低。相反，人们可能会认为，在金属体系中，高扩散率不需要任何进一步的增强。根据我们目前的知识，金属和半导体中的离子扩散率非常相似，因此利用大的 Wagner 因子是有帮助的，尤其考虑到这个因子可以通过适当掺杂半导体来控制。

为了深入了解好的电极性能对离子和电子的迁移率和浓度的要求，我们考虑了常数 γ_i 和 γ_e(Henry 定律或 Raoult 定律)的简化情形。在这些条件下，Wagner 因子可从式(8.33)获得

$$W = t_e \left(1 + z_i \frac{\partial \ln c_e}{\partial \ln c_i} \right) \tag{8.34}$$

因为只有离子 i 和电子 e 的浓度是局部变化的，所以电中性条件要求

$$dc_e = z_i dc_i \tag{8.35}$$

在给定的假设下，Wagner 因子可写成

$$W = t_e \left(1 + z_i^2 \frac{c_i}{c_e} \right) \tag{8.36}$$

为了产生较大的 W 因子，可移动离子的浓度应该比电子物种的浓度高。然而，为了使电子的迁移数接近 1，c_i 不应该比 c_e 大很多。这些要求似乎有些矛盾，但如果少数电子的迁移率比离子的迁移率大得多，就可能最好地满足这些要求。通过这种方法，电子的电导

率可以保持大于离子的电导率。为了得到一个定量的关系，电子迁移数 t_e 被浓度和扩散率或迁移率的乘积代替

$$t_e = \frac{\sigma_e}{\sigma_e + \sigma_i} = \frac{c_e u_e}{c_e u_e + z_i^2 c_i u_i} \tag{8.37}$$

将式(8.37)代入式(8.36)得到

$$W = \frac{\left(c_e^2 + z_i^2 c_e c_i\right) u_e}{c_e^2 u_e + z_i^2 c_e c_i u_i} \tag{8.38}$$

图 8.2 以对数形式显示了 Wagner 因子 W 分别作为电子对离子迁移率和浓度的比值 u_e / u_i 和 c_e / c_i 的函数的图形表示。结果表明，在足够低的电子浓度和足够高的电子迁移率条件下，可以获得较大的增强因子。这种情况最有利于半导体(与前面的讨论一致)，因为半导体通常满足这两个要求。半导体材料中的电子迁移率通常比金属材料中的大得多。较大的电子浓度和迁移率促成了 $W=1$ 的典型值。如果电子的迁移率很低，可以观察到 $W \leqslant 1$ 的值。在固体电解质中，由于没有电荷补偿电子，离子的运动受到阻碍，因此需要这种条件。对电解质的要求是非常低的电子迁移率，而不是低浓度的电子。从这些电子性质的角度来看，电极和电解质是截然不同的。电极应具有高度移动的电子物种，而电解质要求较低的电子迁移率。因此，电子特性的研究在寻找电极和电解质材料方面是非常有用的。

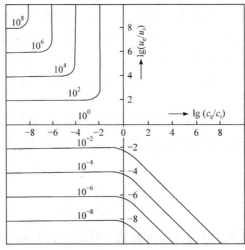

图 8.2   Wagner 因子 W 随电子与可移动离子物种迁移率 u 对浓度 c 的比值的函数关系(对数形式)。

图 8.3 展示了一个具有非常大的 Wagner 因子的材料(Li$_3$Sb)的例子。将有效化学扩散系数与作为非化学计量比的函数的扩散率进行了比较。这些数据由电化学技术测定(见 8.5 节)。在理想的化学计量比附近，可以观察到扩散系数的增加，这与从主导性空位机理到间隙机理的改变有关。在理想的化学计量比下，Wagner 因子 W 高达 70 000。这可得到一个有效扩散系数，相较于固体，这更常见于液体。Wagner 因子使半导体材料从典型的类固态行为向类液态行为转变从而提高其扩散率是一种常见的现象。W 在理想的化学计量

比下出现一个最大值,对应于式(8.10)和式(8.38)所要求的最低电子浓度。在固态中展示出快速化学扩散的其他电极材料如图8.4所示。由于人们对锂电池电极的兴趣,大量的锂化合物得到了研究。它们的化学扩散系数类似于液态,例如,即便在较低温度下,也高于铜在液态铜中的扩散率。在某些情况下,电极材料的化学扩散系数甚至比气体的扩散系数还要高或者具有相同的数量级。最突出的例子是Ag_2S,它的Ag^+扩散速率比空气中氧的扩散速率还快,甚至发现低温下的动力学比高温下的还要快。这种现象是由于温度升高,电子物种数量增多造成的。电子对内部电场的屏蔽作用越来越强是Ag^+运动增强的原因。

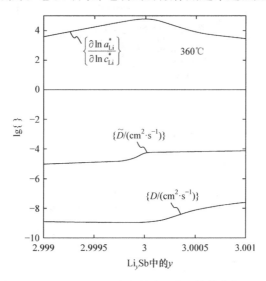

图 8.3　400℃时,Li_3Sb 中 Li 的 Wagner 因子、化学扩散系数和扩散率与化学计量比的函数关系。在理想化学计量比时 Wagner 因子高达 70 000。

在具有低浓度的高运动性电子物种的有利情况下,电子和离子都在浓度梯度的影响下扩散。电子先于离子运动,这样就产生了一个内部电场,在这个电场中,离子被加速,电子被减慢,以保持电中性。如果电子的浓度很大,则其中会发生一个较小的反向扩散来补偿电场。换句话说,电子物种会屏蔽离子的电场。当电子的浓度较小时,电场对离子运动产生的增强作用达到最大。

为了估计内部电场的数量级,离子和电子的两个通量方程可以求解为静电势梯度(而不是消除这个量)对浓度局部差异的函数(Weppner,1985)。

$$\frac{\mathrm{d}\phi}{\mathrm{d}x} = -q\left[\frac{z_i c_i D_i\left(\partial\mu_i / \partial x\right) - c_e D_e\left(\partial\mu_e / \partial x\right)}{z_i^2 c_i D_i + c_e D_e}\right] \tag{8.39}$$

假设γ_i、γ_e为常数,Li_3Sb、β-Ag_2S 和 $Fe_{1-\delta}O$ 三种化合物的结果如图 8.5 所示。直线的末端表示化合物达到最大化学计量宽度。从图中可以看出,化合物的化学计量宽度越小,其斜率(两个给定浓度差位置的电位差)越大,这与前面讨论的半导体情况一致。对于化学计量宽度差异最大的两个位置,Li_3Sb 的电压可能高达 10 V。当该化合物的总化学计量比在一定距离范围分布上变化,如距离为 1 μm 时,该化合物的化学计量比刚一发生改变,就会产生一个高达 10^5 V·cm^{-1} 的电场。

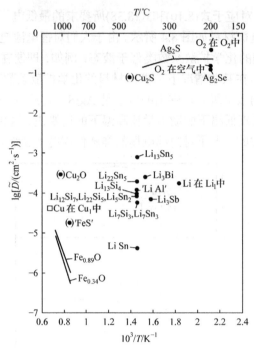

图 8.4　电子导电性为主的不同导电材料的化学扩散系数与温度的函数关系。作为对比，液态铜中的铜与空气中的 O_2 的扩散系数也展示在其中。

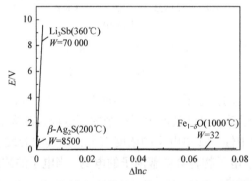

图 8.5　两个位置的静电势差与三种不同电极材料的组分差的函数关系。线的末端表示化合物的最大化学计量宽度。

　　尽管锂离子的移动驱动力是浓度梯度，但在这种情况下，锂离子的移动在很大程度上是源于电场而不是浓度梯度。离子在电极中运动的起因是浓度的局部差异，而在快电极中，电场才是真正的驱动力。

　　快电极动力学需要一个小的相宽度，这就要求电极在原电池放电和充电时发生相变。相变发生在电极与电解质的界面处。由于其快速的动力学过程，该相几乎总是处于平衡状态，其形成只需要电活性组分具有比起始电极材料稍低(或稍高)的活性，即由于中间相形成的速度快，电极的极化很小。

　　从大的电极电阻的角度来看，半导体电极与金属电极相比似乎没有优势。但这只是一个次要的缺点，因为相比于快速扩散产生的浓差极化对电池电压下降的影响，较大的

IR 降引起的变化是很小的。此外，半导体电极的电阻通常比电解质的电阻小得多，因此通常可以忽略不计。

除电子外，还有其他几个因素可能影响动力学和电池电压。一个因素是亚稳态相的形成：例如，Li_xFeS_2 电极(图 8.6)，其电压比形成的热力学最有利化合物的预期值低 79 mV (400℃下)(Schmidt 和 Weppner，1982)。原电池放电所增加的锂形成一个动力学有利的化合物，使得锂活性提高。对于彼此之间热力学稳定的三种化合物 FeS、FeS_2 和 Li_2S 来说，一般会形成热力学不稳定但动力学更有利的 Li_2S_2 亚稳相，而不是改变三者的比例。虽然实际使用的电能会因此损失，但在动力学上更有利，并且允许更大电流充放电。

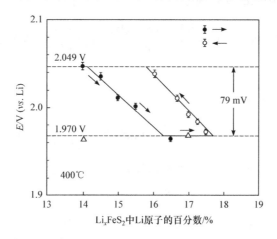

图 8.6　Li_xFeS_2 放电时形成具有更高 Gibbs 能的亚稳相。电极再次充电时将回到热力学更稳定的相。

如果电活性物种以外的组分是主要的流动物质，则还可观察到另一个动力学影响。在这种情况下，电活性物种是通过与其他组分方向相反的运动而进入电解质。在二元化合物中，这对电极性能没有影响。但是，对于含有两个以上组分的化合物，其组分的变化从热力学的角度看是超出电活性物种浓度变化范围的。形成的其他相可能会提供比热力学期望更低或更高的电活性物种的活性。这对电流和电池电压都有影响。在原电池放电和充电时，电极与电解质界面的组成可能遵循非常不同的组成变化规律(Weppner，1985)。

8.4　电极热力学

电极储存化学能。储存化学能的量取决于反应 Gibbs 能的热力学量或生成 Gibbs 能的差值。例如，一个初始组分为 $A_{y+\delta}B$ 的电极，加上通过电解质过来的 $d\delta A^{z+}$ 离子，组分就变成 $A_{y+\delta+d\delta}B$。对应的反应 Gibbs 能就是这两种化合物的生成 Gibbs 能之差

$$\Delta G = \Delta G_f^\circ \left(A_{y+\delta+d\delta}B \right) - \Delta G_f^\circ \left(A_{y+\delta}B \right) \tag{8.40}$$

这个反应 Gibbs 能可以转换成电能 $zq\,d\delta E$。于是我们可以得到电池电压为

$$E = -\frac{1}{zq} \frac{d\left[\Delta G_f^\circ \left(A_{y+\delta}B \right) \right]}{d\delta} \tag{8.41}$$

电池电压取决于按照电活性物种的化学计量比形成的电极化合物的生成 Gibbs 能的变化。因此，只有在需要用化学功增加或减少电活性组分时，才能储存能量。

比电池电压更重要的是，原电池放电和电极成分改变时可以从原电池获得的能量。对式(8.41)进行积分可以得到如下表达式：

$$\Delta G_f^{\circ}\left(A_{y+\delta_0}B\right) - \Delta G_f^{\circ}\left(A_{y+\delta}B\right) = zq\int_{\delta_0}^{\delta} E\,d\delta \tag{8.42}$$

生成 Gibbs 能之差相当于对起始和最终组分之间的电池电压函数进行积分。ΔS_f° 的值由电池电压作为温度的函数的变化确定

$$\Delta S_f^{\circ}\left(A_{y+\delta}B\right) = -\frac{\partial \Delta G_f^{\circ}\left(A_{y+\delta}B\right)}{\partial T} = zq\int_0^{\delta}\frac{\partial}{\partial T}E(\delta,T)\,d\delta \tag{8.43}$$

而生成焓计算如下：

$$\begin{aligned}
\Delta H_f^{\circ}\left(A_{y+\delta}B\right) &= \Delta G_f^{\circ}\left(A_{y+\delta}B\right) + T\Delta S_f^{\circ}\left(A_{y+\delta}B\right) \\
&= -zq\left[\int_0^{\delta}E\,d\delta - T\int_0^{\delta}\frac{\partial}{\partial T}E(\delta,T)\,d\delta\right]
\end{aligned} \tag{8.44}$$

电活性物种 A 的活度 a_A 可直接从由电池电压对应组分的函数得到

$$\ln a_A(\delta) = -zqE(\delta)/kT \tag{8.45}$$

此外，二元化合物 $A_{y+\delta}B$ 的第二组分的活度 a_B 可以从组分函数中确定。由于 $\Delta G_f^{\circ}(A_{y+\delta}B)$ 可以分解为 $(y+\delta)\mu_A + \mu_B$，所以可得到如下关系式：

$$\ln a_B(\delta) = \left[(y+\delta)zqE(\delta) + \Delta G_f^{\circ}(A_{y+\delta}B)\right]/kT \tag{8.46}$$

或者 ΔG_f° 用电池电压来表达，则表达式变为

$$\ln a_B(\delta) = \frac{zq}{kT}\left[(y+\delta)E(\delta) - \int_0^{\delta}E\,d\delta\right] \tag{8.47}$$

另一种简便的技术是测量一个 N 组分体系的不同 N 相区域的平衡电压。通常，这些区域会覆盖相图的大部分。这种技术也适用于库仑滴定不能轻易引起组分变化的情况。实际电池反应的 ΔG 值可由 N 个化合物的生成 Gibbs 能乘以变化量得到。这可以写成由 N 个化合物的化学计量数组成的行列式的形式(Weppner、Chen Li-chuan 和 Piekarczyk，1980)。于是，电池电压为

$$E = \frac{(-1)^k}{z_k q d}\sum_{i=1}^{N}(-1)^{i+k}d_{ik}\Delta G_f^{\circ}\left(A_{1_{x_{1i}}}A_{2_{x_{2i}}}\cdots A_{N_{x_{Ni}}}\right) \tag{8.48}$$

其中

$$d = \begin{vmatrix} x_{11} & x_{21} & \cdots & x_{N1} \\ x_{12} & x_{22} & \cdots & x_{N2} \\ \vdots & & & \\ x_{1N} & x_{2N} & \cdots & x_{NN} \end{vmatrix}$$

其中 d_{ik} 是 d 的子式,它可通过消除第 i 行和第 k 列(电活性成分)得到。式(8.48)将电池电压与共存 N 相的生成 Gibbs 能联系起来。将此公式应用于 N 组分体系的不同 N 相区域,就可以确定所有的生成 Gibbs 能。数据的一致性表明假设的相平衡是正确的。

8.5 动力学和热力学电极参数的测量

原位电化学技术可以用于便捷地分析决定电极性能的基本热力学和动力学参数。这类方法通常是非破坏性的,可以应用于实际原电池中。测试结果可用于确定电极放电状态函数。

电化学技术是基于原电池将热力学和动力学量直接转换成可精确测量的电参数。通过施加电压和电流可以控制原电池反应。一个重要但简单的技术,恒电流间歇滴定技术(GITT)(Weppner 和 Huggins,1977),结合了热力学和动力学测量。该技术与传统的负载放电曲线分析及伏安技术的主要区别是电极在增量充电或放电步骤之间达到了平衡态。GITT 结合了库仑滴定和电化学弛豫测量。

根据 Faraday 定律,电流通过原电池会改变其组分。电流的时间积分 $\int I\,dt$ 可以非常精确地测量电活性组分浓度变化

$$\Delta\delta = \frac{M}{zmF}\int_0^t I\,dt \tag{8.49}$$

式中,M、m 和 F 分别为样品的分子量、电极的原始质量和 Faraday 常量。与使用天平的传统测量方法相比,这个测量的分辨率非常高,很容易测量小于 10^{-10} g 量级的变化。当原电池通过一定量电流后,就可以测定开路平衡电池电压,并将其绘制为该组分的函数。这条曲线的积分可以确定随组分变化的 ΔG 值。重要的是要采用热力学平衡电池电压而不是电流通过时的实际电压,实际电压包含了因各种极化引起的能量损失的信息。由于生成 Gibbs 能依赖于温度,大量的热力学量可以从中导出,如 8.4 节所述。同时,电活性组分和其他组分的活度可以作为化学计量比的函数确定。这些值必须在电解质的稳定范围("稳定窗口")之内。

一个电极材料的相图可以由库仑滴定曲线的斜率确定。一个含有 N 个组分的电极,其活性与组成无关,前提是最大数量的 N 个相彼此处于平衡状态。不同相的量的相对变化不会改变组分的活度,因此电池电压保持恒定。这就导致最大数量相的任何平衡区域都会出现电压平台。

例如,图 8.7 展示了往 Sb 和 Bi 中加 Li 时平衡电压随组分的变化函数。在 Li-Sb 体系中,第一个平台对应于 Sb 和 Li_2Sb 之间的平衡态。在 Li_2Sb 的单相区域,开路电池电压发生突降。随着 Li 含量的升高,将形成 Li_3Sb,同时在 Li_2Sb 和 Li_3Sb 两相之间由于平衡会出现另一个电压平台,在 Li_3Sb 消耗完之后,电压迅速降至 0 V。往 Bi 中添加 Li 对应的电压曲线类似,不过在 Bi(+Li)/LiBi 和 LiBi/Li_3Bi 两相区域出现之前,Li 在 Bi 中的溶解度较大。研究发现,尽管 Bi 和 Sb 的化学性质相似,它们还是形成了不同的中间相 Li_2Sb 和 LiBi。这两个体系中的两个电压平台之间的差异较小,因为与形成具有相同数量

Li 原子的 Li_2Sb 和 LiBi 相比，Sb 和 Bi 与 Li 反应生成的 Li_3Sb 和 Li_3Bi 的 Gibbs 能接近。当电流通过时，由于 Li_2Sb 和 LiBi 的生成动力学缓慢，通常看不到它们的电压阶跃。

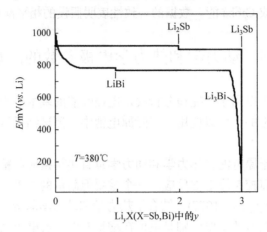

图 8.7　向 Sb 和 Bi 中添加 Li 的库仑滴定曲线。平台表示两相区，电压降表示单相区。

在单相区域对电极的库仑滴定曲线进行积分，可以确定生成 Gibbs 能与组分的函数关系(图 8.8 展示的是 Li_3Sb)。这种测试分辨率极高，可达到 $1\ J\cdot mol^{-1}$ 量级。积分常数，即对照组分的生成 Gibbs 能，通常是已知的，但精度低得多。

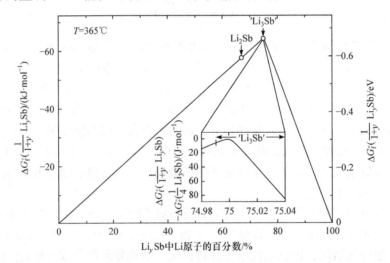

图 8.8　$Li_{3+\delta}Sb$ 的生成 Gibbs 能与组分的函数关系。图中曲线数据是从库仑滴定曲线积分得到的。

化学计量控制的高分辨率使我们能够确定非常窄的化学计量范围，包括所谓的线相。等于或低于 10^{-8} 量级的非化学计量也可以很容易地分辨出来。电池电压随化学计量变化的知识很重要，可以用来确定 Wagner 因子。假设在化学计量变化过程中晶格参数保持不变，则有

$$\frac{dE}{d\ln c_{i^*}} = y\frac{dE}{dy} \tag{8.50}$$

根据 Nernst 定律，电压与电活性组分的活度有关，则可得出如下关系式

$$\frac{d\ln a_{i^x}}{d\ln c_{i^x}} = -\frac{zqy}{kT}\frac{dE}{dy} \tag{8.51}$$

在电子导电为主的情况下，库仑滴定曲线的斜率与 Wagner 因子成正比。

同样，具有三个或三个以上组分的电极在放电过程中形成的相可以通过读取平衡电池电压轻松检测。例如，Li-In-Sb 体系相当复杂的三元相图的确定如图 8.9 所示。在这种情况下，在三相平衡区域可以观察到电压平台。为了得到完整的相图，必须应用几个非电活性组分的比例。有几个热力学的考量可以用来减少样品准备的数量。例如，相图中随着与电活性组分的距离增加，电池电压必须沿着组分路径连续增加。同样，对于任何成分不同的组成，具有相同的电池电压的区域都属于相同的三相平衡。与传统的电极相图评价技术相比，GITT 只需使用相对较少的样品，也不需要对电极进行淬火和破坏，还能额外得到热力学信息。

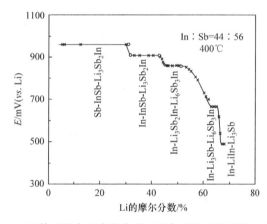

图 8.9   Li-In-Sb 三元体系的库仑滴定曲线。平台对应三相区域。相名称见标注。

通过对电流的分析，GITT 还提供了非常全面的电极动力学参数信息。由外部电流或电压源驱动的通过原电池的电流 I 决定了进入(或离开)电极以及在电极/电解质界面上放电的电活性物种的数量。化学扩散过程发生在电极内，电流与电极内靠近电解质相界面处(x=0)的可移动离子物种的运动相对应，即

$$I = -Sz_i q\tilde{D}\frac{\partial c_i}{\partial x} \qquad (x = 0) \tag{8.52}$$

式中，S 为样品-电解质界面的面积。

这个过程的工作原理如图 8.10 所示。假设电极的组分是均匀的，并且通过一个恒电流源对电池施加一个恒定电流 I_0，在 t=0 时，电池的初始电压记为 E_0。根据式(8.52)可以在电解质相界面处得到可移动离子 i 的恒定浓度梯度 $\partial c_i / \partial x$。施加到电池上的电压随时间增加或减少(取决于电流的方向)以保持浓度梯度恒定。由电池内部的其他极化引起的电压降是叠加的，但是由通过电解质和界面的电流通量引起的欧姆电阻(IR 降)不随时间改变，也不会改变电池电压随时间变化的形状。这种行为使得恒电流过程比其他弛豫技术更有优势。其他弛豫技术通常涉及大的电池电流变化，例如，在电势阶跃情况下，需要一个初始值大但最终变为零的电流。当恒电流作用了一定的时间间隔 τ 后，根据式(8.49)，电

流通量将在组分改变时被中断。在接下来的平衡过程中，电压与电极的界面组成直接相关，并且接近一个新的稳态值 E_1。当电极再次达到平衡后，可能会再次重复这一过程，E_1 成为新的初始电压。这个过程一直持续到电极发生相变。

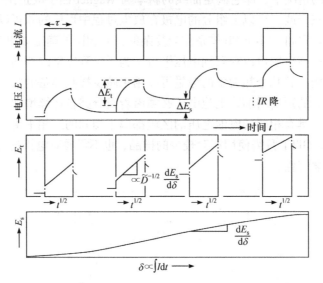

图 8.10　GITT 测量电极热力学和动力学数据的原理。施加一个恒电流 I_0，直到电池电压达到平衡，保持时间间隔 τ 后停止，恒电流被中断。弛豫过程与稳态电压变化的组合分析法给出了电极基础性质的综合表达。

为了将电压 E 的时间依赖性与离子在电极中的传输联系起来，可对界面上($x=0$，可在电压曲线上读出)可移动离子的浓度进行 Fick 第二定律的求解。在 $t=0$ 时，一个具有适当的初始和边界条件的浓度均匀的电极，$x=0$ 处的浓度梯度在任何时间下都为常数[如式(8.54)所示]，并且在阴极相对表面的浓度梯度为零(因为假设离子在此处无渗透性)，可以推出界面处可移动物种的浓度作为时间的函数如下(Carslaw 和 Jaeger，1967；Crank，1967)：

$$c_i(x=0,t) = c_0 + \frac{2I_0 t^{1/2}}{Sz_i q\tilde{D}^{1/2}} \sum_{n=0}^{\infty}\left\{\mathrm{ierfc}\left[\frac{nL}{\left(\tilde{D}t\right)^{1/2}}\right] + \mathrm{ierfc}\left[\frac{(n+1)L}{\left(\tilde{D}t\right)^{1/2}}\right]\right\} \tag{8.53}$$

式中，$\mathrm{ierfc}(\lambda) = [\pi^{-1/2}\exp(-\lambda^2)] - \lambda + [\lambda\,\mathrm{erf}(\lambda)]$ 是误差函数。

对于时间短的情况($t \ll L^2/\tilde{D}$)，无穷和可以用第一项近似。在这种情况下，浓度 c_i 应随时间的平方根变化：

$$\frac{\mathrm{d}c_i(x=0,t)}{\mathrm{d}t^{1/2}} = \frac{2I_0}{Sz_i q\left(\tilde{D}\pi\right)^{1/2}} \quad \left(t \ll L^2/\tilde{D}\right) \tag{8.54}$$

现在，根据 Nernst 定律，电压提供活度信息，而式(8.53)和式(8.54)表明浓度取决于时间。这可以通过 dE 对式(8.54)进行展开和引入浓度变化与化学计量比之间的关系 dc_i = (N_A/V_M)dδ 来解决，其中 N_A 为 Avogadro 常量，V_M 为电极材料的摩尔体积：

$$\frac{dE}{dt^{1/2}} = \frac{2V_M I_0}{SFz_i \left(\tilde{D}\pi\right)^{1/2}} \frac{dE}{d\delta} \qquad \left(t \ll L^2 / \tilde{D}\right) \tag{8.55}$$

$dE/d\delta$ 是库仑滴定曲线在给定组分下的斜率。有了这些信息，化学扩散系数可以从恒电流作用下电池电压的时间依赖关系来计算。

如果电流通过电池的时间小于 $L^2 / \tilde{D}$ [式(8.55)对电流通量的所有时间段都有效]，并且电压的变化足够小使得 $dE/d\delta$ 为常数，则 $dE/d\delta$ 可被 τ 时间内电流通量 I_0 引起的化学计量的变化 $\Delta\delta$ 带来的平衡稳态电压变化量 ΔE_s 所取代。此外，如果能确保电压 E 对 $t^{1/2}$ 在电流通量的整个时间段内表现出预期的直线行为，则 $dE/dt^{1/2}$ 可以被瞬态电压 ΔE_t(不考虑 IR 降)对 $\tau^{1/2}$ 的变化所替代。假设 $\tilde{D}$ 作为电极组成的函数，则可得出以下简单的表达式：

$$\tilde{D} = \frac{4}{\pi\tau} \left(\frac{m_B V_M}{M_B S}\right)^2 \left(\frac{\Delta E_s}{\Delta E_t}\right)^2 \qquad \left(t \ll L^2 / \tilde{D}\right) \tag{8.56}$$

式中，B 代表非电活性组分。

通过这个信息和库仑滴定曲线可以推导出许多其他的动力学量。这里只举几个例子。

正如 8.2 节所讨论的，化学扩散系数和扩散率(有时也称为组分扩散系数)之间的关系可由 Wagner 因子(在冶金学中，在以电子导电为主的特殊情况下，也称为热力学因子) $W = \partial \ln a_A / \partial \ln c_A$ 得出，其中 A 代表电活性组分。因为 A 的活度与电池电压 E 有关(Nernst 定律)，且浓度与电极材料的化学计量比成正比，W 可以很容易地从库仑滴定曲线的斜率推导出：

$$W = \frac{\partial \ln a_A}{\partial \ln c_A} = -\frac{z_A q c_A V_M}{k T N_A} \frac{dE}{d\delta} \tag{8.57}$$

鉴于这种关系，扩散率 D_A 为

$$D_A = \left(\frac{\partial \ln a_A}{\partial \ln c_A}\right)^{-1} \tilde{D} = -\frac{4 k T m_B V_M I_0}{\pi c_A z_A^2 q^2 M_B S^2} \frac{\Delta E_s}{\left(\Delta E_t\right)^2} \qquad \left(t \ll L^2 / \tilde{D}\right) \tag{8.58}$$

扩散率与任何其他物种(如电子或空穴)的运动无关，且不受内部电场的影响，这与化学扩散过程不同，它要求电子或其他离子物种同时运动。混合离子和(主要)电子导电电极的偏离子电导率可由浓度和扩散率的乘积得到，且可与稳态和瞬态电压的变化相关联：

$$\sigma_A = \left(\frac{\partial \ln a_A}{\partial \ln c_A}\right)^{-1} \frac{\left(z_A q\right)^2 c_A \tilde{D}}{t_e k T} = -\frac{4}{\pi} \frac{m_B V_M I_0 \Delta E_s}{t_e M_B S^2 \left(\Delta E_t\right)^2} \qquad \left(t \ll L^2 / \tilde{D}\right) \tag{8.59}$$

式中，t_e 为电子迁移数。这种测定偏离子电导率的方法对少数载流子，如以电子导电为主的电极中的离子尤其有价值，因为几乎没有其他技术可以用。根据式(8.59)测定的偏锂离子电导率如图 8.11 所示。增长是源于更易移动的离子数量增多，如最有可能的锂间隙。

回到 $Li_{3+\delta}Sb$ 体系，图 8.12 展示了不同边界条件下的抛物线反应速率常数 k_t。曲线 (a)、(b)和(c)分别表示在锂具有 Li_2Sb/Li_3Sb 平衡态对应的活度，以及适中的活度 $a_{Li} = 10^{-4}$ 和 $a_{Li} = 1$ 时，电极反面的锂活度与 k_t 的函数关系。当锂离子具有最高的迁移率(锂间隙)使锂活度最高时，相的生长或收缩将达到最大值。在较低的活度范围内增加锂的活度差

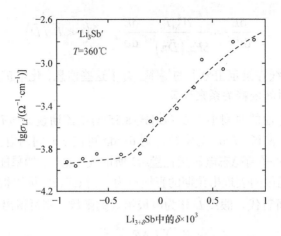

图 8.11 电子导电为主的化合物 $Li_{3+\delta}Sb$ 的偏锂离子电导率随化学计量比变化的函数关系。电导率的变
化是由于传输机理的变化。

并不能显著提高反应速率，因为这样只引入了迁移率较低的锂缺陷。

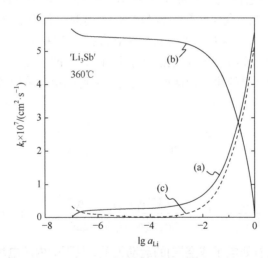

图 8.12 三种不同边界条件下在反面生成 Li_3Sb 的抛物线反应速率常数：(a) Li_2Sb/Li_3Sb 平衡态对应的
a_{Li}；(b) $a_{Li} = 10^{-4}$；(c) $a_{Li} = 1$。

综上所述，结合单相和多相区域的热力学测量和单相区域内的动力学测量，可以全
面描绘电极的性能。获得的热力学和动力学数据可以转换成描述放电过程中电极中新相
生长的速率常数。

参 考 文 献

Carslaw, H. S. and Jaeger, J. C (1967) *Conduction of Heat in Solids*, Clarendon Press, Oxford.

Crank, J. (1967) *The Mathematics of Diffusion*, Oxford Univ. Press, London.

Rickert, H. (1985) *Solid State Electrochemistry, An Introduction*, Springer-Verlag, Berlin, Heidelberg, New York.

Schmidt, J. A and Weppner, W. (1982) *Proc. 7th Int. Conf. on Solid Compounds of Transition Element*s, Grenoble, France, p. IB 13a.

Weppner, W. and Huggins, R. A. (1977) *Z. Physikal Chem. N.F. (Frankfurt)*, **108**, 105.

Weppner, W. (1985) in *Transport-Structure Relations in Fast Ion and Mixed Conductors*, Eds. F. W. Poulsen *et al.*, Risø Natl. Lab., Roskilde, DK, p. 139.

Weppner, W. and Huggins, R. A. (1977) *J. Electrochem. Soc.*, **124**, 1569.

Weppner, W., Chen Li-chuan and Piekarczyk, W. (1980) *Z. Naturforsch.*, **35a**, 381.

9 聚合物电极

——B. Scrosati
罗马大学化学系

9.1 简　介

某些类型的高分子在经过化学或电化学处理后可以获得很高的电子电导率，这一发现开拓了一个激动人心的研发新领域。

存在类金属特性的导电高分子，这样的概念令人神往，也的确有很多工作研究了这些新型电活性导体的制备和表征。其最终目标是将这些材料作为新的组分用于电子设备或电化学器件中以实现奇异的设计和多种不同应用。

已经有想法提出并且用实验证实了这些新型导电高分子可以用于柔性二极管和三极管，以及场效应晶体管型选择性传感器，因此我们也许有理由乐观地期待未来流行的电子设备可以基于低成本、柔性和模块化的高分子成分。

更有意思的是导电高分子不仅使聚合物状的电子设备成为可能，而且还可以用来制造用以驱动这些电子设备的电池。这些高分子确实可以通过可逆电化学过程获得高导电性，因此它们能够作为新型电极材料像传统电池电极那样使用，同时还可以保持本身特有的机械性能。这样看来，实现柔性的薄层电池以取代沉重的污染性干电池甚至是低能量密度的铅酸电池是完全有可能的。

进一步考虑，电化学过程除改变电子传输外还改变光学性质，因此部分高分子材料现在可以用来研发由电化学脉冲控制和转换的多色响应光学显示器。

本章我们将尝试对导电高分子研究领域的各个方面作简短的描述。如果想要完全欣赏这些材料在各种不同应用中的潜力，必须理解它们的基本性质。因此，这里将重点介绍其中的电荷传输机理及其在电池中的电极过程的特征。

9.2 聚乙炔的案例

导电高分子研究历史中第一个也是最重要的事件发生在 1978 年，当时发现聚乙炔的电学性质在经过化学处理后发生急剧改变(Chiang 等，1978)。

聚乙炔$(CH)_x$ 是一种结构简单的共轭高分子，它的分子链具有顺式或反式两种构型(图 9.1)。自支撑的聚乙炔薄膜可以比较方便地由乙炔气体经催化聚合得到，其中最常用的是 Shirikawa 方法(Shirikawa 和 Ikeda，1971)。这些晶态薄膜的结构和形貌取决于合成温度和所用催化剂的浓度。最常见的情况是聚乙炔薄膜呈现反式构型和纤维状形貌

(图 9.2)，其纤丝直径为 200～800 Å。

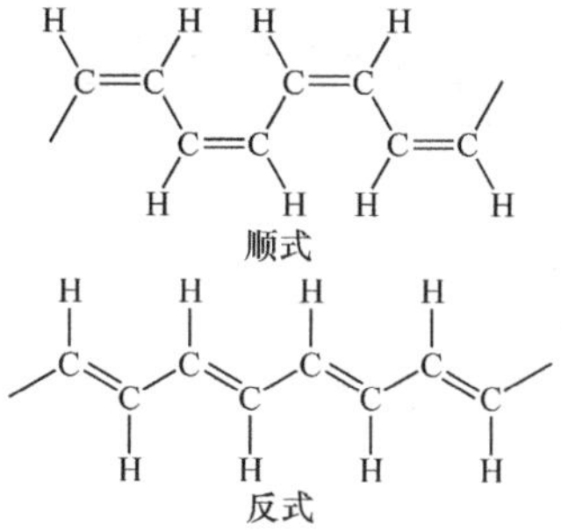

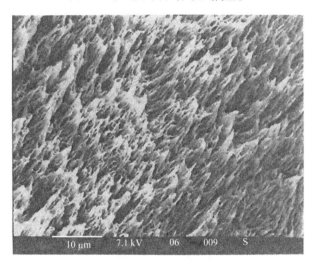

图 9.1　聚乙炔的顺式和反式构型。

图 9.2　聚乙炔薄膜的典型形貌。

聚乙炔的室温电导率在 10^{-5} S·cm^{-1}(反式构型)到 10^{-9} S·cm^{-1}(顺式构型)之间(Shirikawa、Ito 和 Ikeda，1978)。因此，在很长一段时间内聚乙炔的电学性质一直被认为是典型的不良导体。这个领域的一个重大突破是发现当聚乙炔与氧化剂或还原剂接触后，其导电性可以有几个数量级的增加。图 9.3 是一个典型的例子，展示了(CH)$_x$暴露在卤素中对其电导率的影响(Chiang 等，1978)：化学反应将聚乙炔从一个不良导体转变成一个电导率接近金属的有光泽的高分子。

用类似经典半导体理论的术语，使聚乙炔电导率增加的化学反应称为 p-型掺杂或 n-型掺杂过程。然而，更准确地说，这些过程应该被描述为氧化还原反应，因为其中有氧化剂或还原剂的参与，并且牵涉到聚阴离子或聚阳离子的生成和反离子的电荷平衡。

例如，将聚乙炔暴露在一种氧化剂 X 中，形成带正电的高分子复合物：

$$(CH)_x \longrightarrow \left[\left(CH^{y+} \right) \right]_x + (xy)e^- \qquad (9.1)$$

同时伴有 X 的还原：

$$(xy)X + (xy)e^- \longrightarrow (xy)X^- \qquad (9.2)$$

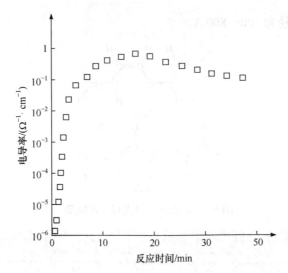

图 9.3　反式聚乙炔暴露在卤素氧化剂中时电导率的变化(Chiang 等，1978)。

总反应为

$$(CH)_x + (xy)X \longrightarrow \left[\left(CH^{y+}\right)\right]_x + (xy)X^- \longrightarrow \left[\left(CH^{y+}\right)X_y^-\right]_x \tag{9.3}$$

式中，$X^- = I^-$、Br^-、$\cdots$

与半导体领域的术语一致，X^- 通常称为**掺杂反阴离子**，而 y 反映了掺杂离子与聚合物重复单元之比，通常称为**掺杂度**。

例如，暴露在碘中的反应可以写为

$$(CH)_x + \frac{1}{2}(xy)I_2 \longrightarrow \left(CH^{y+}\right)_x + (xy)I^- \tag{9.4}$$

$$(xy)I^- + (xy)I_2 \longrightarrow (xy)I_3^- \tag{9.5}$$

$$(CH)_x + \frac{3}{2}(xy)I_2 \longrightarrow \left(CH^{y+}\right)_x + (xy)I_3^- \longrightarrow \left[\left(CH^{y+}\right)\left(I_3^-\right)_y\right]_x \tag{9.6}$$

类似地，我们可以将暴露在还原剂 M 中引起的 n-型掺杂过程描述为生成带负电的高分子复合物的反应：

$$(CH)_x + (xy)e^- \longrightarrow \left[\left(CH^{y-}\right)\right]_x \tag{9.7}$$

同时伴随着 M 的氧化：

$$(xy)M \longrightarrow (xy)M^+ + (xy)e^- \tag{9.8}$$

总反应为

$$(CH)_x + (xy)M \longrightarrow \left[\left(CH^{y-}\right)\right]_x + (xy)M^+ \longrightarrow \left[M_y^+\left(CH^{y-}\right)\right]_x \tag{9.9}$$

式中，$M^+ = Na^+$、Li^+、$\cdots$，通常称为**掺杂反阳离子**。

聚乙炔的氧化还原反应，或者更普遍地，导电高分子的氧化还原反应，形成了包含聚阴离子和反离子的复合物。这种复合物类似于在本书前面的章节中描述过的过渡金属二硫属化合物或过渡金属氧化物等众所周知的插嵌化合物。事实上，与插嵌化合物类似，氧化还原反应在促进电子传输的同时伴随反离子在聚合物结构中的扩散。例如，金属钾还原聚乙炔的过程就伴随了因 K^+ 的插入而引起的聚合物结构变化(Shacklette、Toth、Murthy 和 Baugham，1985)。事实上，为了容纳客体掺杂离子，高分子链会发生结构重排，重排的程度随掺杂度增大而上升。当掺杂度较高，聚乙炔链数与钾离子列数之比为 2 时，形成一种"第一阶段结构"；而当掺杂度较低，聚乙炔链数与钾离子列数之比为 3 时，则形成一种"第二阶段结构"(Shacklette 等，1985)。

9.3　电化学掺杂过程

导电高分子研究历史中的第二个重大事件是电化学掺杂的发现。聚乙炔在合适的电池中被极化为聚合物膜电极时，它的掺杂过程可以可逆地以电化学方式驱动(MacDiarmid 和 Maxfield，1987)。常用的三电极电池包括$(CH)_x$ 薄膜的工作电极、恰当的电解液(如高氯酸锂溶于碳酸丙烯酯中的非水电解液，记为 LiClO₄-PC)、恰当的对电极(如金属锂)和参比电极(如还是 Li)。

当对$(CH)_x$ 电极进行阳极极化时，高分子被氧化(p-型掺杂)，并伴随来自电解液的阴离子(ClO_4^-)插入：

$$(CH)_x + (xy)ClO_4^- \Longleftrightarrow \left[\left(CH^{y+}\right)\left(ClO_4^-\right)_y\right]_x + (xy)e^- \tag{9.10}$$

该反应与式(9.3)非常相似。

类似地，阴极极化时发生还原反应(n-型掺杂)，并伴随来自电解液的阳离子(Li^+)插入：

$$(CH)_x + (xy)e^- + (xy)Li^+ \Longleftrightarrow \left[\left(CH^{y-}\right)\left(Li_y^+\right)\right]_x \tag{9.11}$$

该反应类似于式(9.9)。

电化学驱动掺杂过程意味着聚乙炔和其他掺杂导电高分子通常可以用作新型的电极材料，这种可能性极大地激发了这一领域的研究。当发现聚乙炔可以通过电化学掺杂得到高电导性之后，很快就发现其他高分子也可以进行类似的处理。这些材料主要是杂环高分子和聚苯胺类高分子。

9.4　杂环高分子

前述高分子的化学和电化学掺杂都可视作氧化还原反应，并伴有带电聚合物离子的生成和反离子的插入。因此，可能发生这些过程的高分子应当含不饱和键，它们的 π 电子容易除去或增加，从而在高分子链上离域。这一基本原则适用于共轭高分子，如前述的聚乙炔，也适用于杂环高分子，如聚吡咯和聚噻吩(图 9.4)。

关于这类高分子的另一个重要特征是它们的聚合和掺杂可以在一个电化学过程中进

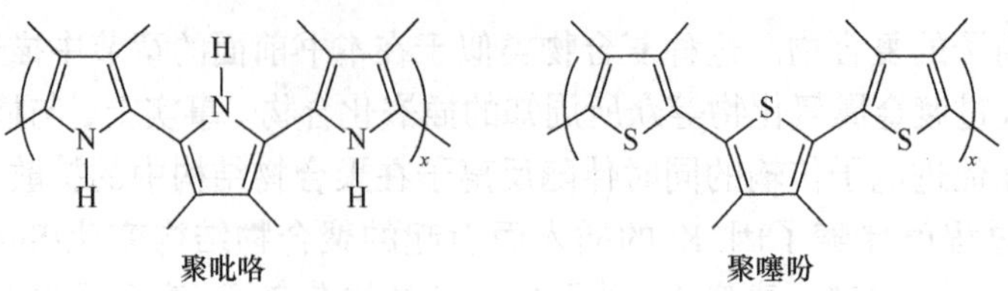

图 9.4　杂环高分子的典型例子：聚吡咯和聚噻吩。

行。最开始，单体先形成高分子链，继而出现高分子链的氧化，然后掺杂高分子链在合适的基底上沉积成为导电薄膜。这类聚合反应基本上可以看作亲电取代过程，它保留了单体的芳香结构，并通过阳离子自由基中间体进行：

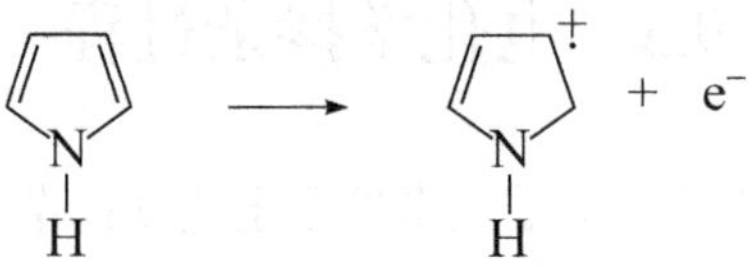

$$\qquad\qquad (9.12)$$

偶联发生在加成和取代反应活性最高的碳原子上，通常形成 $\alpha\text{-}\alpha'$ 位的连接：

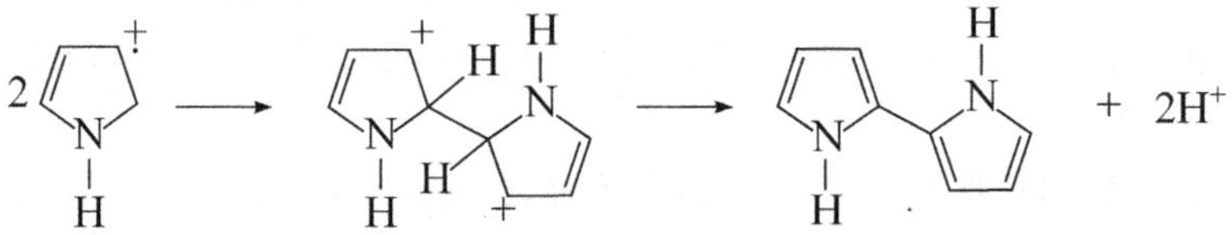

$$\qquad\qquad (9.13)$$

聚合反应在单体阳离子自由基和持续产生的寡聚体之间进行。因为随着链长的增加，寡聚体的氧化电位逐渐低于单体(图 9.5)：

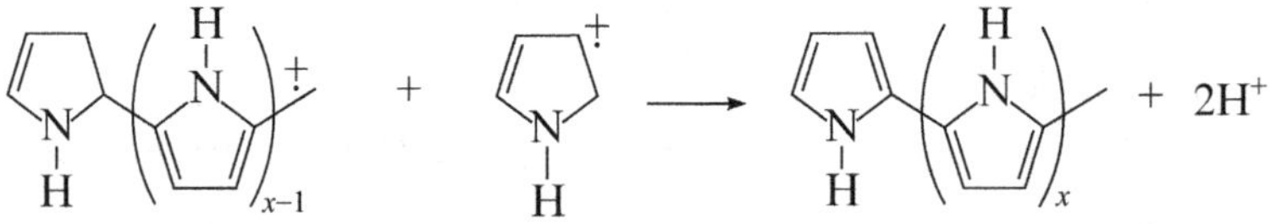

$$\qquad\qquad (9.14)$$

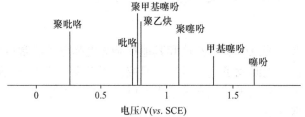

图 9.5　几种单体和它们对应的高分子的氧化电位(SCE 表示饱和甘汞电极)。

掺杂过程(这里是 p-型掺杂)产生带电的聚阳离子，并伴随电解质反离子 X^- 的扩散：

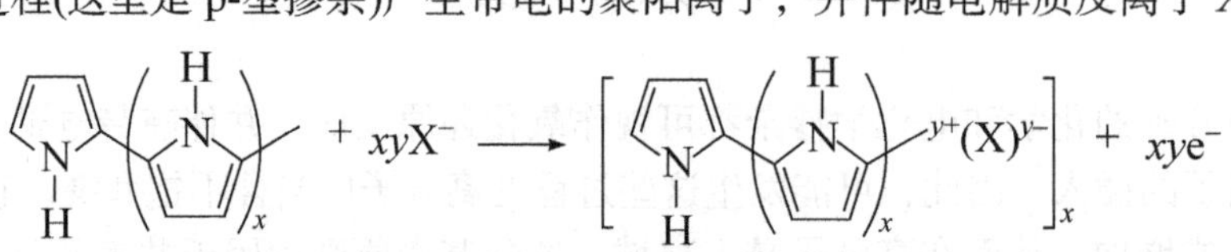

$$\qquad\qquad (9.15)$$

整个过程可以在一个简单的电池中完成，该电池包括浸没于溶液[通常是非水溶剂，如乙腈(CH_3CN)溶液]中的两个电极(通常是平面电极)。溶液中含有单体[如吡咯(C_4H_5N)]

和支持电解质(如 $LiClO_4$ 或烷基铵盐，这两种盐都溶于非质子性溶剂中并且高度解离)。

电沉积电位视具体的电聚合过程而定。最终得到的聚合物处于已被氧化的导电态。因此，当施加极化后，会发生聚合反应和高分子的 p-型掺杂，最后所选的导电高分子薄膜沉积在基底上。

与化学聚合相比，电化学聚合过程在优化聚合物薄膜的性状方面具有特别的优势。事实上，通过调控电沉积过程的总电荷量，聚合物薄膜的厚度可以在几埃、微米甚至是毫米的范围内变化。

改变溶液中反离子的性质，可以调控最终高分子产物的电学和物理化学性能；改变电化学聚合过程的电流密度，可以调控高分子产物的形貌。而且，只要导电性足够高可以传导电流而不引起太大的欧姆降，从铂到硅或者镀有铟锡氧化物(ITO)薄膜的玻璃等很多不同的材料都可以用作电沉积过程的基底，这对于大量不同的应用来说也是非常有利的。

9.5 杂环高分子的电化学掺杂

一旦沉积为导电薄膜，杂环高分子可以反复地在去掺杂和掺杂的形态之间变换，其所需的电池和电聚合反应应用的电池基本相似。

例如，一个典型的杂环高分子聚吡咯，其 p-型掺杂过程可以在含有合适电解质(如 $LiClO_4$-PC)的电池中相对于对电极(如锂金属)加以极化而进行可逆的驱动。这种情况下的 p-型掺杂氧化还原反应[式(9.15)]可以用下列方程式描述：

$$(C_4H_3N)_x + xyClO_4^- \Longleftrightarrow \left[\left(C_4H_3N^{y+} \right) \left(ClO_4^- \right)_y \right]_x + xye^- \tag{9.16}$$

与聚乙炔以及导电高分子普遍的掺杂机理一致，这个掺杂过程也包括了聚吡咯氧化生成带正电的聚阳离子，其电荷与从电解液扩散到高分子基体的阴离子(在这个例子中是 ClO_4^-)达到平衡的过程，y 是掺杂度。其他杂环高分子，如聚噻吩等，也可以通过电化学方式生长并掺杂：

$$(C_4H_2S)_x + xyX^- \Longleftrightarrow \left[\left(C_4H_2S^{y+} \right) \left(X^- \right)_y \right]_x + xye^- \tag{9.17}$$

值得注意的是，掺杂度 y 也可以表示为掺杂阴离子(X^-)的摩尔数对单体重复单元(如 C_4H_5N)摩尔数的百分比。y 数值的推导如下。X^- 的摩尔数可以表示为可循环电荷的摩尔数 Q_{cycl}，而后者又是可循环的 Faraday 数 F_{cycl} 除以电化学掺杂涉及的电子数 ne_{dop}(在 X^- 的例子中 $ne_{dop}=1$)：

$$掺杂阴离子的摩尔数 = Q_{cycl} = \frac{F_{cycl}}{ne_{dop}} \tag{9.18}$$

聚合物中包含的单体单元摩尔数由整个过程的 Faraday 数 F_{tot} 减去可循环的 Faraday 数 F_{cycl}，再除以聚合过程涉及的电子数 ne_{tot} 给出[在式(9.16)的例子中 $ne_{tot}=2$]：

$$单体单元的摩尔数 = \frac{F_{tot} - F_{cycl}}{ne_{tot}} = \frac{\left(Q_{tot} - Q_{cycl} \right) ne_{dop}}{ne_{tot}} \tag{9.19}$$

所以

$$y = \frac{\text{掺杂阴离子的摩尔数}}{\text{单体单元的摩尔数}}\% = \frac{ne_{tot}}{ne_{dop}} \times \frac{Q_{cycl}}{Q_{tot} - Q_{cycl}} \tag{9.20}$$

在式(9.16)的例子中：

$$y = \frac{2Q_{cycl}}{Q_{tot} - Q_{cycl}} \tag{9.21}$$

9.6　聚　苯　胺

另一类对电化学应用来说值得注意的导电高分子是聚苯胺及其衍生物：

$$\tag{9.22}$$

聚苯胺也可以用电化学方法制备，如在酸性环境中对苯胺进行氧化(MacDiarmid 和 Maxfield, 1987)。聚苯胺的一个有趣之处在于其氧化态可以通过掺杂进行连续的调变，从完全还原的绝缘体：**全还原态聚苯胺**(leucoemeraldine)(掺杂度 $y=1$)：

$$\tag{9.23}$$

到完全氧化的绝缘体：**全氧化态聚苯胺**(pernigraniline)(掺杂度 $y=0$)：

$$\tag{9.24}$$

其中最稳定的形式是氧化态和还原态各占一半的**翠绿亚胺碱**(emeraldine)形式(掺杂度 $y=0.5$)：

$$\tag{9.25}$$

它也是绝缘体。但是，这种聚合物会与稀酸(如 HCl)反应生成相应的盐，其中—N=上的氮原子会优先被质子化。

$$\cdots + 2x\,HCl \longrightarrow \tag{9.26}$$

$$\longrightarrow \cdots + (2Cl^-)_x$$

重要的一点是这个质子化反应使高分子的导电性大大增加，研究者认为它的机理遵循 p-型掺杂过程。

聚苯胺的翠绿亚胺碱形式也可以在非水电解质中反应，如在 LiClO$_4$-PC 溶液中，形成导电的翠绿亚胺高氯酸盐：

$$(9.27)$$

这个反应关系到聚苯胺的实际应用。

9.7 导电高分子中掺杂过程的机理

前面已经提过，虽然导电高分子的掺杂过程用了与经典无机半导体类似的术语，实际上两者有很大不同。其中的基本差异在于无机半导体有刚性的晶格，掺杂引起的电子结构变化可以用能带模型很好地描述，而高分子是由柔性的分子链组成的，较易形成局域化的变形。因此，无机半导体的掺杂过程在晶体结构中引入杂质原子，形成能级接近导带(给体杂质)或价带(受体杂质)的间隙。导电高分子的情形颇为不同，杂质或掺杂剂并不成为高分子结构的一部分，而是插入高分子链之间并且容易在反向的电驱动力作用下脱出。因此，导电高分子掺杂过程最重要的一点是它是可逆的，而且可以在合适的电池中通过施加外部极化进行观察和控制。

但是这种掺杂过程如何提升高分子的电子传输仍然有待探讨。厘清导电高分子的掺杂机理和相应的电子能带结构的演化对于理解这些化合物在用作新型电极材料时的操作行为是至关重要的。

下面我们以聚吡咯的 p-型掺杂(氧化)过程为例来理解高分子掺杂的基本概念。在未掺杂状态，聚吡咯是电子的不良导体，它的导带(CB)与价带(VB)之间的禁带宽度是 3.2 eV：

$$(9.28)$$

最开始的失电子(氧化，p-型掺杂)过程在高分子链上形成局域化的正电荷(阳离子自由基)，伴随产生晶格畸变，从而使高分子链原来的芳香性几何结构向醌式结构弛豫。这种醌式结构延伸到四个相邻的吡咯环：

$$(9.29)$$

这种部分离域于高分子链段并通过极化周围介质得以稳定化的阳离子自由基称为**极化子**(polaron)。其能量可以用距带边约 0.5 eV 的半充满的**极化子能级**描述[有关掺杂过程机理的具体细节详见文献，如 Bredas 和 Street (1985)、Skotheim (1986) 和 Scrosati (1988)]。

更进一步的失电子过程在高分子链上形成双阳离子，即有两个正电荷位于分子链上的同一个"缺陷位点"。这种缺陷称为**双极化子(bipolaron)**，其定义为伴随强烈局域晶格畸变的一对同号电荷。双极化子的局域结构也是延伸到相邻的四个吡咯环：

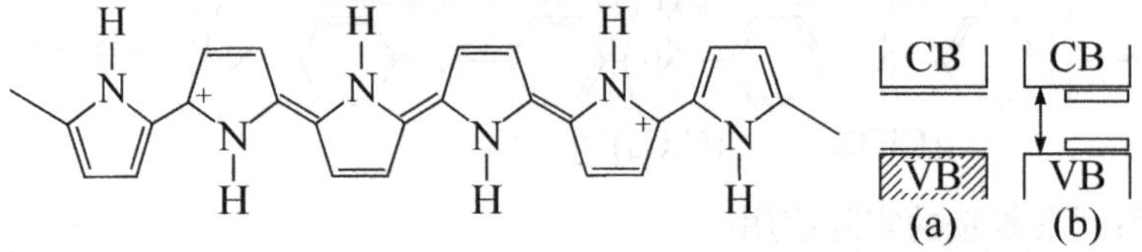

$$\tag{9.30}$$

在能量上，双极化子用无自旋、未填充的**双极化子能级**描述[式(9.30a)]。在掺杂度较高时，双极化子能级重叠形成双极化子能带[式(9.30b)]。对于一些禁带宽度 E_g 小于聚吡咯的高分子(如聚噻吩)，双极化子能带还可能与它们的价带和导带重叠，从而形成接近金属的能带结构。

上述能带结构适用于杂环高分子，但是聚乙炔和聚苯胺的情况有所不同。聚乙炔高分子的基态是一个简并态，它有两个能量完全相同的几何构型，其区别仅在于碳-碳单键和双键的顺序不同(图 9.6)。

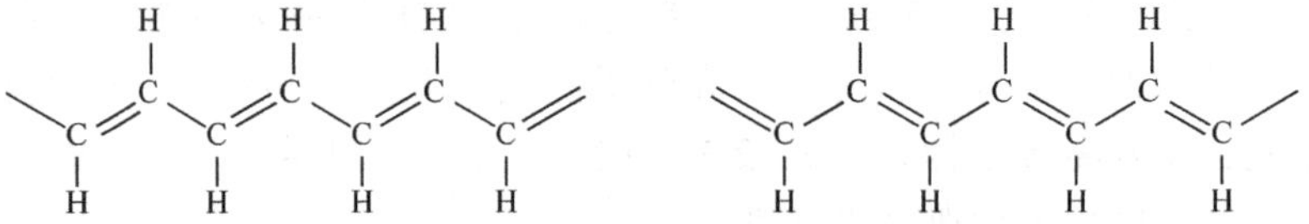

图 9.6　反式聚乙炔中可能存在的两种价键顺序。

由于聚乙炔的这两个构型在化学和能量上都是完全等价的，因此完全有可能一个长分子链中的一段处于一个构型而相邻的一段处于另一个构型，两段之间以一个过渡区域相间隔，过渡区可以延伸至数个碳原子的范围，可以想象从一端开始双键逐渐变长单键逐渐变短，逐步实现其单双键顺序的反转：

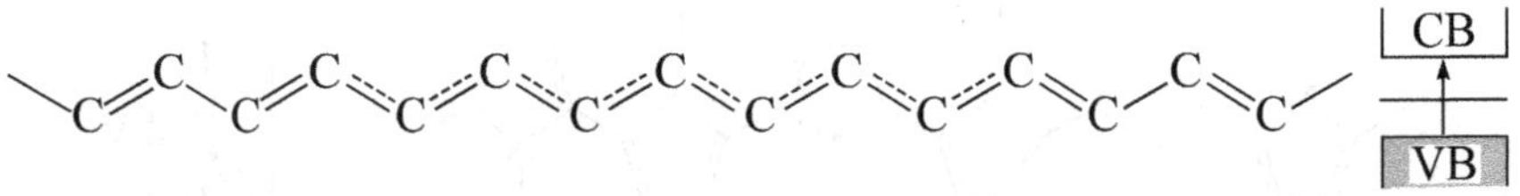

$$\tag{9.31}$$

这样的过渡包含了结构畸变，因此根据上述模型以及电子分布的对称性，有一个精确位于禁带正中的电子态。这个能级处于禁带中的半填充的单态称为**原生孤立子(native soliton)**。

聚乙炔基态的简并性影响它的电荷分布。事实上，掺杂过程中高分子链上的电荷，在其他高分子如杂环高分子上会成对形成双极化子，在聚乙炔上却容易分离而形成两个带正电荷的孤立子：

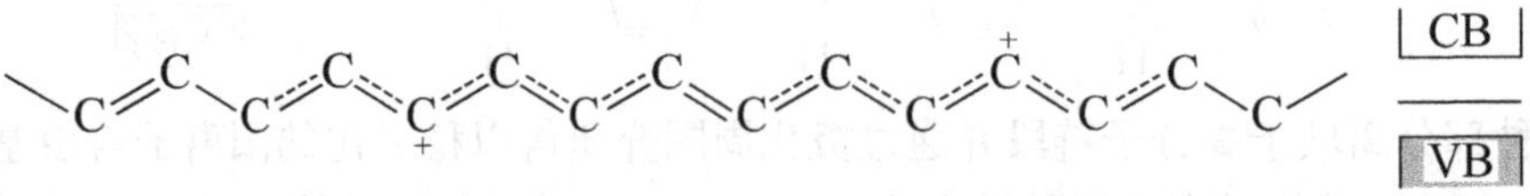

$$\tag{9.32}$$

因此，p-型掺杂的聚乙炔分子链带有部分离域的正电荷，可以用未占据的带中电子态(midgap states)来描述。类似地，n-型掺杂会形成带负电的孤立子，可以用双电子占据的带中电子态描述,而电子结构随掺杂的演变也可以描述为孤立子能带的形成过程。

通过高分子链上的单、双键重排,孤立子电荷可以沿着高分子链发生迁移:

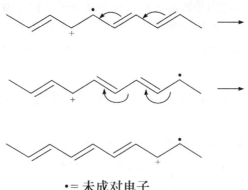

·= 未成对电子

这被认为是聚乙炔和其他类似体系的导电机理(Kanatzidis,1990)。

聚苯胺的情况和杂环高分子也有些不同。有人(MacDiarmid 和 Maxfield,1987)认为聚苯胺的掺杂过程不改变高分子链上的电子数,而翠绿亚胺盐高分子的高导电性来源于它高度对称的 π 离域结构。

总之,虽然不同高分子会有一些区别,但是导电高分子的电学性能总体来说与它的能带结构相关,这个能带结构也用来解释这类导电材料独特的传输机理。这个机理实际上介于金属和半导体导电机理之间。与金属相似,导电高分子具有很高的电导率;但是又与半导体类似,导电高分子必须通过掺杂才能获得高电导率。导电高分子中的载流子本质与金属和半导体两类材料都不同:在金属和半导体中传导是通过电子和/或空穴穿越晶格的相干传播实现的,而在导电高分子中电流是通过无自旋的双极化子或孤立子的传输实现的。

在较高掺杂度时,载流子与反离子之间的库仑吸引作用被屏蔽,双极化子或孤立子非常易于迁移,这时高分子的电导率接近金属。图 9.7 中重度掺杂聚乙炔的电导率的温度依赖性与金属银的比较很好地展示了这种情况:当温度升高时,聚乙炔的电导率几乎可以达到金属的电导率,但是它随温度变化的趋势却与半导体的行为更相符。

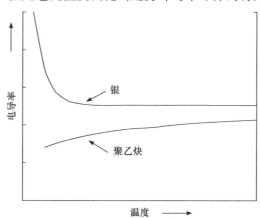

图 9.7　聚乙炔电导率的温度依赖性与金属银的对比(Kanatzidis,1990)。

关于高分子材料的导电性还有一个方面仍未完全厘清，即高分子链间的电子交换在导电过程中的作用。不过几乎可以肯定的是，导电性来自于两部分的贡献，即取决于高分子链的平均共轭长度的链内传输部分和取决于高分子结构规整性的链间传输部分。这个理论已经通过实验证实，如用拉伸聚乙炔链等方法得到高度取向的分子链构型来提升高分子结构的有序度，可以很大程度上提高整体的导电性(Lugli、Pedretti 和 Perego，1985)。

9.8 观察导电高分子掺杂过程的方法

上面提出的导电高分子的掺杂机理认为这一过程同时发生高分子的氧化(p-型掺杂)或还原(n-型掺杂)，并伴随来自电解液的带相反电荷的反离子的扩散。因此，在高分子的电化学掺杂过程中，它的电子结构和质量都会发生变化。能够探测这些变化的技术都可以用来控制和评价掺杂过程。以下描述一些例子。

9.8.1 光学吸收

高分子链上存在的双极化子态会促进 $\pi \rightarrow \pi^*$ 带间跃迁之前的光学吸收。参照式(9.30)中所示的掺杂杂环高分子的能带结构，实际上可以发生从价带到双极化子能级的跃迁。这些跨隙跃迁可以从光学吸收的变化中反映出来。图9.8展示了一个典型例子，聚二噻吩并噻吩在电化学掺杂过程中的光谱变化(Danieli 等，1985)。

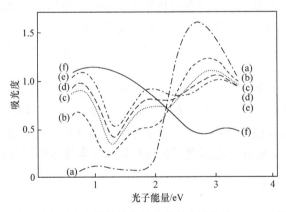

图 9.8 聚二噻吩并噻吩在电化学掺杂过程中的光谱变化(Danieli 等，1985)。

其中，曲线(a)是未掺杂状态的光谱，它有一个明显的 $\pi \rightarrow \pi^*$ 特征谱带，而曲线(b)~(e)是逐渐提高掺杂度时的光学响应。显然，这些曲线中表现出两个强度逐渐增大的新谱带，它们与从价带到两个双极化子带之间的跃迁相关。如所预期的一样，在这两个跨隙跃迁谱带逐渐演进的同时，$\pi \rightarrow \pi^*$ 谱带逐渐减弱。最终，在高掺杂度时由于双极化子带与导带和/或价带的重叠，曲线(f)反映出准金属的特性。

将电池直接放入分光光度计中，通过测量电化学过程中的原位光学吸收可以方便地观察能带结构即掺杂过程的演化(Danieli 等，1985)。

9.8.2 微天平研究

如反复强调的那样，掺杂过程伴随着来自电解液反离子的扩散以补偿高分子链上获得的电荷，所以高分子在掺杂时应该会经历质量的变化。因此，观察质量的变化也可以调控掺杂过程的性质和进行的程度。

这项工作可以用石英晶体微天平(QCM)方便地实现。QCM 是一种可以探测纳克(ng)级质量变化的设备。其测量操作需要把一片镀金并连接恒电位仪和振荡器的石英晶体直接置于电池中(Naoi、Lien 和 Smyrl，1991)，这片晶体既是电池的工作电极，又是微天平的"秤盘"：高分子膜可以直接沉积到工作电极上并原位掺杂，期间的质量变化[Δm(ng)]可以通过观察石英晶体振动频率的移动[Δf(Hz)]来检测(Naoi 等，1991)。

例如，图 9.9 中展示了聚吡咯在聚合及随后的掺杂过程中质量随电池中通过的电量的变化，其电解液包含乙腈(CH_3CN)溶剂、吡咯单体和四丁基铵高氯酸盐($TBAClO_4$)支持电解质。

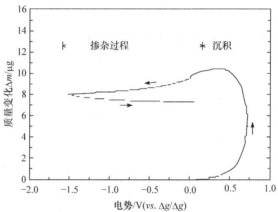

图 9.9 用 QCM 检测的聚吡咯在 $TBAClO_4$-CH_3CN 溶液中进行电沉积及随后的掺杂过程中的质量变化 (Naoi 等，1991)。

聚吡咯在 0.3 V(相对于 Ag/Ag^+参比电极)以上开始聚合，质量显著增加，反映了石英电极上膜的生长。随后电位在 0.3～−1.5 V 循环，促进了掺杂过程和伴随的聚吡咯薄膜的电荷注入(掺杂)与释放(去掺杂)。

9.9 电化学掺杂过程动力学

为了评判导电高分子在新型器件中用作电极材料的可能性，有必要研究掺杂过程的动力学。

如电化学领域所熟知的那样，电极动力学可以方便地通过循环伏安法(CV)和频率响应分析(交流阻抗)进行研究。下面，本章中提到过的各种高分子电极的动力学也会依据通过这两种实验技术得到的结果进行讨论。

9.9.1 聚乙炔电极的动力学

图 9.10 展示了$(CH)_x$薄膜在 $LiClO_4$-PC 电解液中的典型 CV 曲线。阳极(掺杂)扫描和

随后的阴极(去掺杂)扫描的伏安曲线都出现明确的峰，这证明如式(9.10)所提出的那样，聚乙炔的掺杂过程可以用电化学方式可逆地驱动。

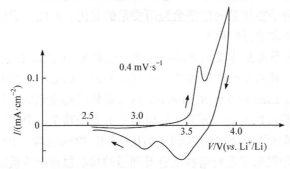

图 9.10　聚乙炔薄膜电极在 $LiClO_4$-PC 电解液中的循环伏安曲线，扫描速率为 $0.4\ mV \cdot s^{-1}$。

而且，单向扫描曲线都显示两个峰，表明在聚乙炔的基本结构中至少存在两个不同的可以发生掺杂过程的结构位点，这一点已被独立的结构研究工作所证实(Shacklette 等，1985)。此外，循环末期的拖尾表明这个过程的动力学是受扩散现象控制的。

如图 9.11 的示意图中所描绘的，我们可以认为图 9.10 的掺杂过程经由以下几个主要步骤进行：

(1) ClO_4^- 从 $LiClO_4$-PC 电解液的本体传输到电极表面。

(2) $(CH)_x$ 结构中失去电子，形成带正电的聚阳离子。

(3) ClO_4^- 扩散进入高分子基体。

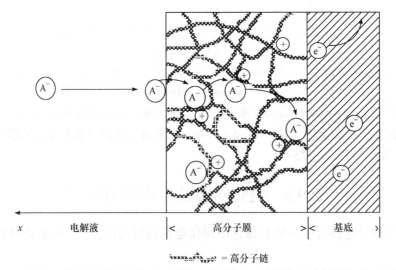

＝高分子链

图 9.11　高分子薄膜电极 p-型电化学掺杂过程示意图，其中需要电解质阴离子 A^- 的迁移。

由于高氯酸根离子及通常电解液体系的绝大部分阴离子在溶液中都可以快速移动，因此可以合理地认为整个动力学过程的决速步是离子在高分子纤丝中的扩散。这个结论已被实验证实。例如，实验测定(Will，1985)电解质反离子在聚乙炔本体中的扩散系数比在电解液中低 7 个数量级，即大约 $10^{-12}\ cm^2 \cdot s^{-1}$ 对 $10^{-5}\ cm^2 \cdot s^{-1}$。

这么慢的扩散极大地影响了聚乙炔电极可以承受的电流,再加上它的化学稳定性较差,使得聚乙炔的实际应用可能性相当有限。事实上,现在看来,20 世纪 70 年代后期推动的聚乙炔用作器件电极材料的研究热潮有点夸张(Nigrey、MacDiarmid 和 Heeger,1979)。但是,开发塑料状的电极材料这个想法在技术上一直是非常有吸引力的,所以毫不奇怪现在研究者对一些比聚乙炔具有更快响应和更高化学稳定性的其他高分子仍有极大的兴趣。

9.9.2 杂环高分子的动力学

目前相当一部分的研究兴趣集中在杂环高分子上,如聚吡咯、聚噻吩和它们的衍生物等。这些高分子的电化学掺杂过程动力学在非水电解液电池中有广泛的研究。

这些研究主要利用循环伏安法和频率响应分析作为实验研究工具。作为一个典型例子,图 9.12 展示了聚吡咯薄膜电极在 LiClO₄-PC 电解液中的 p-型掺杂过程的伏安曲线,其反应如式(9.16)所示。

这条典型的伏安曲线有两个重要特征:

(1) 氧化波和还原波的峰电位值非常接近,而且还原(去掺杂)波的积分电荷量 Q_{red} 也与氧化(掺杂)波的积分电荷量 Q_{ox} 接近。这表明聚吡咯电化学掺杂过程的可逆程度较高,显然比聚乙炔高很多(对比图 9.10)。

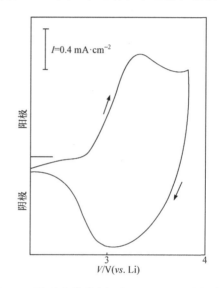

图 9.12　聚吡咯薄膜电极在 LiClO₄- PC 电解液中的 p-型掺杂(阳极)-去掺杂(阴极)过程的循环伏安曲线。基底为 Pt,Li 为参比电极,扫描速率为 50 mV · s⁻¹。

(2) 阳极波末尾可以观察到一个很大的非法拉第残余电流。这个效应可能与一个极限电容(C_L)相关。其值可以通过下式计算:

$$C_L = i / v \tag{9.33}$$

式中,i 为电流;v 为电位扫描速率。通常得到的 C_L 值为 10~20 mF · cm⁻² 量级(Panero、Prosperi、Passerini、Scrosati 和 Perlmutter,1989)。这么高的电容暂且可用电荷饱和模型解释,该模型认为当这一过程被推动到高掺杂度时,在高分子基体内会形成双电层。这一双电层由分子链表面和相距分子级距离的弱捕获离子组成(Mermillod、Tanguy 和 Petiot,1986;Tanguy、Mermillod 和 Hoclet,1987)。这一现象当然并不普遍,但是也表明这些聚合物电极的电化学掺杂过程机理还远没有完全厘清。

更多信息可以通过频率响应分析得到,这一技术已被证明在研究聚合物电极的动力学方面非常有价值。最初的工作表明聚合物电极的阻抗响应总体来说与插嵌电极(如 TiS₂ 和 WO₃ 等)类似(Ho、Raistrick 和 Huggins,1980;Naoi、Ueyama、Osaka 和 Smyrl,1990)。从某个角度讲这也是可以预期的,因为在聚合物电极和插嵌电极上发生的电化学氧化还原反应有点类似，它们都包含了离子在主体材料本体中的扩散。这意味着聚合物电极的阻抗响应也可以用插嵌电极常用的等效电路如 Randles 电路等来理解(图 9.13)。图 9.13 也展示了 Randles 电路在阻抗复平面(jZ''-Z')上的理想响应。

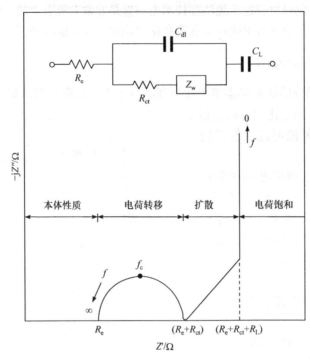

图 9.13　Randles 型电路(上)和它在阻抗平面的理想响应，f 为交流信号的频率。

该电路的组成部分和响应的不同频率极限区域可以反映电化学过程的特征。考虑图 9.11 中描绘的电化学掺杂模型(该模型对绝大部分聚合物电极的掺杂过程基本准确)，高频区域与电解质溶液的电阻 R_e 相关，离子必须穿过电解液到达电极表面。中频区域与电极表面的电荷转移有关(在这个例子中是指包括离子从溶液环境中进入固体基质的复杂过程)，其相关的弛豫效应在(-jZ''-Z')平面中表现为一个半圆，弛豫的时间常数是电荷转移电阻和双电层电容的乘积 $R_{ct}C_{dl}$。这两个参数可以分别从实轴 Z' 上的半圆直径和半圆最高点处的特征弛豫频率 f_c 得到(MacDonald，1987)。

低频端的阻抗是由扩散控制的。在复阻抗图中可以辨认出两个区域：一个相位角为 $\pi/4$ 的线性区域，它对应半无限扩散并由 Warburg 阻抗 Z_w 表示；另一个更低频率的线性区域，其相位角为 $\pi/2$。考虑到离子在溶液中的扩散比在固体聚合物基质中快得多，可以认为传质过程是由离子在固体中的传输决定的。相位角为 $\pi/2$ 的极低频区域与纯电容响应相关。该条件下的扩散过程逐渐被聚合物主体中的电荷累积所限制，最终达到一个极限电容(C_L)，这在之前循环伏安曲线的讨论中已经涉及过，C_L 值可以按下式计算：

$$C_L = L^2/3DR_L \tag{9.34}$$

式中，L 为聚合物电极的厚度；D 为电解质反离子通过固体聚合物主体的扩散系数；R_L 为可以从实轴截距确定的极限电阻。

可以预见到，实际测量得到的阻抗响应与图9.13的模型并不完全一致。但是在如图9.14所示的一个典型例子中可以看到，5%(摩尔分数)高氯酸根掺杂的聚吡咯电极在LiClO₄-PC溶液中的阻抗响应(Panero 等，1989)，其总体趋势与理想的模型相当接近，我们可以通过模型和拟合程序确定相关的动力学参数，如电荷转移阻抗、双电层电容和扩散系数等。

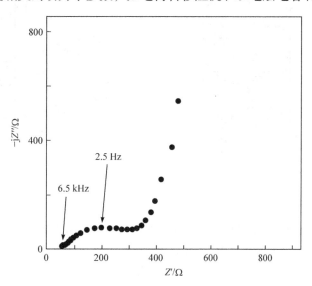

图 9.14 　高氯酸根掺杂的聚吡咯电极在 0.006 Hz 到 6.5 kHz 频率范围内的交流阻抗响应。

特别是基于在极低频区域的分析，可以通过极限电阻 R_L 计算得到极限电容 C_L。实例中有得到 $20\,mF \cdot cm^{-2}$ 左右的数值(Panero 等，1989)，与循环伏安法测得的值在同一数量级，也就意味着电荷饱和模型是成立的。

进一步看，根据式(9.34)，ClO_4^- 在聚吡咯中的扩散系数可以估算为 $1.3 \times 10^{-9}\,cm^2 \cdot s^{-1}$ (Panero 等，1989)。这一数值比 ClO_4^- 在聚乙炔中的扩散系数大 3 个数量级，证明聚吡咯和其他杂环高分子的掺杂过程动力学快于聚乙炔。但是 $10^{-9}\,cm^2 \cdot s^{-1}$ 量级的扩散系数仍然是一个相对较低的数值，因此杂环高分子电极的总体电化学过程速率最终可能依然是扩散控制的。因此，要想在实际器件中成功应用这些电极材料，则需要对其结构进行一些修饰以提升其中的离子扩散。

9.10 　提升聚合物电极中的扩散过程的方法

基于石英晶体微天平测量(Kaufman、Kanazawa 和 Street，1979；Naoi 等，1991)和二次离子质谱研究(Chao、Baudoin、Costa 和 Lang，1987)的实验证据表明高分子(如聚吡咯)的掺杂和去掺杂过程并不像式(9.16)显示的那么简单：只包含阴离子(如 ClO_4^-)在掺杂(氧化)过程中进入高分子，在去掺杂(还原)过程中离开高分子。实际上，虽然掺杂过程可能主要与阴离子扩散有关，但是去掺杂过程可能有多种离子迁移参与其中，形成阴阳离子对，并包含离子对与过量阴离子的释放。

在合成过程中，阴离子(如 ClO_4^-)并不是唯一扩散的物种：阳离子(如 Li^+)也有可能进入高分子膜[见图 9.15(a)]。

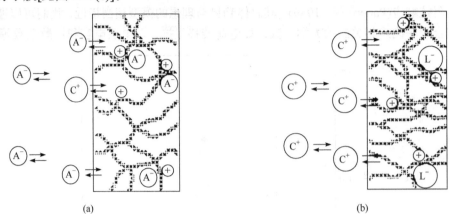

= 高分子链

图 9.15 聚合物电极在氧化还原过程中的离子嵌入模型示意图，其中的聚合物电极分别是在有小阴离子[情况(a)]和大阴离子[情况(b)]存在时进行电化学聚合得到的，A^- 为电解质阴离子；C^+ 为电解质阳离子；L^- 为大阴离子。

可以预料掺杂过程的动力学取决于反离子的性质，特别是反离子的大小会影响它在聚合物主体中的迁移率，因此可以通过挑选电沉积过程中支持电解质的性质来调控扩散动力学。

例如，应用聚苯乙烯磺酸钠 NaPSS(Naoi 等，1991)或十二烷基磺酸钠 NaDS 等含有大阴离子的支持电解质，可以促进聚合物膜的生长。因为这些大体积的阴离子较难从聚合物结构中移除，所以掺杂过程中的电荷补偿会倾向于以吸纳电解质阳离子而不是以释放结构中的阴离子的方式实现[见图 9.15(b)]。由于阳离子的扩散普遍快于阴离子，以阳离子传输为主的掺杂过程最终可以提高整个电化学过程的动力学，这在 PSS 和 DS 修饰的聚吡咯电极中已经被实验所证实(Naoi 等，1991；De Paoli、Panero、Prosperi 和 Scrosati，1990)。

9.11 聚合物电极的应用

尽管共轭高分子可以进行 n-型或 p-型掺杂，也就是从原理上说，既可以作为正极也可以作为负极，但是在大部分应用中都仅限于 p-型掺杂，用作正极。导电高分子已经被提出来并试用于多种先进电化学器件中。受篇幅所限，这里我们仅关注最有代表性的例子，即可充电锂电池和多色光学显示器。

9.12 可充电锂电池

很多工业界和学术界的实验室研究了掺杂高分子作为可充电锂电池正极的应用。一

个常见的例子就是由金属锂负极、有机电解液(如 LiClO$_4$-PC 溶液)和聚吡咯薄膜正极组成的电池:

$$Li/LiClO_4\text{-}PC/(C_4H_3N)_x \tag{9.35}$$

其电化学过程为

$$(C_4H_3N)_x + (xy)LiClO_4 \underset{\text{放电}}{\overset{\text{充电}}{\rightleftharpoons}} \left[(C_4H_3N^{y+})(ClO_4^-)_y\right]_x + (xy)Li \tag{9.36}$$

充电过程意味着正极高分子发生氧化,同时来自电解液的 ClO_4^- 插入正极高分子,而锂在负极发生沉积。放电过程中,电活性的正极材料释放阴离子,同时锂离子从金属锂负极中脱出,使电解液中的电解质恢复到初始浓度。因此,电解质盐参与电化学过程的程度是由掺杂度 y 确定的。

y 与通过的电量成正比,因此也与电池的容量(以安培小时计,A·h)直接相关。简言之,我们可以这样描述这个可充电电池:充电时外界提供能量对聚合物电极进行电化学活化,将掺杂度提升到 y;放电时去掺杂过程释放能量,这样的循环可以多次重复。

20 世纪 80 年代,多家实验室研究了锂/聚吡咯电池的原型样品,有些低倍率、小尺寸的电池在欧洲(Munstedt 等,1987)和日本(Sakai 等,1986)的工业实验室中已经达到相当先进的研发阶段。

但是聚吡咯和其他杂环高分子的一些基本问题,包括缓慢的动力学、自放电以及较低的能量含量等限制了它们的性能和广泛应用。

9.12.1 充放电速率

虽然反离子在聚吡咯中的扩散速率比在聚乙炔中快得多,但实际上这一扩散速率仍然很低,因而严重影响了锂/聚合物电池的充放电过程的电化学倍率。事实上,这些电池的输出电流通常只有几 mA·cm^{-2}。如果用大尺寸离子修饰的聚合物电极替换"标准"聚合物电极,那么其离子快速扩散的特征(见 9.5 节和图 9.15)就有可能提升电极动力学和电池的倍率。

有实验证据表明使用这类"修饰的"聚合物电极可以有效改善电池的性能。图 9.16 比较了以标准聚吡咯电极[以 pPy(ClO$_4$)表示]和大阴离子盐十二烷基磺酸钠存在下合成的聚吡咯电极[以 pPy(DS)表示]作为正极材料的锂电池的表现。电池在 LiClO$_4$-PC 电解液中的容量(以理论容量的百分比计算,理论容量按最高 33% 掺杂度计算)循环曲线清楚地表明 pPy(DS)容量更高,循环稳定性更好(Scrosati,1989)。

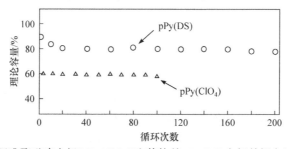

图 9.16 使用标准聚吡咯电极[pPy(ClO$_4$)]和修饰的 pPy(DS)电极的锂电池的循环行为。

9.12.2 自放电

聚合物电池另一个需要解决的问题是聚合物电极在常见电解液中的自放电现象。大部分聚合物电极在有机电解液中较难保持电荷。原位光谱测量(Scrosati 等，1989)显示去掺杂过程会自发发生。图 9.17 中的典型例子是掺杂聚吡咯与电解液接触后吸光度的变化。

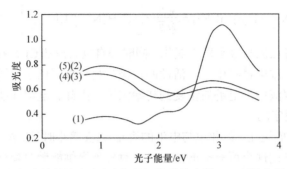

图 9.17　与 $LiClO_4$-PC 电解液接触的聚吡咯电极的原位吸收光谱：(1)低掺杂样品；(2)高度掺杂的样品刚充电后；(3)储存 5.5 h 后；(4)储存 17 h 后；(5)电化学再生(Scrosati，1989)。

自放电现象在光谱中表现为掺杂态特征的低能谱带强度持续降低，而未掺杂态的特征峰不断增强。这些现象较难解释，但是一个重要的事实是这种自发的去掺杂过程并不引起不可逆的电极破坏，电极总是可以用电化学方法再生到最初的掺杂状态[见图 9.17 谱线(5)]。另一个看似合理的假设是聚合物电极的去掺杂(还原)过程必然伴随着一个同时发生的氧化反应。这个氧化反应的性质现在还不清楚，合理的假说包括电解质的参与伴随溶剂和/或杂质的氧化。因此，电解液的适当选择对于保证聚合物电极的电化学稳定性和锂/聚合物电池的存放寿命来说是至关重要的。

9.12.3 能量容量

锂/聚合物电池的**容量**(以 A·h 计)取决于可循环的电荷量，即充放电过程中掺杂度 y 的变化。而电池的**能量容量**(以 W·h 计)则取决于容量和**平均放电电压**(以 V 计)。如果将这一参数与电池的**重量**或**体积**相关联，就可以给出系统的**比能量**(以 W·h·kg^{-1} 计)或能量密度(以 W·h·cm^{-3} 计)。

大部分聚合物电极并不能掺杂到很高的程度。例如，聚吡咯最多只能掺杂到 33%左右。这个固有的局限，再加上锂/聚合物电池需要加过量的电解液才能保证充电末期的低内阻，使得聚合物电池只能达到中等的比能量和能量密度。

9.12.4 锂/聚合物电池未来展望

上述所有因素，包括缓慢的动力学、自放电和低能量容量，综合起来限制了聚合物电池的应用范围。实际上，这类电池看上去最适合用于针对微电子市场的小尺寸、低倍率的原型电池。但是这项技术还处于非常早期的阶段，未来有实质性提高的空间。希望聚合物电池在性能和成本上发展到可以取代常见的干电池和镍镉电池的阶段。那将会是一个重大的成就，不仅从技术进步的角度，而且因为它可以减少废弃的干电池和镍镉电池造成的重金属环境污染。

9.13 光学显示器

掺杂导致的能带结构演变不仅改变电导率，而且还带来光学吸收的变化(图 9.8)，所以导电高分子还可以用于**电致变色显示器**，这是一种有明显色彩转变的光学器件。图 9.18 展示了一个电致变色显示器的结构示意图。

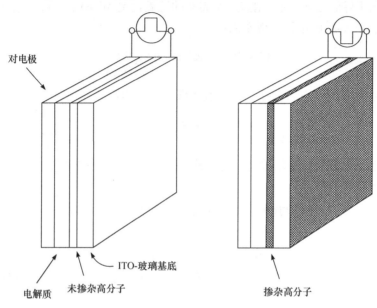

图 9.18　电致变色显示器的结构示意图。

当施加一个阳极脉冲时，聚合物呈现掺杂状态的颜色，而当电压转换为相反的阴极脉冲时，聚合物呈现中性状态的颜色。电致变色显示器(ECDs)与液晶显示器(LCDs)等非发射型光学开关器件相比有一些优势。最重要的如毫无限制的视角、构筑成大尺寸器件的可能性及光学记忆效应，即可以将颜色拓展到较宽的窗口并且当驱动电压脉冲结束后显示器颜色仍然不变。

ECDs 在漫反射模式下工作。为了实现它的功能，基本要求有：①沉积在透明导电基底[镀有铟锡氧化物(ITO)的玻璃就可以]上的电致变色主电极(如聚合物电极等)；②高电导电解液可以有效传输参与高分子掺杂过程的反离子 X^-；③可以提供电化学平衡的对电极。

在图 9.18 的示例中，主电极可以是沉积在 ITO 玻璃上的聚甲基噻吩($[C_5H_4S]_x$)薄膜，电解液可以用通常的 $LiClO_4$-PC 溶液，对电极可以用金属锂(Li)，得到如下结构：

$$Li/LiClO_4\text{-}PC/[C_5H_4S]_x, ITO, 玻璃 \tag{9.37}$$

基本上，电致变色显示器就是一个会变色的电池。其电化学过程如下：

$$\left(C_5H_4S\right)_x + (xy)LiClO_4 \underset{去掺杂}{\overset{掺杂}{\rightleftharpoons}} \left[\left(C_5H_4S^{y+}\right)\left(ClO_4^-\right)_y\right]_x + (xy)Li \tag{9.38}$$

(红色) .... (蓝色)

事实上也的确伴随着尖锐的色彩变化，因而可以以之为基础发展光学器件。

近来也有更多兴趣在研究一种常称为**电致变色(智能)窗**(EWs)的光学器件，即可以用电化学方式调节光的透射或反射的 ECDs。ECDs 和 EWs 之间的基本区别是后者整个系统都在光路上，因此要求电解液必须是透明的，而对电极或者是光学非活性的(氧化态和还原态都无色)，或者可以是电致变色的，但其变色模式与主电致变色电极互补(如果主电致变色电极在阴极侧显色，则对电极必须在阳极侧显色，反之亦然)。

一个前景很好的 EW 例子用到众所周知的三氧化钨(WO_3)主电致变色电极，它通过如下的锂离子嵌入-脱出过程实现变色：

$$x\text{Li} + \text{WO}_3 + xe^- \rightleftharpoons \text{Li}_x\text{WO}_3 \tag{9.39}$$
$$\text{(浅黄色)} \qquad\qquad \text{(深蓝色)}$$

和聚苯胺对电极 PANI，$[C_6H_5N]_x$，在高氯酸根存在下的掺杂过程如下：

$$\left(C_6H_5N\right)_x + (xy)\text{ClO}_4^- \rightleftharpoons \left[\left(C_6H_5N^{y+}\right)\left(\text{ClO}_4\right)_y^-\right]_x \tag{9.40}$$
$$\text{(浅黄色)} \qquad\qquad\qquad \text{(绿色)}$$

此处的色彩变化恰是与三氧化钨的变色互补。因此，将这两种电极在 $LiClO_4$-PC 电解液中组合可以得到智能窗：

$$\text{玻璃/ITO/WO}_3\text{/LiClO}_4\text{-PC/}[C_6H_5N]_x\text{/ITO/玻璃} \tag{9.41}$$

当外加一个电压脉冲时，锂离子嵌入 WO_3 中使其变为深蓝色构型，聚苯胺同时被高氯酸根掺杂而变为绿色构型，因此智能窗处于全反射条件；转换外加电压脉冲的极性，两个电极都恢复到它们原本的浅黄色构型而使智能窗处于全透明状态，这样的循环可以重复很多次。

高分子显示器未来展望：

ECDs 和 EWs 的一个不足之处是它们的响应时间相对较慢，通常在几秒钟左右。这使得 ECDs 在一些快速器件(如电子手表等)的应用中与 LCDs 相比没有竞争力。但是，如果有些应用方向是以光学方式展示信息或能源控制而需要实现大尺寸的面板，那么响应时间与颜色对比度或光学记忆效应相比成为次级重要的指标。因此，在显示技术的这些领域中 ECDs 会有显著的甚至是独一无二的作用。可以预计在不远的将来，ECDs 能在汽车后视镜和节能窗等一些重要器件中获得广泛应用。

致　谢

感谢我的同事和研究生非常有价值的实验工作和在撰写本章时有帮助的讨论。特别地，我在此感谢 Patrizia Morghen, Stefania Panero, Paola Prosperi 和 Daniela Zane。

参 考 文 献

Bredas, J. L. and Street, G. B. (1985) *Acc. Chem. Res.*, **18**, 309.

Chao, F., Baudoin, J. L., Costa, M. and Lang, P. (1987) *Makromol. Chem. Makromol. Symp.*, **8**, 173.

Chiang, C. K., Park, Y. W., Heeger, A. J., Shirakawa, H., Louis, E. J. and MacDiarmid, A. G. (1978) *J. Chem. Phys.*, **69 (11)**, 5098.

Danieli, R., Taliani, C., Zamboni, R., Giro, G., Biserni, M., Mastragostinio, M. and Testoni, A. (1985) *Synth. Met.*, **13**, 325.

De Paoli, M., Panero, S., Prosperi, P. and Scrosati, B. (1990) *Electrochim. Acta*, **55**, 1145.

Ho, C., Raistrick, I. D. and Huggins, R. A. (1980) *J. Electrochem. Soc.*, **127**, 343.

Kanatzidis, M. G. (1990) *Chem. & Eng. News*, **68 (49)**, 36.

Kaufman, J. H., Kanazawa, K. K. and Street, G. B. (1979) *Phys. Rev. Letters*, **53 (26)**, 2461.

Lugli, G., Pedretti, U. and Perego, G. (1985) *J. Polym. Sci. Polym. Lett. Ed.*, **23**, 129.

MacDiarmid, A. G. and Maxfield, M. R. (1987) *Organic Polymers as electroactive materials*, in 'Electrochemical Science and Technology of Polymers', Ed. Linford, R. G., Elsevier Applied Science, London, 67.

MacDonald, J. R. (1987) *Impedance Spectroscopy*, John Wiley, London.

Mermillod, N., Tanguy, J. and Petiot, F. (1986) *J. Electrochem. Soc.*, **133**, 1073.

Munstedt, H., Kohler, G., Mohwald, H., Neagle, D., Bittin, R., Ely, G. and Meissner, E. (1987) *Synth. Metals*, **18**, 259.

Naoi, K., Ueyama, K., Osaka, T. and Smyrl, W. H. (1990) *J. Electrochem. Soc.*, **137**, 494.

Naoi, K., Lien, M. and Smyrl, W. H. (1991) *J. Electrochem. Soc.*, **138**, 440.

Nigrey, P. J., MacDiarmid, A. G. and Heeger, A. J. (1979) *J. Chem. Soc. Chem. Comm.*, 594.

Panero, S., Prosperi, P., Passerini, S., Scrosati, B. and Perlmutter, D. D. (1989) *J. Electrochem. Soc.*, 136, 3729.

Sakai, T., Furukawa, N., Nishio, K., Suzuki, T., Hasegawa, K. and Ando, O. (1986) *The 27th Battery Symposium in Japan*, Nov. 25-27, 189.

Scrosati, B., Panero, S., Prosperi, P., Corradini, A. and Mastragostino, M. (1987) *J. Power Sources*, **19**, 27.

Scrosati, B. (1988) *Progress Solid State Chem.*, **18**, 1.

Scrosati, B. (1989) *J. Electrochem. Soc.*, **136**, 2774.

Shacklette, L. W., Toth, J. E., Murthy, N. S. and Baugham, R. H. (1985) *J. Electrochem. Soc.*, **132**, 1529.

Shirikawa, H., and Ikeda, S. (1971) *Polymer J.*, **2**, 231.

Shirikawa, H., Ito, T. and Ikeda, S. (1978) *Makromol. Chemie*, **179**, 1565.

Skotheim, T. A. Ed. (1986) *Handbook of Conducting Polymers*, Vol. 1&2, Marcel Dekker Inc., New York.

Tanguy, J. Mermillod, N. and Hoclet, M. (1987) *J. Electrochem. Soc.*, **134**, 795.

Will, F. G. (1985) *J. Electrochem. Soc.*, **132**, 2093, 2351.

10 界面电化学

——R. D. Armstrong 和 M. Todd
泰恩河畔纽卡斯尔大学化学系

本章将从理论和实验两方面讨论以下几类界面：

(1) 金属/聚合物电解质界面，如 Li/PEO-LiCF$_3$SO$_3$ 或 Pt/PEO-LiCF$_3$SO$_3$。

(2) 金属/晶态离子导电固体界面，如 Ag/Ag$_4$RbI$_5$ 或 C/Ag$_4$RbI$_5$。

(3) 水系盐溶液/聚合物电解质界面，如 AsPh$_4$Cl-H$_2$O/AsPh$_4$BPh$_4$-PVC 或 KCl-H$_2$O/AsPh$_4$BPh$_4$-PVC。

(4) 聚合物电解质/电子离子混合导电固体界面，如 PEO-LiCF$_3$SO$_3$/Li$_x$V$_6$O$_{13}$。

(5) 固体电解质/固体电解质界面，如 Ag$_4$RbI$_5$/Ag-β-Al$_2$O$_3$。

我们不打算在这里综述固态体系的界面电化学文献，而是聚焦在讨论适合不同体系的理论模型。大部分模型和公式都是基于先前的水系电化学体系研究成果发展起来的。不过我们并没有假设读者都了解水系电化学领域的知识。值得一提的是，将一种情况的模型直接转换到另一种情况的模型非常困难，特别是水系电化学通常还会用到支持电解质。

为了方便介绍，本章对所讨论的电解质性质做一些简化假设。例如，Ag$_4$RbI$_5$ 将假设为没有电子导电性，且只有 Ag$^+$ 可移动的离子导体。同样地，Na-β-Al$_2$O$_3$ 将假设为只有 Na$^+$ 可在其中移动的物质。我们做的另一类简化假设是，两相界面形成时通常不产生第三相，例如在两个体相之间不存在一层氧化物膜。同样，在特定固体(如晶界材料)中出现不止一种相时所引起的复杂情况也将被忽略。本章的最后将讨论这些简化假设不适用时所产生的差异。

区分**非阻塞**界面和**阻塞**界面的不同非常重要。一旦两个体相界面发生接触，非阻塞界面的带电物种趋向于平衡，而阻塞界面的带电物种不会立即平衡。例如，Ag/Ag$_4$RbI$_5$ 的界面就是非阻塞界面，在此界面上 Ag$^+$ 趋向于在 Ag 和 Ag$_4$RbI$_5$ 之间达到平衡。

事实上，当两相之间存在电势差 $\Delta\phi_e$ 时，两相之间将建立平衡，使得界面之间没有净电流通过，此时 Ag$^+$ 从金属转移到电解质的速率被相反方向上的转移速率完全抵消(图 10.1)。

平衡状态下通过界面的离子通量通常用交换电流(i_0)表示，单位为 A$\cdot$cm^{-2}。如果在界面施加偏离平衡电势差 $\Delta\phi_e$ 的电压，则界面将有 Ag$^+$ 的净电流流过(图 10.2)。

我们可以将这个界面与 C/Ag$_4$RbI$_5$ 界面进行对比：在 C/Ag$_4$RbI$_5$ 界面上，体相接触时没有带电物种发生平衡。当界面电势差达到 0.7 V 时，碳与电解质表面各带有等量且电性相反的电荷，两者互相抵消，随后界面建立静电平衡。在这种情况下，该界面是阻塞界

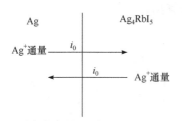

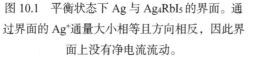

图 10.1 平衡状态下 Ag 与 Ag₄RbI₅ 的界面。通过界面的 Ag^+ 通量大小相等且方向相反，因此界面上没有净电流流动。

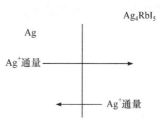

图 10.2 电势差偏离平衡电势后 Ag 与 Ag₄RbI₅ 的界面(过电位为正)。来自金属的 Ag^+ 通量超过了来自电解液的 Ag^+ 通量，从而产生净电流。

面，即没有稳态电流流动。然而，如果对碳施加足够的负电势，电荷将穿过界面，使得 Ag 金属在碳上沉积：

$$e^- + Ag^+ \rightleftharpoons Ag$$

如果对碳施加足够的正电势，则会发生不同的电极反应：

$$2I^- \rightleftharpoons I_2 + 2e^-$$

这个例子证明了阻塞电极所具有的普遍特性，即只有界面电势差不超过正、负极值电压时，它才起阻塞作用。值得注意的是，当非阻塞界面的交换电流非常低时(如低于 $10^{-10} A \cdot cm^{-2}$)，它将表现得像一个阻塞界面，因此这两种界面的区别并不像乍看时的明显。

电测量是研究界面最常用的方法，不过本章无法对它们作全面的论述。如果读者想要了解更多，可以参考以下文献：Bruce(1987)，MacDonald (1987)，Armstrong 和 Archer (1980)。

对界面进行电学测量通常包括改变两个不同相中两点之间的电势差，一般涉及以下三种方法中的一种：

(1) 电势差在两个固定值之间快速变化，同时记录电流随时间的变化。借助恒电位仪，电压变化的时间间隔可能短到几微秒。对于阻塞界面，电势变化前后都不会有电流流过。然而，当电势改变时，将有可测量的电荷量 $|\Delta q|$ 被注入界面。对于非阻塞界面，初始电位通常为平衡电位，即在这种情况下初始电流为零。

(2) 电势差随时间做线性变化(电位扫描)，并记录电流随时间的变化。

(3) 电势差随时间做正弦变化，振幅小于 10 mV[$\Delta E = \Delta E_0 \sin(\omega t)$]。在这种情况下，电流响应也是正弦形式，但通常与施加电势存在相位差 θ，即 $\Delta i = \Delta i_0 \sin(\omega t + \theta)$。这个响应可用阻抗($\mathbf{Z}$)表示，它是矢量，其大小为电势振幅与电流的比值，即 $|\mathbf{Z}| = \Delta E_0 / \Delta i_0$，而矢量 $\mathbf{Z}$ 的两个分量为 $Z' = |\mathbf{Z}|\cos\theta$ 和 $Z'' = |\mathbf{Z}|\sin\theta$。在复平面中将 Z'' 对 Z' 作图可得复数阻抗图，图中的系列 Z 值对应一定的频率范围。当界面的电学行为等效于电容(C_{dl})时，则 $Z = 1/j\omega C_{dl}$，其中 $j = \sqrt{-1}$，这种情况通常出现在阻塞界面。此时，阻抗平面在 Z'' 轴上，从原点开始以 $1/\omega C_{dl}$ 为间隔出现一系列的点(图 10.3)。

通常，非阻塞界面的电学行为等效于一个电阻(R_{ct})和一个电容(C_{dl})并联，一般会在阻抗平面上形成一个高频端在原点、低频端在 $Z' = R_{ct}$ 处的半圆(图 10.4)。若半圆最大值

处的角频率为 ω_{max}，则 $R_{ct}C_{dl}\omega_{max}=1$，由此可以计算出 C_{dl}。

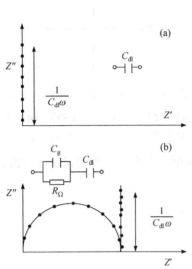

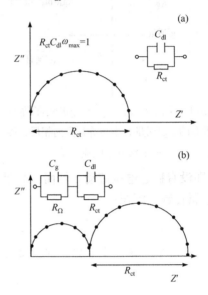

图 10.3　阻抗图：(a) 阻塞界面；(b) 考虑本体
阻抗时的阻塞界面。

图 10.4　非阻塞界面的阻抗图：(a) 忽略体相效
应；(b) 考虑体相效应。如果扩散效应非常显
著，则相应的阻抗图也有所不同。

　　遗憾的是，仅通过单独一个界面改变电势通常是不可能的，因为电势的变化总是发生在两个体相的两点之间。这意味着我们测到的电响应总是包括界面**和**部分体相。在大多数情况下，若其中一个体相是金属，则电响应的主要体相贡献来自非金属相，且该体相阻抗与界面响应阻抗串联。例如，如果界面阻抗表现为 R_{ct} 与 C_{dl} 并联，实验测量结果将包含额外的 R_Ω 与 C_g 并联响应，其中 R_Ω 和 C_g 分别为体相贡献的电子电阻和(几何)电容(图 10.3 和图 10.4)。

　　当金属电极与**至少含有两种**可移动电荷载流子的非金属相接触时，就会形成非阻塞界面，如 Li/PEO-LiCF$_3$SO$_3$，因为载流子在界面扩散较慢，界面多了一个与 R_{ct} 串联的 Warburg 阻抗。Warburg 阻抗一般用符号 W 表示，且满足 $Z' = Z'' = A_W / \omega^{1/2}$，其中 A_W 称为 Warburg 系数。它的实际意义是某种物质在电极表面的浓度与其通过界面的通量存在 45° 的相位差。

10.1　阻塞界面的双电层

　　对导电材料间的界面带电层的结构研究始于(理想化的)阻塞界面。如上所述，在两相形成的阻塞界面上，通常一个相上带有电量 q (C·cm^{-2})，另一相上带有电量 $-q$，两者完全抵消。在某些体系中，q 值介于 $+10\ \mu C \cdot cm^{-2}$ 和 $-10\ \mu C \cdot cm^{-2}$ 之间。q 的极值点取决于电荷开始以电流的形式穿过界面并引起电化学反应的电荷量。这些电荷连同在界面上存在的任何偶极层，形成了两相界面的电势差 $\Delta\phi$。表面电荷 q 会发生升高或降低的变化，

继而引起 $\Delta\phi$ 发生系统性的改变。因此，可根据下面的关系式定义界面微分容量：

$$C_{dl} = dq / d\Delta\phi \tag{10.1}$$

如果 $C_{dl} = 10\ \mu F \cdot cm^{-2}$，则当 q 变化 $1\ \mu C \cdot cm^{-2}$ 时将导致 $\Delta\phi$ 变化 0.1 V。由于 q 和 $\Delta\phi$ 之间的关系通常不是线性的，因此有必要使用微分容量的概念。双电层电容(C_{dl})值可以直接测量，而 q 和 $\Delta\phi$ 的绝对值无法直接测量，只能测定后两者的变化，在某些特殊情况下(如 $q = 0$)其值可以通过推理得到。需要注意的是，在两条金属线之间测量得到的电势(E)与界面电势差 $\Delta\phi$ 之间没有直接关系。一般来说，C_{dl} 是这样确定的：当(假定的)阻塞电极在较低交流频率下的等效电路为纯电容，或者等效电路为电阻(本体电解质的电阻)和电容串联时，则认为所测量的电容为 C_{dl}。因为在实验上很难在更低的频率下进行可靠的测量，所以实际使用的最低频率大约是 $10^{-2}\ Hz$。如果低频阻抗不是纯电容性的(或者表现为电阻和电容串联)，这可能是由于：①该界面不是一个真正的阻塞界面；或②界面太粗糙，不能作为纯电容。

离子导体表面的电荷起因于阴、阳离子数量的局部失衡。例如，如果 Na-β-Al$_2$O$_3$ 表面带正电荷，则意味着其电解质表面的 Na$^+$ 数量超出其维持电中性所需的 Na$^+$ 数量，反之亦然。而对于金属表面，通常认为其表面电荷(电子过剩或不足)集中在距离表面 10 pm 之内。

关于表面电荷的下一个问题可以通过举例说明，如过量的钠离子是否与邻近相(如 Au)的原子相接触，或者过量的 Na$^+$ 是否会在电解质的本体中分布一定深度。有两个理由可以解释为什么多余的电荷在体相中的分布会超出体相的第一原子层。一是在界面上一个离子半径内可能没有足够的空位来容纳所有的多余电荷，在这种情况下，一些电荷将出现在距离表面一个离子半径以外的本体区域。当然，这种情况不太可能经常发生。相对而言，第二种情况可能更经常发生，就是体系的热扰动可能使得过量电荷在平均时间基础上分布到离子导体本体中相当远的距离内(许多离子半径)。关于两相间电荷的静电吸引(使电荷尽可能地接近表面)和热运动(使电荷向本体中扩散)之间的平衡问题，Gouy 和 Chapman(各自独立地)建立了一套理论。该理论中最重要的参数是 Debye 长度(r_D)。电荷是否分布到本体中取决于 r_D 相对于离子半径的量级。只有当 r_D 远大于离子半径时电荷才会扩散到固体的本体中。当可移动电荷的浓度较低时，这套理论解释是成立的。定量计算如下：

$$r_D^2 = \varepsilon_0 \varepsilon_r RT / 2F^2 I \tag{10.2a}$$

式中，I 为离子强度，定义为

$$I = \frac{1}{2}\sum_i c_i z_i^2 \tag{10.2b}$$

c_i 为第 i 个电荷的浓度；$z_i e$ 为它的电荷和所有**可移动**电荷的总和；ε_0 为真空电容率；ε_r 为相对电容率或介电常数；F 为 Faraday 常量；R 为摩尔气体常量；T 为温度。在 Na-β-Al$_2$O$_3$ 中，式(10.2b)的求和只包含 Na$^+$，而式(10.2a)的计算只对 Na$^+$ 传导平面方向有意义，因为垂直于传导平面的 r_D 是无穷大的。对于 Na-β-Al$_2$O$_3$ 和 Ag$_4$RbI$_5$，Debye 长度的计算值比可移动离子的尺寸小得多。例如，Ag$_4$RbI$_5$ 的 $r_D = 2.5 \times 10^{-11}$ m，而 Ag$^+$ 的离子半径为 12.6×10^{-11} m。这说明，只要这些材料中有足够的空位，多余的电荷就会限域在第一原子层。

当与金属相接触时，就会产生界面的 Helmholtz(亥姆霍兹)模型(图 10.5)。界面 Helmholtz 模型预测双电层电容(C_{dl})的值为

$$C_{dl} = \varepsilon_0 \varepsilon_r A / a_0 \tag{10.3}$$

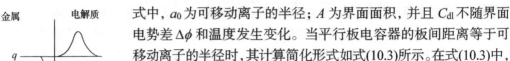

式中，a_0 为可移动离子的半径；A 为界面面积，并且 C_{dl} 不随界面电势差 $\Delta\phi$ 和温度发生变化。当平行板电容器的板间距离等于可移动离子的半径时，其计算简化形式如式(10.3)所示。在式(10.3)中，$\varepsilon_0 = 8.85 \times 10^{-12}$ F·m^{-1}(常量)，如果 $A = 10^{-4}$ m^2，$a_0 = 1 \times 10^{-10}$ m，$\varepsilon_r = 2$，则 $C_{dl} = 17.7$ μF·cm^{-2}。因为在原子尺度上不可能有转动偶极子的贡献，所以将有效介电常数(ε_r)值取为 2 是合理的。

图 10.5 金属与电解质界面的 Helmholtz 模型。金属带有一个负电荷(过量的电子)，这个负电荷被过量的可移动阳离子平衡，这些阳离子的中心距离表面一个原子半径。

金属/电解质界面的 Helmholtz 模型似乎也适用于 Au/Na-β-Al$_2$O$_3$ 这样的界面。例如，该界面的界面电势变化可达 8 V，且不会出现明显的连续电流流动。当超出这个电势范围时，C_{dl} 的测量值也仅发生 20%的变化(图 10.6)(Armstrong、Burnham 和 Willis，1976)。此外，还需要注意：

(1) 在 100~300 K 范围内，C_{dl} 值与温度只有微弱的依赖关系，这可从式(10.3)得出(Armstrong 和 Archer，1978)。

(2) Na-β-Al$_2$O$_3$ 单晶的 C_{dl} 值(接近 0.4 μF·cm^{-2})比式(10.3)的估算值(10~20 μF·cm^{-2})小。

这可能表明，对于金属的第一离子半径距离内的空位，不是所有的表面变化都能被拟合解释。它还可能说明，如果从任意原子尺度观察，那么在任何固/固接触中，其真实的接触面积比几何接触面积小得多。

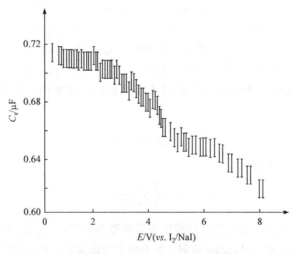

图 10.6 Au/Na-β-Al$_2$O$_3$ 界面 C_{dl} 与界面电势的函数关系，电极面积为 1.7 cm^2。

Helmholtz 模型在很多方面都适用，但特性吸附是特例。如果其中一种可移动物种与金属电极之间发生了某种程度的化学键合而非简单的静电吸引，那么 C_{dl} 可能会表现出对直流偏压的依赖性。实际上，这也是判断特性吸附的常用方法。这种情况下的另一种可

能性是 C_{dl} 表现出不同的高频和低频限制，因为在高频时，被激活的特性吸附过程太慢，不能跟上界面电势的变化。此外，在实际体系中经常出现的另一种复杂情况是金属电极表面存在氧化物层。这样的氧化物层可以产生一个与电势不相关的电容，其电容值往往比真实的 Helmholtz 双电层电容值小几个数量级。

使用诸如 Au/Na-β-Al$_2$O$_3$/Au 的两电极电池测量 C_{dl} 值时，需要界面上的表面电荷保持不变。因此，需要默认制备的电池刚好带有电荷量 q，这样才能保证测试的是**两个相同**界面的属性。然而，如果测量的是诸如 C/Ag$_4$RbI$_5$/Ag 的电池，C 和 Ag 电极之间的电势 (E)能够通过实验改变。而由于 Ag/Ag$_4$RbI$_5$ 界面的电势是固定的，因此任何 E 的改变(ΔE)都将引起 C/Ag$_4$RbI$_5$ 界面上 $\Delta\phi$ 的变化($\Delta E = \Delta\phi_1 - \Delta\phi_2$)。通过这种方法，可以系统地调节阻塞界面上的电势差和电荷量 q。需要再强调一遍的是，单个界面上的电势差无法测量，虽然这个电势差的大小可以在已知的范围内变化。不对称两电极电池的阻抗测量通常必须确保其中一个界面的阻抗比另一个的小得多，以便测量的阻抗可以归因于某一个特定的界面。当其中包含一个阻塞界面和一个非阻塞界面时，通常非阻塞界面具有更小的阻抗。单一阻塞界面的阻抗也可以通过使用包含参比电极的三电极电池来测量，这将在下一节讲述。

对于诸如 Pt/LiCF$_3$SO$_3$-PEO 的体系，合适的界面模型取决于 PEO 中带电物种的浓度。当盐：PEO 小于 1：10 时，Debye 长度远小于可移动离子的尺寸。这种情况同样适用双电层的 Helmholtz 模型。

然而，当溶解在聚合物中的盐浓度相对较低时，如 1 mmol·dm^{-3} 或更少，Debye 长度将远大于可移动离子的尺寸。例如，当 10^{-4} mol·dm^{-3} 的盐溶解在聚合物中且 $\varepsilon_r = 10$(离子对的形成忽略不计)时，Debye 长度为 6×10^{-9} m。因此，这种聚合物电解质中的原子热扰动将使空间电荷扩散到体相内层约 60 个离子半径的范围。这种情况需要使用 **Gouy-Chapman** 界面模型，并且计算 C_{dl} 的式(10.3)需改为

$$C_{dl} = A\left(2z^2F^2\varepsilon_0\varepsilon_r c / RT\right)^{1/2} \cosh\left(zF\Delta\phi / 2RT\right) \tag{10.4}$$

式中，c 为盐的浓度。显然，C_{dl} 不再是一个独立于 $\Delta\phi$ 的值，但是当 $q = 0$(零电荷点)时具有最小值：

$$C_{dl} = A\left(2z^2F^2\varepsilon_0\varepsilon_r c / RT\right)^{1/2} \tag{10.5}$$

而在 $q = 0$ 两侧时，C_{dl} 值急剧增加。式(10.5)可以再次被看作平板电容器的计算公式，其极板距离由 Debye 长度确定，即 Gouy-Chapman 模型中 $q = 0$ 时的有效电荷分离距离(当 q 值不等于 0 时，有效极板距离比这小得多)。这种金属和电解质之间的界面模型可用图 10.7 说明。

当然，如果可移动离子的体积浓度足够高，以至于其离子半径与 Debye 长度相当时，就需要联合 Helmholtz 和 Gouy-Chapman 模型。假设测量的 C_{dl} 值是 Gouy-Chapman 模型(C_{GC})和 Helmholtz 模型(C_H)的串联组合，如

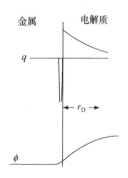

图 10.7　金属与电解质界面的 Gouy-Chapman 模型。金属表面带负电荷。

$$1/C_{dl} = 1/C_{GC} + 1/C_H \tag{10.6}$$

结果是当$|q|$值较低时，$C_{dl} = C_{GC}$；当$|q|$值较高时，$C_{dl} = C_H$。

至此，我们讨论的都是两个接触相之一为金属且金属相上的电荷被限制在其几何表面上的情形，这种电荷对C_{dl}没有贡献。然而，当两个接触相都是非金属，如KCl-H_2O 与 PVC-$AsPh_4BPh_4$ 接触时，我们必须考虑两相中可移动离子的分布问题。当然，前提条件还是两相所带电荷q等量且电性相反，以保证电中和。然后需要计算每相中的 Debye 长度，以确认表面电荷是相内扩散还是相间扩散。另一种可能情况是，当两相中的可移动离子都处于较低体积浓度时，则可以采用背靠背的 Gouy-Chapman 模型。但这不适合图 10.8 所示的数据(Armstrong、Proud 和 Todd，1989)，因为水相中可移动离子的体积浓度明显高于聚合物中的体积浓度，所以只需要考虑 PVC 中的C_{GC}。

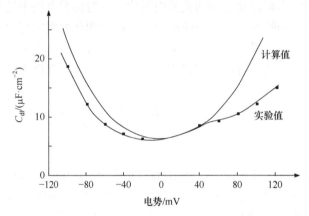

图 10.8　C_{dl} 的实验值与 Gouy-Chapman 理论对溶解于 PVC 中的 $AsPh_4BPh_4$ 和溶解于水中的 KCl 之间界面的预测值比较。KCl 的浓度远大于 $AsPh_4BPh_4$ 的浓度，因此可以忽略水相的双电层贡献。

在讨论了阻塞界面后，我们现在需要讨论对于给定的材料(如陶瓷电解质)，如何制备阻塞金属接触。通常做法是将相对惰性的金属(如 Pt 或 Au)蒸发到用金刚石磨膏抛光到 1 μm 以下粗糙度且抛光材料已去除的陶瓷材料上。然后需要对获得的光滑且未受污染的表面采取保护措施，否则后续测试将经常出现异常结果。特别是在低频时，不达标界面的电行为可能不会表现为纯电容，进而导致无法在实验中测出独属于洁净界面的 C_{dl} 值。对于容易变形的软固体电解质，通常尽可能地抛光与其接触的金属，然后通过挤压建立两相接触。

10.2　非阻塞金属电极：电解质中只有一种可移动电荷

非阻塞界面的结构与相应的阻塞界面类似。因此，C/Ag_4RbI_5 界面上的电荷分布也与 Ag/Ag_4RbI_5 界面上的相似。两者的主要区别是，银电极与电解质体相中的 Ag^+ 在一个特定的界面电势差$\Delta\phi_e$下处于平衡状态。在这个$\Delta\phi_e$值下，电解质带有特定的电荷q_e，而金属上带有电量相等、电性相反的电荷$-q_e$，两相保持电荷平衡。当电势差偏离$\Delta\phi_e$时，电解质表面所带电荷量q也将偏离q_e，然后界面上产生一定的 Ag^+ 流。

对于非阻塞电极，我们的主要关注点之一是理解通过界面的电流大小与过电位 η 的变化关系，η 的定义为

$$\eta = \Delta\phi - \Delta\phi_e \tag{10.7}$$

为了确定净电流 i 与 η(在某些情况下是时间)的函数关系，通常需要用到三电极或四电极电池，其中测试电极(工作电极)将电流引入电池中，第二个电极(辅助电极或对电极)将电流引出电池。第三个电极是参比电极。另外，当含有非金属相时，还需要第二个参比电极(四电极电池)。

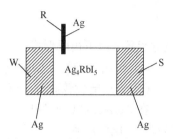

图 10.9　三电极电池示意图。W 为工作电极，R 为参比电极，S 为辅助电极。注意，参比电极应尽可能靠近工作电极。

参比电极上无**净**电流，且在其与电解质之间有处于平衡态的带电物种。这种电池的结构如图 10.9 所示，其中参比电极是一根银丝，插在工作银电极和辅助银电极之间的 Ag_4RbI_5 电解质中。参比电极需要尽可能地靠近工作电极，以尽量减少由体相产生的响应。若要测量阻塞界面的电学特性，如 C/Ag_4RbI_5，可以使用三电极电池，并用 C 电极取代 Ag 作为工作电极。

当使用如图 10.9 所示的电池结构时，过电位可以通过直接测量工作电极和参比电极之间的电势差获得(在四电极电池中，必须测量两个参比电极之间的电势差)。通常使用恒电位仪施加一定的过电位，然后得到电流随 η 的变化函数。

非阻塞界面上的电流和过电位的关系通常与界面结构以及接触相中可移动物种的数量有关。可以用 Ag/Ag_4RbI_5 界面代表最简单的情况，因为①这种界面适用 Helmholtz 模型；②电解质中只有一种可移动物种(Ag^+)。在这种情况下，当 η 值较低时($\eta < 10$ mV)，i 与 η 呈线性关系(参比电极与界面之间的欧姆电阻忽略不计)：

$$\eta = IR_{ct} \tag{10.8}$$

式中，R_{ct} 为比例常数。R_{ct} 与过程的交换电流 i_0(电流按照任意平衡方向流过界面)的关系为

$$R_{ct} = RT / nFi_0 \tag{10.9}$$

因此，确定 i_0 最简单的方法可能就是通过测量 R_{ct} 进行换算。

当 $\eta > 30$ mV 时，Tafel(塔费尔)方程为

$$i = i_0 \exp(\alpha nF\eta / RT) \tag{10.10a}$$

或

$$i = -i_0 \exp\left[-(1-\alpha)nF\eta / RT\right] \tag{10.10b}$$

式中，在阳极过程($Ag \Longrightarrow Ag^+ + e^-$)中 η 和 i 均为正数；n 为参与反应的电子数。Tafel 方程源于以下事实，即过电位可以通过改变转移的活化自由能 $\alpha nF\eta$，进而改变 Ag^+ 通过界面转移的概率。α 的数值介于 0 和 1 之间。应用过渡态理论并假设 α 是常量，则可得到 Tafel 方程。当电势从 $\eta = 0$ 迅速切换到某一有限的 η 值时，应该不会产生瞬态电流。i_0 值可以从 $\ln(|i|)$-η 图中得到；当 $\eta = 0$ 时，在 $\ln(|i|)$ 轴上的截距即为 $\ln(i_0)$ 的值。"Tafel 斜率"定义为 $2.303\,\mathrm{d}\eta/\mathrm{d}\ln(|i|)$，单位为 $V \cdot dec^{-1}$。根据 Tafel 方程，阳极过程的值应为 $2.303RT/\alpha nF$，

阴极过程的值应为 $2.303RT/(1-\alpha)nF$。因此，如果 $n=1$ 且 $\alpha=0.5$，则室温下 Tafel 斜率都应该为 $0.120\ \text{V}\cdot\text{dec}^{-1}$。如果 $n=2$ 且 $\alpha=0.5$，Tafel 斜率的值应为 $0.060\ \text{V}\cdot\text{dec}^{-1}$。

结合式(10.10a)和式(10.10b)可得到 Butler-Volmer(巴特勒-福尔默)方程，此即为 η 与 i 的一般关系：

$$i=i_0\exp\left(\alpha nF\eta/RT\right)-i_0\exp\left[-(1-\alpha)nF\eta/RT\right] \tag{10.11}$$

该方程具有以下极限形式：

(1) 当 η 较低时，$i=i_0nF\eta/RT$，即 i 与过电位呈线性关系。

(2) 当过电位较高时，遵循 Tafel 方程。Butler-Volmer 方程的形式如图 10.10 所示。

在 Ag/Ag_4RbI_5 体系中，我们期望找到相对简单的方程。事实证明，在不显著改变距离双电层电解质侧一个离子半径内的 Ag^+ 数目的情况下，$\Delta\phi$ 可以发生变化。据此，当施加有限的 η 值时，离子在界面的转移速率只随 $\Delta\phi$ 值的变化而变化。超过电解质界面一个离子半径区域的 Ag^+ 浓度的变化可以忽略不计，因为这些区域的 Debye 长度小于离子的尺寸，材料必须始终保持电中性。这也是我们能够简化 Tafel 方程的原因。

当然，在实际情况中，还有许多复杂问题，这些因素包括：

(1) 界面与参比电极之间的有限欧姆电阻(R_Ω)。因此，不同于较低过电位下的 $\eta=iR_{ct}$，我们有

$$\eta=iR_{ct}+iR_\Omega \tag{10.12}$$

在离子通过界面转移非常迅速的情况下，只能观察到 R_Ω 的影响。因此，$\eta=iR_\Omega$，但无法获得更多关于界面过程的信息。在更高的过电位下，R_Ω 产生的畸变如图 10.11 所示(Armstrong、Dickinson 和 Willis，1974)。

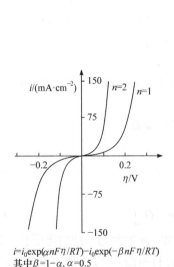

$i=i_0\exp(\alpha nF\eta/RT)-i_0\exp(-\beta nF\eta/RT)$
其中 $\beta=1-\alpha$，$\alpha=0.5$

图 10.10 Butler-Volmer 方程的绘图，其中 $i_0=1\ \text{mA}\cdot\text{cm}^{-2}$，$F=9.65\times10^4\ \text{C}\cdot\text{mol}^{-1}$，$\alpha=\beta=0.5$，$T=300\ \text{K}$，$R=8.31\ \text{J}\cdot\text{K}^{-1}\cdot\text{mol}^{-1}$，以及两个不同的 n 值。

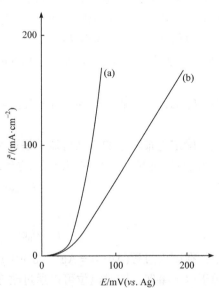

图 10.11 银箔在 700 K 时的阳极电流/过电位图：(b) 原始实验数据；(a) R_Ω 校正后的数据。

(2) 金属中的电结晶效应。当 Ag^+ 沉积在预制备的 Ag 金属上时，Ag 上的所有可用表面位点并非都是能量相等的。因此，Ag^+ 有从高能位点转移到低能位点的趋势。原则上，前面所讨论的情况只适合液态金属接触的情形。另外，在固态金属中除了电荷转移过程，我们还应该考虑一些其他过程，如吸附原子扩散(Armstrong 等，1974)。然而，本章由于篇幅所限，不会讨论这些复杂问题。不过，我们仍然可以用上述方法分析金属/固体电解质界面的电荷转移问题，只有在上述简单模型无法拟合实验数据时，才需要援引更复杂的机理。

(3) Ag 金属与电解质的接触方式。因为电流通过时必然会引起两相体积的变化，所以可能会出现新的情况，如接触失效。

对于 Ag/Ag_4RbI_5 而言，其界面阻抗的电行为等效于电容 C_{dl}(从 Helmholtz 公式导出)与 R_{ct} 并联，因此在复平面阻抗图中会出现一个半圆，可以估算 C_{dl} 和 R_{ct}。此外，由于界面和参比电极之间存在本体阻抗，R_Ω 对应的高频半圆将使 R_{ct} 对应的半圆偏离坐标原点(图 10.12)。**这种情况下可能不存在 Warburg 阻抗**(一条与实轴成45°的直线，通常由扩散效应引起)。

现在，我们必须考虑电解质中只有一种可移动离子的情况。由于该可移动离子

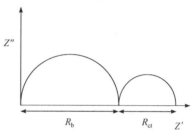

图 10.12　只有一种可移动物种的电解质的预期复平面阻抗图，该电解质与两个非阻塞金属电极接触，如 $Ag/Ag_4RbI_5/Ag$。R_b 为电解质的本体阻抗，R_{ct} 为 Ag/Ag_4RbI_5 界面的电荷转移阻抗。

的浓度非常低，所以 Debye 长度与其离子半径相当或更大，但是又远小于电极之间的距离。这种情况可能发生在金属与聚合物接触的情况下，该聚合物的阴离子位点是固定的且浓度较低，因此相应金属阳离子的浓度也较低。在这种情况下，如果我们假设金属阳离子倾向于在金属和聚合物之间建立平衡，当达到平衡态时，界面将产生平衡电势差 $\Delta\phi_e$。在这个电势下，电解质界面上的电荷将向其内部迁移一定的距离，在离界面远大于 Debye 长度的距离上，阳离子浓度将与固定阴离子位点的浓度相等，总体来说，这种情况类似于金属与 p 型半导体的接触。假设参比电极与界面的距离远大于 Debye 长度，在界面上施加一定的过电位 η 后，我们对流过的电流非常感兴趣。在这种情况下，当 η 值较小时，可以预期：

$$\eta = iR_{ct} + iR_\Omega \tag{10.13}$$

在大多数情况下，由于电解质的本体电导率较低，只能观察到 R_Ω 的影响。

实际上，因为显著改变界面上的阳离子浓度必定会引起 $\Delta\phi$ 的变化，所以 R_{ct} 与 i_0 也就不再具有简单的关联。因此，两者的关系一般如下式：

$$(R_{ct})^{-1} = \frac{di}{d\eta} = \left(\frac{\partial i}{\partial \eta}\right)_c + \left(\frac{\partial i}{\partial c}\right)_\eta \frac{dc}{d\eta} \tag{10.14}$$

式中，第二项表示 ΔE 随界面上的阳离子浓度 (c) 的变化而变化。交换电流 i_0 与 $(i/\eta)_c = RT/nFi_0$ 有关，与实验量 R_{ct} 则不是简单相关。

上述体系的阻抗通常由 R_Ω 与 C_g 并联组成，即只有金属电极和参比电极之间的本体电解质对阻抗有贡献。在非常低的频率下，虽然理论上 C_{dl} 应该与 R_{ct} 并联，但它只有在特殊情况下才能测量到。例如，当金属阳离子具有非常高的迁移率时，R_Ω 相对较小，这时才能观察到 R_{ct}。

10.3　非阻塞金属电极：电解质中至少有两种可移动电荷

本节将讨论的界面类型代表如下：

Li/PEO-LiCF₃SO₃

上节描述的是只有一种带电物种 Li^+ 的情况，它在金属和电解质之间倾向于达到平衡态，进而在界面产生平衡电势差 $\Delta\phi_e$。而且，可以用交换电流 i_0 表征处于平衡状态的 Li^+。本节与上节所讨论体系的区别在于，由于电解质中存在至少两种可移动带电物种，一旦电流开始流动，与电极接触的电解质部分的组分也会开始发生变化。例如，如果对阴极施加过电位 $(-\eta)$ 使 Li^+ 发生沉积，那么电极附近的 LiCF₃SO₃ 的浓度也会开始降低。这意味着该体系的电流将随着锂盐浓度的改变而降低。至于电流值随时间下降的方式，以及最终的稳态电流大小，则取决于具体的几何结构。相比之下，这种情况完全不同于只有一种可移动离子物种的电解质(参比电极与工作电极之间的电阻忽略不计)，即在施加一定的 η (η 从 0 开始)后，电流将迅速产生并且保持不变。

相比于对基本的界面过程的描述，我们更感兴趣的是对交换电流 i_0 的测定。如果施加过电位 η 后立即产生的电流是 i_1，当 $\eta < 10$ mV 时，有

$$\eta = i_1 R_\Omega + i_1 R_{ct} \tag{10.15}$$

对于一个高导电体系，如具有较高盐浓度的 LiCF₃SO₃-PEO，R_Ω 较小，因而可以估算 R_{ct}，并根据 $R_{ct} = RT/nFi_0$ 计算 i_0。类似地，当过电位较大时，如果 R_Ω 仍然可以忽略，则对于阳极过程(或阴极过程的等效形式)，Tafel 方程可以写为 $i_1 = i_0\exp(\alpha nF\eta/RT)$，式中，$i_1$ 为在施加的过电位下双电层充电后立即产生的电流。

对于低盐浓度的情况，如上节所讨论的那样，R_{ct} 将很难测量，并且其与 i_0 的关系也更为复杂。

也许在这样的体系中，测量阻抗是确定 i_0 的最佳方法，预期的阻抗平面图如图 10.13 所示。

在高频处，R_Ω 和 C_g 的并联会呈现出一个半圆。而在低频处，Warburg 阻抗将作为界面阻抗的一部分出现。更有甚者，Warburg 阻抗在某些情况下可能在界面阻抗中起主导作用[图 10.13(a)]，这种条件下只能确定盐的扩散系数。值得注意的是，在没有支持电解液时，像 Li^+ 这样的电活性物种无法独立于阴离子进行扩散。电中性原则使得 Li 电极附近的阴、阳离子产生浓度梯度，并且阴、阳离子的耦合扩散类似于插嵌电极中离子和电子的耦合扩散方式(第 8 章)。在这种情况下，观察到的是所有离子物种的耦合扩散，即盐的扩散系数。这可以通过拟合曲线的低频区域来估算：

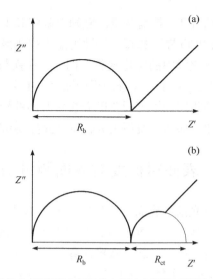

图 10.13　具有两种可移动物种的电解质通过非阻塞金属电极测得的阻抗图。(a) 界面阻抗仅有 Warburg 阻抗。(b) 界面阻抗显示电荷转移电阻的半圆。

$$Z' = Z'' = A_W / \omega^{1/2} \tag{10.16}$$

式中，A_W 为 Warburg 系数；ω 为角频率。

A_W 与物种通过界面的盐扩散系数(D_s)的关系为

$$A_W = RT / An^2F^2c(2D_s)^{1/2} \tag{10.17}$$

在图 10.13(b)中，由于 R_{ct} 和 C_{dl} 并联，界面阻抗呈现为半圆，在极低频处出现明显的 Warburg 阻抗，进而很容易得出这种情况下的 R_{ct}。

如前所述，对于 Li/LiCF$_3$SO$_3$-PEO 这样的体系，在施加过电位 η 后，不但起始的界面双电层充电具有时间依赖性，而且随后流经体系的电流大小通常也具有时间依赖性。然而，在某些情况下最终也会出现稳态电流，如 LiCF$_3$SO$_3$-PEO 薄膜外夹两个锂电极的三明治结构。

10.4　表面膜对界面测量的影响

在大多数情况下，当碱金属与电解质接触时，由于相应的电池中存在少量的 O$_2$ 或 H$_2$O 蒸气，因此会在两体相之间生成一层薄的第三相，最终变成具有两个独立界面的三相系统。第三相薄层通常是碱金属的氧化物或氢氧化物，抑或是这些物质的混合物。不过也有相当多的证据表明，在 Li/LiCF$_3$SO$_3$-PEO 体系中，锂能够同时与 PEO 及 CF$_3$SO$_3^-$ 发生化学反应(Fauteux，1985)。因此，产生的问题是，这些新生相如何影响电极的动力学行为？如果新生相是碱金属的氧化物或氢氧化物，那它很可能具有较低的离子电导率(一般通过缺陷机理传导)和极低的电子电导率。因此，如果对 Li/LiCF$_3$SO$_3$-PEO 的界面施加过电位，那么部分过电位将被用来驱动离子通过这个氧化物或氢氧化物组成的锂盐薄层(如果确实存在的话)。在多数情况下，锂盐薄层的欧姆电阻将起主导作用，进而导致 $i\text{-}\eta$ 呈线性关系；因此 Li/LiCF$_3$SO$_3$-PEO 界面的真实特性可能很难获得。

这种情况类似于水系电化学中的钝化现象。例如，在铁与水的反应中，我们会关注铁电极上 Fe$_2$O$_3$ 的生成。因此，对于所探查的界面而言，在这些体系中很难确定任何表观的 R_{ct}。但可以确定的是，钝化层的厚度通常随着接触时间的延长而增加；如果测得的 R_{ct} 随着时间的推移而缓慢增加，那么它就不是 R_{ct}，而是钝化层的欧姆电阻。

10.5　表面粗糙度对界面测量的影响

理想界面是原子尺度上光滑的界面。由高熔点金属单晶(如 Pt)与可形变聚合物形成的光滑界面接近理想界面。从原子尺度上看，两种固体之间的所有界面都会非常粗糙。因此，产生的问题是，**真实界面与理想光滑界面有何不同呢?**

一个主要的不同是，通过真实界面的电流(无论交流还是直流)在界面上的分布都是不均匀的。因此，在粗糙或不均匀的电极上测量到的宏观直流电流密度 i(A·cm^{-2})通常不等于界面局部(如 1 μm × 1 μm)的电流密度。因此，在制备界面时，必须确保表面尽可能光滑。大多数实验都会发展出一套成熟的制备方法，除非有根本性的改进，否则都应当遵循这些方法。这样至少可以确保不同实验室的实验结果是可以相互比较的。

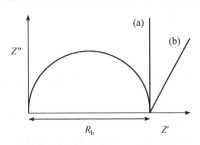

图 10.14　阻塞界面的阻抗图:
(a) 完全光滑界面; (b) 粗糙电极。

对于含有粗糙电极的电池，其交流阻抗的测量存在一个特别的且众所周知的问题。以一个简单的具有相同阻塞电极的双电极电池为例，分别使用粗糙和光滑电极的阻抗平面图如图 10.14 所示。在极低频率下，光滑电极在极限频率下将在复平面上产生一条几乎平行于 Z'' 轴的线。而在实际实验中，这条线与实轴的夹角为 89°(理想光滑电极的夹角为 90°)。相比之下，粗糙电极的斜率可低至 45°。对于这样的斜率，就不可能确定界面的 C_{dl} 值。当然，对于非常光滑且斜率接近 90°的界面，也很难知道由 $Z''=2/\omega C_{dl}$ 计算得到的 C_{dl} 值是否与原子尺度上光滑界面(而不是微米尺度上的光滑界面)的 C_{dl} 值一致。不过，接近 90°的斜率说明界面的粗糙度不是特别大。

使用非阻塞电极测量阻抗时，粗糙电极和光滑电极测得的阻抗谱也不同。以具有相同非阻塞电极的双电极电池为例，光滑电极更有可能表现出如图 10.12 所示的简单理论行为，即本体电解质在高频产生的半圆后面跟着界面在低频产生的半圆。而对于粗糙电极，一般认为它的高频行为与光滑电极的相同，但在低频处的半圆则会出现严重的失真。

粗糙电极出现失真行为的主要原因之一是界面的不同部分有不同的本体阻抗，在某些情况下会产生传输线类型的行为。

在解读阻抗谱时经常出现的一个问题是，如何解释以近 45°斜率与实轴相交的直线所代表的界面阻抗。**从头计算**很难判断该直线究竟是来自粗糙的阻塞电极，还是来自能产生 **Warburg** 阻抗的光滑非阻塞电极，其中 Warburg 阻抗起因于反应物种到界面的缓慢扩散。稳妥解决这个问题的唯一方法是有意地增加或降低界面的粗糙度，并观察阻抗的变化方式。

10.6 其他非阻塞界面

当两相都是非金属时，可以形成许多非阻塞界面。例如：

(1) $LiCF_3SO_3$-PEO/$Li_xV_6O_{13}$(Bruce 和 Krok，1988)，其中 Li^+ 趋向于在两相间达到平衡。

(2) $AsPh_4BPh_4$-PVC/$AsPh_4Cl$-H_2O，其中 $AsPh_4^+$ 在两相间达到平衡。

这些体系总是因为界面上的离子交换而产生电荷转移电阻(R_{ct})。当每个相的 Debye 长度都很小时(与离子的尺寸相比)，交换电流 i_0 可以通过下式计算：

$$i_0 = RT / nFR_{ct} \qquad (10.18)$$

通常需要用四电极电池(图 10.15)进行阻抗测试来确定 R_{ct}。预期的结果如式(10.3)所述，但不包括可能由单相或两相产生的 Warburg 阻抗。例如，H_2O/PVC 界面的阻抗谱如图 10.16 所示。一般来说，由于两相中的浓度变化，在恒定的过电位下，电流将随时间的延长而缓慢衰减。因此，稳态电流电位测量的应用较为受限。

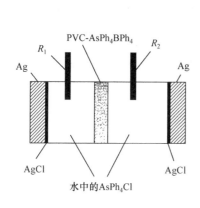

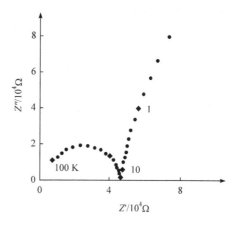

图 10.15　用于研究水/PVC 界面上 $AsPh_4^+$ 转移的电池示意图。R_1 和 R_2 是两个 Ag/AgCl 线电极。电池的电流通过电池两端两个大的银电极流入和流出。

图 10.16　在 $E = 0.34\,V$ 时，$AsPh_4BPh_4$/PVC/NOPE 膜一侧与 $0.01\,mol \cdot dm^{-3}$ NaCl 中的 $0.01\,mol \cdot dm^{-3}$ $AsPh_4Cl$ 接触、另一侧与 $0.1\,mol \cdot dm^{-3}$ $CaCl_2$ 接触的阻抗图。两个界面的接触面积为 $0.78 \times 10^{-4}\,m^2$。

10.7 两步电荷转移反应

当 Li^+ 在两相间转移时，不会出现中间价态的物种。然而，Cu^{2+} 从金属电极转移到电解液时，反应机理可能为

$$Cu \rightleftharpoons Cu^+ + e^-$$

$$Cu^+ \rightleftharpoons Cu^{2+} + e^-$$

所以这里有一个中间价态物种 Cu^+。原则上，这种中间价态物种可以通过电测量进行探测。例如，在适用 Tafel 定律的条件下，如果 Cu^+ 在预平衡中形成，那么 Cu 在电解液中的溶解行为可以表示为

$$i = i_0\exp\left[(\alpha+1)F\eta / RT\right] \tag{10.19}$$

而不是

$$i = i_0\exp(2\alpha F\eta / RT) \tag{10.20}$$

即在没有中间价态物种 Cu^+ 的情况下，Tafel 斜率为 $0.040\ V \cdot dec^{-1}$，而不是预期的 $0.060\ V \cdot dec^{-1}$。在明确有中间价态物种的情况下，界面阻抗图可能显示为两个半圆而不是一个半圆。

参 考 文 献

Armstrong, R. D., Dickinson, T, Thirsk, H. R. and Whitfield, R. (1971) *J. Electroanal. Chem.*, **29**, 301-7.

Armstrong, R. D., Dickinson, T. and Willis, P. M. (1974) *J. Electroanal. Chem.*, **57**, 231-40.

Armstrong, R. D., Burnham, R. A. and Willis, P. M. (1976) *J. Electroanal. Chem.*, **67**, 111-20.

Armstrong, R. D. and Archer, W. I. (1978) *J. Electroanal. Chem.*, **87**, 221-4.

Armstrong, R. D. and Archer, W. I. (1980) in *Electrochemistry*, Vol.7, Ed. H. R. Thirsk, The Chemical Society, London.

Armstrong, R. D., Proud, W. G. and Todd, M. (1989) *Electrochim. Acta*, **34**. 977-9.

Bruce, P. G. (1987) in *Polymer Electrolyte Reviews-1*, Eds. J. R. MacCallum and C. A. Vincent, Elsevier, London.

Bruce, P. G. and Krok, F. (1988) *Electrochim. Acta*, **33**, 1669.

Fauteux, D. (1985) *Solid State Ionics*, **17**, 133-6.

Macdonald, J. R. (1987) *Impedance Spectroscopy*, Wiley, New York.

11 应　　用

——O. Yamamoto
三重大学化学系

11.1 引　　言

在 20 世纪早期已经报道了很多类型的固体电解质。许多金属卤化物都具有较高的电导率。固体电解质的应用之一是测量高温下固体化合物的热力学性质。Katayama(1908)、Kiukkola 和 Wagner(1957)对高温化学反应的自由焓变进行了广泛测量。此外，电化学传感器也是固体电解质最重要的技术应用之一，同样也需要对固体电解质电池进行类似的电位测量。

电源领域是固体电解质的另一个应用。Baur 和 Preis(1937)提出了基于氧离子导电固体的燃料电池系统。这个固体氧化物燃料电池(SOFC)是一个很有吸引力的发电系统，它在过去几十年得到很多研究人员的关注。1967 年，Yao 和 Kummer 发现 β-氧化铝展示出较高的钠离子导电性，Weber 和 Kummer(1967)提出了基于 β-氧化铝的钠硫电池。该类型电池在用作电动汽车的电源和用户配电负荷平衡系统的电能存储时可能很有吸引力。过去的二十年能够在室温下工作的固体电解质电池也得到了发展。同时，基于离子导电聚合物的电池也得到了研究，本章将对其进行讨论。但是，基于电子导电聚合物电极的电池还存在较多问题，仍需要继续研究(参见第 9 章)。随着电子工业的发展，以医疗设备为代表的许多领域也需要具有高可靠性的微型电池。

插嵌电极也代表了一类具有重要应用的化合物。它的典型应用范围包括电池、电致变色器件和电化学记忆器件等。想要在一章中对固态离子化合物的所有应用领域进行全面阐述是不现实的。本章将集中阐述固体电解质和插嵌化合物的几个主要应用的基本原理，这几个应用包括电池、燃料电池、化学传感器、电化学记忆器件和电致变色显示器。

11.2 固体电解质电池

原电池有三个组成部分：阴极、阳极和电解质。传统的电池使用液体电解质，如在 19 世纪中叶开发的 Leclanché(勒克朗谢)电池和铅酸蓄电池。固体电解质电池的工作方式与液体电解质电池类似，它可能含有液体或固体电极。因为所有电池组件都是固体，所以全固态电池具有微型化、储存寿命长、可在宽温度范围内工作、结构坚固、无挥发、无泄漏等优点。20 世纪 50 年代，报道了多种固体电解质电池[参见 Owens (1971)的综述]。在此期间，它们中的大多数在室温下放电无法超过几微安每平方厘米，这是因为其使用的电解质的电导率较差。当时的电解质主要是卤化银和掺杂的卤化银。这些电解质的离子电导率在室温下小于 $10^{-6}\,S \cdot cm^{-1}$。为了降低电解质的电阻，将卤化银制备成厚度只有几微米的薄膜。然而，电解质的电阻仍然超过几百欧姆每平方厘米。这种 Ag^+ 导电电解质通常与银金属阳极一起使用。然而，较高的电极极化与银的溶解限制了高电流的输出。20 世纪 60 年代，高 Ag^+ 导电固体电解质，如 Ag_3SI(Reuter 和 Hardel，1961)和 $RbAg_4I_5$(Owens 和 Argue，1967；Bradley 和 Green，1967)被发现(在第 2 章和第 3 章中讨论过这些 Ag^+ 导体中电导率如此高的原因)。Takahashi 和 Yamamoto(1966)报道了固体电解质电池

$$Ag\text{-}Hg \,/\, Ag_3SI \,/\, I_2\text{-乙炔黑} \qquad\qquad [11.1]$$

其中，固体电解质 Ag_3SI 具有较高的 Ag^+ 电导率，室温下为 $0.015\,S \cdot cm^{-1}$。室温下，使用厚度为 $0.15\,cm$ 且直径为 $1.2\,cm$ 的电解质的电池电阻约为 $9\,\Omega$。用银板做阳极时，阳极极化占主导地位，在几百毫安每平方厘米电流下，过电压达数百毫伏。然而，当使用银汞齐做阳极时，极化大大降低。在阴极，碘和乙炔黑混合物的极化最低。图 11.1 显示了电池[11.1]的典型放电曲线。以 $1\,mA \cdot cm^{-2}$ 的恒电流放电 3 h 后，电压仅下降 100 mV。同时，在放电过程中电池的内阻没有增加。电池[11.1]的反应与 $Ag/AgI/I_2$ 体系的反应基本相同：

$$Ag(S) + \frac{1}{2}I_2(G) \Longrightarrow AgI(S) \qquad\qquad (11.1)$$

式中，$I_2(G)$ 为气态碘；$AgI(S)$ 和 $Ag(S)$ 为固体碘化银和银。20℃时，观察到电池[11.1]的开路电压为 0.685 V，这与从反应[式(11.1)]的自由能变化计算得到的电动势 0.6865 V 相当一致。在放电期间，如果在电解质/阴极界面上生成反应产物 AgI，则将观察到电池电阻剧增及电压降低。而实际上电池的电阻并不发生变化，证明阴极产生的 AgI 溶解在 Ag_3SI中。相图研究也证实了 AgI 在 Ag_3SI 中的溶解。

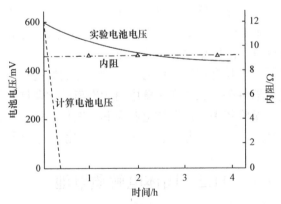

图 11.1　Ag-Hg/Ag$_3$SI/I$_2$-乙炔黑电池在 25℃下的恒电流(1 mA · cm^{-2})放电曲线和内阻变化(Takahashi 和 Yamamoto，1966)。

1968 年，Argue 和 Owens 报道了先进的固体电解质电池：

$$Ag \,/\, RbAg_4I_5 \,/\, RbI_3, C \qquad\qquad [11.2]$$

其中含有高 Ag^+ 导电固体 $RbAg_4I_5$，并以 RbI_3 做阴极。根据 RbI-AgI 相图，27℃以下的电池反应为

$$4Ag + 2RbI_3 \Longrightarrow 3AgI + Rb_2AgI_3 \tag{11.2}$$

高于 27℃时，电池反应为

$$14Ag + 7RbI_3 \Longrightarrow 3RbAg_4I_5 + 2Rb_2AgI_3 \tag{11.3}$$

放电产物的 X 射线衍射分析证实了两种反应：式(11.2)和式(11.3)。图 11.2 为电池[11.2]的恒载放电曲线。在任何情况下，都存在初始的 IR 降，随后是占据了 80%～90%放电过程的电压平台。在电池放电期间，内阻没有明显增加。电阻的较低增长可能归因于固体电极的高效"多孔性"，进而保证了电解质、活性阴极材料和放电产物与导电碳的紧密接触。这种固态电池能够在较高和较低的电流密度及较宽温度范围内工作。然而，这些电池的能量密度较低，仅为 5 $W \cdot h \cdot kg^{-1}$。

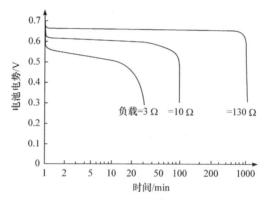

图 11.2　Ag/RbAg$_4$I$_5$/RbI$_3$, C 电池在 25℃下的恒负载放电(Owens，1971)。

最近，Takada、Kanbara、Yamamura 和 Kondo(1990)报道了一种可充电的固体电解质电池，电池以 Ag$_6$I$_4$WO$_4$ 作为 Ag$^+$导体，它在大气环境下能够保持稳定，在 25℃时具有 0.05 $S \cdot cm^{-1}$ 的高电导率。所提出的电池为

$$Ag_xV_2O_5 / Ag_6I_4WO_4 / Ag_xV_2O_5 \tag{11.3}$$

Ag$_x$V$_2$O$_5$是一种钒青铜，其组成范围为 $0.3 < x < 1.0$；当 $x = 0.29 \sim 0.41$ 时具有 β 相结构；当 $x = 0.67 \sim 0.89$ 时具有 δ 相结构。δ 相具有良好的银嵌入与脱嵌可逆性。图 11.3 为电池[11.3]在恒电流 0.3 $mA \cdot cm^{-2}$下的典型充放电曲线，其在露天条件下充放电循环数百次未见明显容量衰减。因此，该电池在实际应用中具有一些引人关注的特色。

但是，由于含银化合物电池的成本较高，其在实际应用中受到限制。此外，铜离子导电固体有望用作电池的电解质。1979 年，Takahashi、Yamamoto、Yamada 和 Hayashi 发现 Rb$_4$Cu$_{16}$I$_7$Cl$_{13}$在室温下具有极高的铜离子电导率 0.34 $S \cdot cm^{-1}$ 和较低的电子电导率。图 11.4 展示了 Rb$_4$Cu$_{16}$I$_7$Cl$_{13}$的电导率随温度变化的情况。在较宽的温度范围内，Rb$_4$Cu$_{16}$I$_7$Cl$_{13}$具有较高的电导率，且离子迁移数等于 1。Geller(1976)分析了该化合物的晶体结构，其结构类似于 RbAg$_4$I$_5$。表 11.1 总结了 Rb$_4$Cu$_{16}$I$_7$Cl$_{13}$ 和 RbAg$_4$I$_5$ 的物理性质，数据显示两者的物理性质较为相近。铜离子导电固体在全固态可充电电池中被用作电解质。Kanno、Takeda、Oda、Ikeda 和 Yamamoto(1986)提出了如下类型的电池：

$$Cu_4Mo_6S_8 / Rb_4Cu_{16}I_7Cl_{13} / 插嵌化合物 \tag{11.4}$$

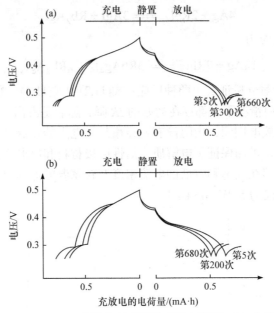

图 11.3　$Ag_{0.7}V_2O_5|Ag_6I_4WO_4|Ag_{0.7}V_2O_5$ 电池在 25℃下的充放电循环：(a) 在干燥空气中；(b) 在露天条件下(Takada 等，1990)。

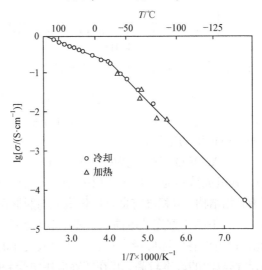

图 11.4　$Rb_4Cu_{16}I_7Cl_{13}$ 的电导率与温度的依赖关系(Takahashi 等，1979)。

表 11.1　**$Rb_4Cu_{16}I_7Cl_{13}$ 和 $RbAg_4I_5$ 的物理性质**(Takahashi 等，1979)

	$Rb_4Cu_{16}I_7Cl_{13}$	$RbAg_4I_5$
晶体结构/Å	立方，a=10.02	立方，a=11.24
X 射线密度/(g·cm^{-3})	4.47	5.38
25℃下的电导率/(S·cm^{-1})	0.34，∞ Hz 交流	0.28，直流
	0.26，10 kHz 交流	
	0.31，直流	

续表

	Rb$_4$Cu$_{16}$I$_7$Cl$_{13}$	RbAg$_4$I$_5$
导电活化能/(kJ·mol^{-1})	7.0	7.1
电子电导率/(S·cm^{-1})	10^{-12}(60℃)	10^{-11}(25℃)
铜或银的离子迁移数	1.0	1.00
分解电位/V	0.69	0.67
熔点/℃	234±5(转熔)	228(转熔)

其中的插嵌化合物是金属二硫化物。插嵌的铜离子在 Mo$_6$S$_8$ 模块之间具有较高的扩散速率，因此 Chevrel 相的 Cu$_4$Mo$_6$S$_8$ 是一种优秀的可充电阳极材料。电池的恒电流放电曲线如图 11.5 所示。采用 NbS$_2$ 为阴极的电池具有最佳的放电性能。在 0.75 mA·cm^{-2} 下 NbS$_2$ 电池的充放电循环如图 11.6 所示。e/NbS$_2$ 中的充放电深度为 0.003，充放电曲线随循环略有变化。在离子的嵌入和脱嵌过程中，二硫化物的体积发生了变化。这些形貌变化可能对电解质/电极界面的完整性产生显著影响。当主体与插嵌化合物之间的结构差异最小时，充放电的可逆性趋于最佳。Kanno、Takeda、Oya 和 Yamamoto(1987)提出了以下可充电固体电解质电池，其中阳极和阴极均为 Chevrel 相：

$$Cu_2Mo_6S_{7.8} / Rb_4Cu_{16}I_7Cl_{13} / Cu_2Mo_6S_{7.8} \quad [11.5]$$

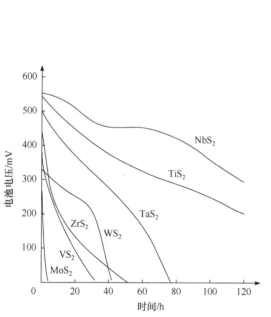

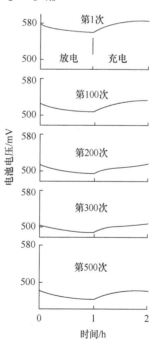

图 11.5 Cu$_4$Mo$_6$S$_8$/Rb$_4$Cu$_{16}$I$_7$Cl$_{13}$/MS$_2$ 电池在 25℃下的恒电流(100 μA)放电曲线(Kanno 等，1986)。

图 11.6 Cu$_4$Mo$_6$S$_8$/Rb$_4$Cu$_{16}$I$_7$Cl$_{13}$/NbS$_2$ 电池在 25℃下的充放电循环(Kanno 等，1986)。

Chevrel 相铜的结构如图 7.7 所示。它是由 Mo$_6$S$_8$ 模块通过堆叠形成的三维网状结构，因此铜离子可以在这个三维网状结构中移动(更多细节已经在第 7 章中介绍)。随着电池的

充放电，$Cu_xMo_6S_{8-y}$ 中的铜含量 x 也发生相应变化。达到最终充电状态的电池组成为

$$Cu_{3.8}Mo_6S_{7.8} / Rb_4Cu_{16}I_7Cl_{13} / Cu_{0.2}Mo_6S_{7.8} \qquad [11.6]$$

图 11.7 为电池[11.6]在室温下的恒电流放电曲线。该电池在室温下能够产生 0.55 V 的开路电压和几百微安的电流，具有很高的阴极效率。图 11.8 展示了电池[11.6]的充放电循环，其电流密度为 0.375 mA·cm^{-2}。阴极和阳极的组成范围分别为 $0.2 < x < 0.3$ 和 $3.7 < x < 3.8$。在 1400 次测试循环中没有观察到明显的性能衰减。这些性能明显优于使用 Cu/TiS_2 和 $Cu_4Mo_6S_8/NbS_2$ 电对的其他类型固态电池，它们仅在较低的电流密度 0.01 mA·cm^{-2}(Cu/TiS_2)和 0.075 mA·cm^{-2}($Cu_4Mo_6S_8/NbS_2$)下才能维持较高的循环次数。可充电的银和铜固体电解质电池令人相当感兴趣。然而，由于能量密度较低，这些电池还没有实现商业化发展。

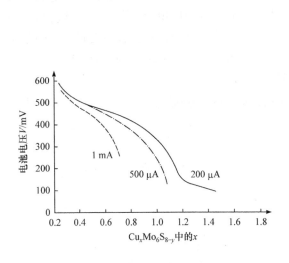

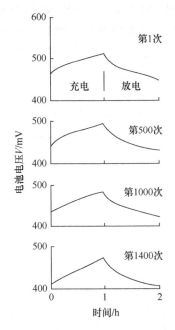

图 11.7　$Cu_{3.8}Mo_6S_{7.8}/Rb_4Cu_{16}I_7Cl_{13}/Cu_{0.2}Mo_6S_{7.8}$ 电池在 25℃下的恒电流放电曲线(Kanno 等，1987)。

图 11.8　$Cu_{3.8}Mo_6S_{7.8}/Rb_4Cu_{16}I_7Cl_{13}/Cu_{0.2}Mo_6S_{7.8}$ 电池在 375 μA·cm^{-2} 下的充放电循环(Kanno 等，1987)。

　　目前唯一商业化的全固态电池是以 LiI 为电解质的锂电池。许多类型的固体锂离子导体，包括无机晶体、非晶态材料和聚合物电解质被提出作为锂电池的隔膜。这些在前面的章节中已有描述。一个适用于锂电池的固体电解质应具备以下性能：①高锂离子电导率；②与锂金属或碳阳极兼容；③高分解电位；④易加工成薄膜。目前发现最高的锂离子电导率是 25℃下 Li_3N 的 0.001 S·cm^{-1}。但是，室温下 Li_3N 对金属锂的分解电位仅为 0.44 V，因此将其作为电解质用在电池中受到限制。表 11.2 总结了几种锂固体电解质电池。碘化锂满足电池电解质的要求②～④，但不满足①。可植入心脏起搏器需要具有高可靠性的电池。认为如下电池具有较大的前景：

$$锂\,/\,LiI\,/\,碘\text{-}聚(2\text{-}乙烯基吡啶)(PVP) \tag{11.7}$$

该电池满足小电流、长寿命和高可靠性的要求(Holmes，1986)。如今，接近 90% 的心脏起搏器都是由锂/I_2-PVP 电池供电的。该薄膜 LiI 电解质是由锂金属阳极和阴极通过原位反应形成。用 I_2 和 PVP 的电荷转移络合物作为阴极，图 11.9 显示了该络合物的结构(Holmes，1986)。当 I_2/PVP 值大于 1.25 时，络合物中所有的碘都具有完整的活性。电池[11.7]中的基本电池反应非常简单，即

$$Li + \frac{1}{2}I_2 \Longrightarrow LiI \tag{11.4}$$

该反应的 Gibbs 自由能变化为 $-270\ kJ \cdot mol^{-1}$，电池在 25℃时的开路电压为 2.8 V。电池[11.7]面临的主要问题是需要降低 LiI 电解质的电阻。室温下 LiI 的电导率约为 $10^{-7}\ S \cdot cm^{-1}$。研究发现，在锂阳极表面预涂覆 PVP 后，电池阻抗明显降低。涂覆阳极的电池电阻增长率比未涂覆阳极的电池低两个数量级(Owens 和 Skarstad，1979)。这种改善行为的确切机理还不清楚。Owens 和 Skarstad 认为，这种现象似乎与 LiI 本身的关系更小，而与微观层面上其界面区域的扩展面积关系更大。图 11.10 为 Wilson Greatbatch Ltd. 755 型电池在 37℃时的典型放电曲线，电池尺寸为 33 mm × 9 mm × 40 mm，容量为 3 A·h。在输出为 20 μA(140 kΩ负载)时，超过 80% 的 3 A·h 额定容量可以利用，且不会造成电池电压的显著降低。图 11.11 显示了 WGL 电池的剖面图。电池的中心是锂阳极，其周围的熔化阴极材料通过一个小的填充口注入，然后密封。

表 11.2 固体电解质锂电池

体系	观察到的开路电压/V	实际体积能量密度/(W·h·cm⁻³)
Li/LiI/AgI, Ag	2.10	
Li/LiI/PVP, I_2	2.80	0.4～1
Li/LiI/(Al_2O_3)/PbI_2, I_2	1.91	0.2
Li/LiI/(Al_2O_3)/TiS_2, S	2.14	
Li/PEO-$LiCF_3SO_3$/V_6O_{13}	3.3～3.6	
Li/2.5LiI-$Li_4P_2S_7$/TiS_2, 2.5LiI-$Li_4P_2S_7$	2.5	0.15～0.21
Li/Li_2O-V_2O_5-SiO_2/MnO_x	2.5	

PVP：聚(2-乙烯基吡啶)；PEO：聚氧乙烯。

LiI 与 Al_2O_3 的复合材料在 25℃下具有较高的锂离子电导率($10^{-5}\ S \cdot cm^{-1}$)。Liang (1973)提出了使用这种电解质的一次电池。由于电解质的薄膜很难制作，因此该电池无法通过大电流，其应用也被限制在电流需求不超过 5～20 μA·cm⁻² 的领域。高锂离子导电玻璃的发现提供了在室温下具有高分解电位和高电导率的材料。Akridge 和 Vourlis(1986)报道了采用 2.5LiI：$Li_4P_2S_7$ 作为玻璃电解质、TiS_2 作为阴极的锂固态电池。室温下，该玻璃电解质的电导率在 $10^{-3}\ S \cdot cm^{-1}$ 左右。图 11.12 为下列电池在 25℃时的典型恒电流放电曲线：

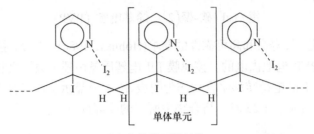

图 11.9　I₂-PVP 反应产物的可能结构(Holmes，1986)。

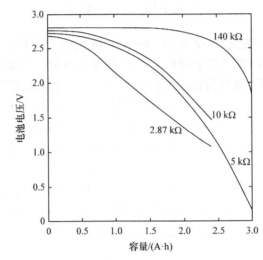

图 11.10　WGL 755 型 Li/I₂-PVP 电池在恒负载和 37℃下的放电特性(Shahi、Wagner 和 Owens，1983)。

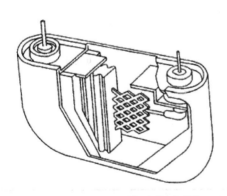

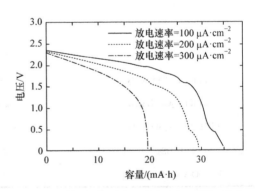

图 11.11　WGL 761/23 型电池的剖面图(Shahi 等，1983)。

图 11.12　Li/2.5LiI: Li₄P₂S₇/(TiS₂ + 2.5LiI: Li₄P₂S₇) 电池在 25℃下的恒电流放电曲线(Akridge 和 Vourlis，1986)。

$$Li/2.5LiI: Li_4P_2S_7/(TiS_2 + 2.5LiI: Li_4P_2S_7) \quad [11.8]$$

电池[11.8]的放电反应为

$$xLi + TiS_2 \Longrightarrow Li_xTiS_2 \quad (11.5)$$

TiS₂-玻璃电解质复合阴极用于建立电解质/阴极界面，此界面能在整个放电过程中保持完整。电池的阳极和阴极容量分别为 $46\,mA\cdot h$ 和 $37\,mA\cdot h$。在 $10\,mA\cdot cm^{-2}$ 的脉冲电流($2\,s$)下，电池连续放电的电流密度能够超过 $0.1\,mA\cdot cm^{-2}$，并且同时实现基于阴极容量 80% 的放电深度和 $1.4\,V$ 的截止电压。固态电池常被提及的特点是能够在高温下工作。电池 [11.8]可以在 150℃下工作而不会发生严重退化，非水系电池和水系电池则很难做到。

与银或铜体系相比，可充电的全固态锂电池在存储备份等实际应用中更具吸引力。Ohtsuka、Okada 和 Yamaki(1990) 使用 Li_2O-V_2O_5-SiO_2 薄膜制备了二次锂电池。薄膜是用射频溅射法制造的(Ohtsuka 和 Yamaki, 1989)。在 25℃下，薄膜的电导率为 $1\times10^{-6}\,S\cdot cm^{-1}$。该电池是通过在不锈钢基底上沉积 MnO_x 阴极、固体电解质和锂阳极制备的。阴极、电解质和阳极的薄膜厚度分别为 $0.5\,\mu m$、$1.0\,\mu m$ 和 $4.0\,\mu m$。电池在 $1.0\sim3.0\,V$ 以电流密度 $10\,\mu A\cdot cm^{-2}$ 进行循环。图 11.13 为电池在室温下循环第 10 次和第 70 次时的放电和充电容量变化。电池反应为

$$yLi + MnO_x \Longrightarrow Li_yMnO_x \tag{11.6}$$

该电池具有良好的可充电性，但是放电容量相对较小，只有 $14\,\mu A\cdot h\cdot cm^{-2}$。

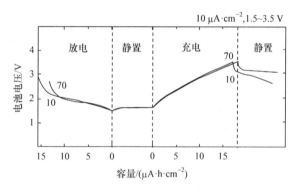

图 11.13　室温下 Li/Li_2O-V_2O_5-SiO_2/MnO_x 电池的典型充放电曲线(Ohtsuka 等，1990)。

近年来，锂导电聚合物电解质固态电池得到了广泛的研究。研究的重点是电动汽车的二次电池，因为锂聚合物电池的理论能量密度接近 $800\,W\cdot h\cdot kg^{-1}$，预期实际可达到 $425\,W\cdot h\cdot kg^{-1}$(Tofield、Dell 和 Jensen，1984)。基于聚氧乙烯的聚合物电解质的主要缺点是，只有温度升高到电解质的熔点(60℃)以上时，其电导率才会达到 $10^{-6}\,S\cdot cm^{-1}$；基于该电解质的锂聚合物电池的工作温度通常在 100℃以上。不过，在高分子量的聚合物中加入低分子量溶剂时，电解质的室温离子电导率可能达到 $10^{-3}\,S\cdot cm^{-1}$ 以上。正在开发能够在环境温度下工作的基于该聚合物的电池。典型的商用锂聚合物电池如图 11.14 所示，聚氧乙烯(PEO)和 $LiCF_3SO_3$ 用作电解质，V_6O_{13} 作为阴极。电池反应为

$$xLi + V_6O_{13} \Longrightarrow Li_xV_6O_{13} \tag{11.7}$$

Li^+ 在电解质中移动时，电子离开阳极并沿导线到达阴极所在的集流体。加拿大的 IREQ(Kapfer、Gauthies 和 Belanger，1990) 使用 Li 阳极和 VO_x 阴极设计了一种锂聚合物电池，并将其应用于电动汽车。该系统由 144 个电池组成，并分为两组，每组内含 72 个串联电池，以满足 120 V 电压的最低要求。每个电池的额定容量为 $280\,W\cdot h$。这种电池设计的质量和体积分别为 $407\,kg$ 和 $0.506\,m^3$，工作温度范围为 $60\sim100$℃。图 11.15 展示了电池

的容量损失与循环寿命的关系。通过计算，电池初始时的可用能量容量为 35 kW·h，最终能量容量为 21 kW·h。与能量密度为 40 W·h·kg^{-1} 或更低的传统二次电池相比，初始 86 W·h·kg^{-1} 的能量密度相当引人注意。在实际应用中需提高其能量循环性能。

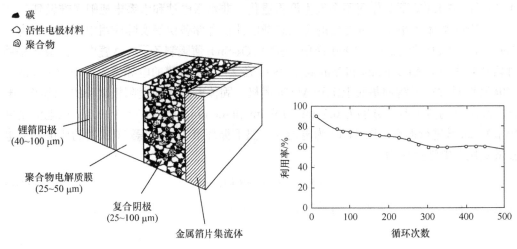

图 11.14　锂聚合物电解质电池的构型(Linford, 1991)。　　图 11.15　聚合物电池的容量衰减与循环寿命的变化关系(Kapfer 等，1990)。

在过去的 20 年中，使用钠离子导电固体电解质(Na-β-氧化铝)的钠硫电池已经发展起来。这种类型的电池是一种相当有吸引力的储能方式，可以储存由发电站在低消费需求时产生的电力，然后在需求高峰时将这些电力进行反哺，即负荷调控。与传统的铅酸电池或镍镉电池相比，它的质量和体积比能量很高，因此对电动汽车也很有吸引力(Fischer, 1989)。到目前为止，本章讨论的是全固态电池，而钠硫电池是以熔融钠为阳极、熔融硫和碳毡为阴极、Na-β-氧化铝(或 Na-β''-氧化铝)为电解质。电池放电反应为

$$2Na + xS \rightleftharpoons Na_2S_x \tag{11.8}$$

每个电极上的反应都是可逆的。为了保持固体电解质与电极材料之间的良好接触，电池必须维持在能使电极处于熔融态的温度。根据图 11.16 所示的 Na-S 相图(Gupta 和 Tischer, 1972)，其实际工作温度在 300~400℃ 范围内。放电时，电动势在开始时保持恒定，然后伴随着 Na$_2$S$_{5.2}$~Na$_2$S$_{2.7}$ 的组成变化，由 2.076 V 递减至 1.78 V。电池反应为

$$2Na + 3S \rightleftharpoons Na_2S_3 \tag{11.9}$$

其理论比能量为 760 W·h·kg^{-1}，比传统铅酸电池高 4.5 倍左右。实际的管状电池设计如图 11.17 所示。在这种电池中，钠位于中心，而阴极的集流体是外层的钢壳。此外，以硫为中心的电池也已经被开发出来。与以钠为芯的电池相比，这种电池的优点是在正极集流体可以更容易地设置腐蚀保护层。另一方面，它的能量密度比钠为中心的电池低。电池的性能如表 11.3 所示。重要的性能包括质量能量密度、体积能量密度和循环寿命。其实际能量密度为 132 W·h·kg^{-1}，大约是铅酸电池(40 W·h·kg^{-1})的 3 倍。若电池中的杂质迁移到 β''-氧化铝电解质中，且腐蚀产物迁移到硫电极的前层，将导致电池的性能持续退化(Fischer, 1989)。此外，电池的突然失效主要与陶瓷组件的破裂有关。热应力、陶瓷

内部的不均匀性或不均匀电极导致的电流分布不均都会造成β''-氧化铝的突然破裂。对于发电站的负荷调控,电池的循环寿命需要达到数千次;对于电动汽车则需要 $500\sim1000$ 次的循环寿命。目前这一代钠硫电池的最大循环寿命是几百次,这已经接近电动汽车的要求,但可靠性还有待提高(Fischer,1989)。

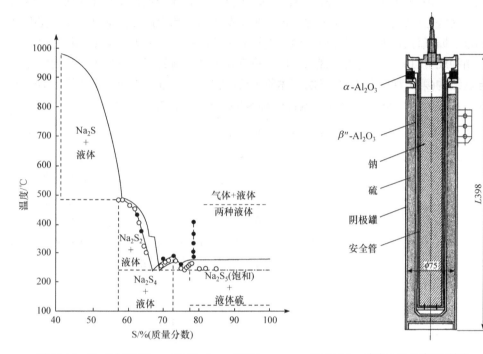

图 11.16 Na-S 相图(Gupta 和 Tischer,1972)。　　图 11.17 钠硫电池示意图(单位:mm)。

表 11.3 钠硫电池(Hitachi)的性能指标

总电池尺寸	ϕ75 mm×398 mm
β''-Al$_2$O$_3$管	ϕ49.3 mm×350 mm
总质量	4.0 kg
电流密度	72 mA·cm^{-2}
容量	280 A·h
功率	66 W
能量	528 W·h
电池电压	1.85 V
电池电阻	4.4 mΩ
能量效率	86%
能量密度	132 W·h·kg^{-1}
	300 W·h·L^{-1}

11.3　电池中的插嵌电极

"插嵌"一词用来描述客体物种在主体中的可逆嵌入。该术语同时适用于一维、二维和三维固体。这些电极的基本电化学原理已经在第7章和第8章中详细讨论过，并且在上节中也提到过。插嵌化合物作为可充电电池的电极非常有吸引力。因为二硫化钛具有化学反应可逆性高和反应自由焓变化大等优点，所以将其作为锂电池的阴极得到了广泛的研究。它具有层状结构(第7章)，像Li这样的客体原子可以在其层间自由移动。锂离子在TiS_2中的化学扩散系数为10^{-9} $cm^2 \cdot s^{-1}$(Whittingham和Silbernagel，1977)。下列电池：

$$Li / PC\text{-}LiPF_6 / TiS_2 \qquad\qquad [11.9]$$

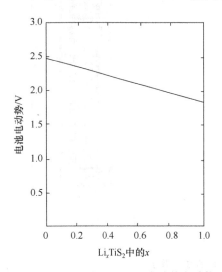

图 11.18　$Li/PC\text{-}LiPF_6/Li_xTiS_2$电池的电动势。

在25℃时的电动势与Li_xTiS_2中x的函数关系如图11.18所示。通过对电动势和组分的详细分析，虽然确实发现了与局部有序性相关的精细结构变化(第7章)，但是Li_xTiS_2在$0<x<1$的整个范围内没有相变，因此在新相成核的过程中不会消耗额外的能量。电池反应为

$$xLi + TiS_2 \underset{充电}{\overset{放电}{\rightleftharpoons}} Li_xTiS_2 \quad (11.10)$$

由于反应的自由能变化较大，电池的理论能量密度为481 $W \cdot h \cdot kg^{-1}$，在10 $mA \cdot cm^{-2}$电流密度下的能量密度为455 $W \cdot h \cdot kg^{-1}$。目前，电池中锂的嵌入和脱出已经完成600多次。这种类型电池的大部分工作是由美国 EIC 实验室和 Exxon 公司的研究团队完成的。

研究人员在 EIC 建立并测试了容量约为5.5 $A \cdot h$的大方形 Li/TiS_2电池(Brummer，1984)。这些电池在中高倍率下的实际能量密度小于 100 $W \cdot h \cdot kg^{-1}$，具有较高的循环寿命。Brummer 认为，如果要获得市场潜力，该技术仍然需要一个具有更高电压的正极。

　　许多过渡金属氧化物也可以被锂插嵌。最著名的例子之一是V_6O_{13}。图11.19展示了V_6O_{13}的结构，它由交替的单、双层V_2O_5带组成。各层通过共用八面体顶点连接起来，从而形成一个相对开放的框架结构(Wilhelmi、Waltersson和Kihlburg，1971)。虽然锂插嵌会导致氧化物基体的晶格参数发生微小变化，但是基体的基本框架还是能够保持。由于钙钛矿型结构的空腔中有许多不同的位点，$Li/Li_xV_6O_{13}$的电动势曲线显示出几个不同的平台，反映了这些不等价位点的顺序填充。图11.20所示的$Li/2Me\text{-}THF$，$LiAsF_6/V_6O_{13}$电池的充放电循环表明该材料具有优异的充放电能力。同时，它还具有良好的倍率性能和较高的理论能量密度(890 $W \cdot h \cdot kg^{-1}$)。因此，V_6O_{13}的高可逆性和倍率性能使其成为极具吸引力的正极材料。

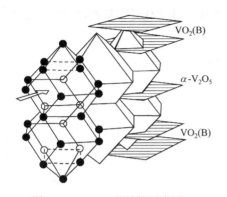

图 11.19 V_6O_{13} 的结构示意图。

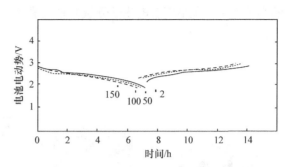

图 11.20 Li/V_6O_{13} 电池的典型充放电曲线
(Abraham、Goldman 和 Dempsey，1981)。

目前，替代性的高能量密度可充电阴极材料已经被开发出来应用于消费电子领域。Mizushima、Jones、Wiseman 和 Goodenough (1980)报道了 Li/Li$_x$CoO$_2$ 电池。如图 11.21 所示，在 $x=1.0$ 时电池的开路电压为 3.8 V，并且随着锂含量的减少，电压递增到 4.7 V 左右。当充电到 4.0 V 时，阴极的化学组成为 Li$_{0.5}$CoO$_2$，与 LiCoO$_2$ 保持同构。LiCoO$_2$ 具有类似于 LiTiS$_2$ 的层状结构，只是前者的阴离子采用立方密堆积而不是六方密堆积。LiCoO$_2$ 和 LiTiS$_2$ 的理想化结构如图 11.22 所示。通过 Co^{3+}氧化为 Co^{4+}，可以从层间可逆地提取锂离子。LiCoO$_2$ 具有较高的理论能量密度(766 W·h·kg^{-1})，是一种极具吸引力的锂二次电池阴极材料。现在，日本 Sony(索尼)公司将该材料用作锂二次电池的阴极并商业化(Mashiko、Yokogawa 和 Nagaura，1991)。该电池由 LiCoO$_2$ 阴极和碳阳极组成：

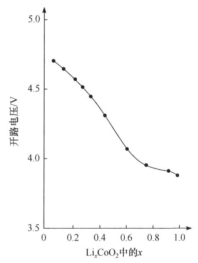

图 11.21 Li/Li$_x$CoO$_2$ 的开路电压随组成 x 的变化关系(Mizushima 等，1980)。

$$Li_xC / PC + DME + LiPF_6 / Li_{1-x}CoO_2 \qquad [11.10]$$

电池首次充电时，LiCoO$_2$ 中的锂移到碳阳极：

$$LiCoO_2 + C \Longrightarrow Li_{1-x}CoO_2 + Li_xC \qquad (11.11)$$

众所周知，锂可以在高温下通过化学反应在石墨中的碳层之间进行插嵌。Mori 等(1989)曾报道锂可以通过电化学插嵌进入热分解形成的碳中，形成 LiC$_6$。Sony 公司所用的碳材料通过聚合物的热分解获得，如糠醇树脂。图 11.23 显示了尺寸为 ϕ20 mm×50 mm 的圆柱形电池的放电曲线，其电流为 0.2 A。在截止电压 3.7 V 时的能量密度为 219 W·h·L^{-1}，比 Ni-Cd 电池高约 2 倍。在 1200 次循环后容量损失只有 30%。值得一提的是，这与 11.2 节中所描述的锂电池有所不同。它称为锂离子电池，因为它不含锂金属，故不存在锂金属电池的安全性和稳定性问题。Sony 公司对这种电池的商业化是多年来电池技术最重要的突破之一，也是固态电化学领域的重大成功。

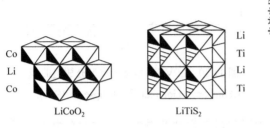

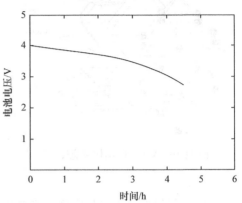

图 11.22　LiCoO$_2$ 和 LiTiS$_2$ 的理想结构　　　　　图 11.23　Li$_x$C/Li$_{1-x}$CoO$_2$ 电池的恒电流(0.2 A)放

　　　　　(Mizushima 等，1980)。　　　　　　　　　　　电曲线。电池尺寸：ϕ20 mm × 50 mm。

11.4　固体氧化物燃料电池

高温固体氧化物燃料电池(SOFCs)作为一种潜在的经济、清洁和高效的发电方法，已经在各种商业和工业应用中引起了极大的兴趣(Singhal，1991)。SOFC 是基于氧离子高温下在固体中传导的能力。早在 1899 年，Nernst 就在 ZrO$_2$-Y$_2$O$_3$(9%，摩尔分数)中观察到了氧离子的电导率。1937 年，Bauer 和 Preis 用这种电解质构建了第一个 SOFC，其氧离子电导率在 1000℃时约为 0.1 S · cm^{-1}。自 20 世纪 60 年代以来，许多氧化物体系作为氧离子导体来研究。SOFC 的电解质必须满足以下要求：高离子电导率、低电子电导率、在高温和氧化还原环境下的化学和物理稳定性，以及易于制备致密膜。图 11.24 显示了几种氧离子导体的电导率随温度的变化关系。基于 CeO$_2$ 和 Bi$_2$O$_3$ 体系的离子电导率较高，但 Ce^{4+}和 Bi^{3+}在较低氧压力下很容易被还原为 Ce^{3+}和 Bi^{2+}价态。测量离子迁移数(t_i)，结果表明在 1000℃下，对于 CeO$_2$-La$_2$O$_3$(11%，摩尔分数)体系，在 P_{O_2} = 0.1 atm 时 t_i=0.92，在 P_{O_2}=10^{-8} atm 时 t_i 只有 0.54。自 20 世纪 60 年代早期以来人们进行了大量的研究，稳定氧化锆作为被发现的第一种具有氧离子导电性的材料，目前仍然是 SOFC 的最佳材料之一。掺杂二价或三价金属氧化物如 CaO、Y$_2$O$_3$ 或 Sc$_2$O$_3$ 能够稳定萤石相的 ZrO$_2$。第 2 章和第 3 章中已经论述了关于掺杂氧化锆电解质的更多细节，以及为开发可在较低温度下工作的替代性氧离子导体所做的努力。为了获得高性能的 SOFC，电解质的阻抗在工作温度下应小于 0.2～0.3 Ω · cm^2。同时，立方相稳定的氧化锆的厚度必须在 0.2～0.3 mm，因为其在 1000℃时的电导率约为 0.1 S · cm^{-1}。目前，稳定的四方相氧化锆也已经通过微粒技术制备得到(Gupta 等，1977)。如表 11.4 所示，该相具有较高的机械强度，因而有望用作 SOFCs 的电解质。

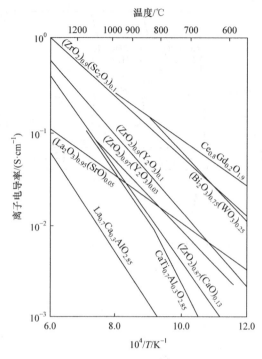

图 11.24 部分氧化物的电导率与温度的依赖关系。

表 11.4 **Y_2O_3(3%，摩尔分数，下同)-ZrO_2(TZP)和 Y_2O_3(8%)-ZrO_2(FSZ)的机械性能和电子电导率**

物质	TZP	FSZ
抗弯强度/MPa	1200	300
断裂韧度/(MN·$m^{-1.5}$)	8	3
电导率(1000℃)/(S·cm^{-1})	6.5×10^{-2}	1.6×10^{-1}

　　SOFC 的工作原理如图 11.25 所示。当对电池施加外部负载时，氧气在多孔空气电极上被还原为氧离子。这些氧离子通过固体电解质迁移到燃料电极，氧离子与燃料 H_2 或 CO 反应，生成 H_2O 或 CO_2。

　　目前有几种不同构型的 SOFCs 正处于研究阶段，如平面、单片和管状几何结构(Singhal，1989；Yamamoto、Dokiya 和 Tagawa，1989)。每种设计的典型构型如图 11.26 所示。截至目前，关于 SOFCs 的大部分研究进展都是通过 Westinghouse 的管状电池取得的。在这种设计中，活性电池组分以薄层的形式(保证全电池具有较低的内阻)沉积在多孔的钙稳定氧化锆支撑管上。表 11.5 总结了电池组分的材料及其制造方法。利用电化学气相沉积技术(Isenberg，1977)能够制备出气密性良好的薄层电解质和连接体。图 11.27 显示了 Westinghouse 的 SOFC 单电池在不同温度下的电压-电流曲线。要建造一个发电机，需要将单个电池并联和串联在一起。研究人员在 1987 年曾现场试验了一个 3 kW 的 SOFC 发电系统(Harada 和 Mori，1988；Yamamoto、Kaneko 和 Takahashi，1988)。该系统包含由 144 个电池单元组成的 SOFC 发电机模块、用于控制发电机温度的空气电预热器，以

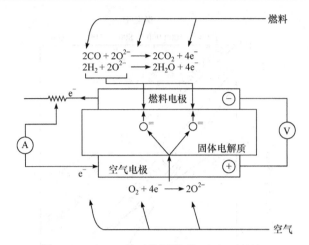

图 11.25 SOFC 的工作原理(Singhal，1989)。

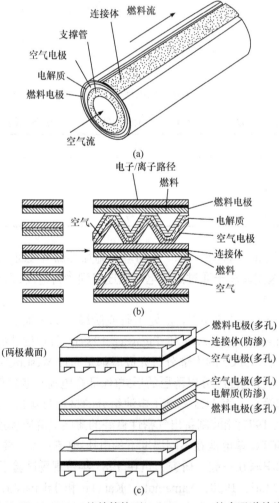

图 11.26 SOFC 构型：(a) Westinghouse 的单管构型；(b) Argonne 的多通道单片构型；(c) 平面构型。

表 11.5　Westinghouse SOFC 的电池组分、材料和加工过程(Singhal，1991)

组分	材料	厚度	加工过程
支撑管	$ZrO_2(CaO)$	1.2 mm	挤出-烧结
空气电极	$La(Sr)MnO_3$	1.4 mm	浆料涂层-烧结
电解质	$ZrO_2(Y_2O_3)$	40 μm	电化学气相沉积
连接体	$LaCr(Mg)O_3$	40 μm	电化学气相沉积
燃料电极	$Ni-ZrO_2(Y_2O_3)$	100 μm	浆料涂层-电化学气相沉积

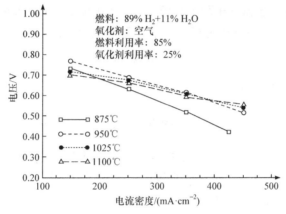

图 11.27　Westinghouse 的 SOFC 单电池在不同温度下的电压-电流曲线(Singhal，1991)。

及空气和燃料处理系统。该系统成功地连续运行了 6 个多月。目前，由 Westinghouse 生产的 25 kW 规模的 SOFC 系统也在接受测试。

采用先进的陶瓷技术，如流延、挤出、热辊压等，能够制造出厚度小于 300 μm 且具有坚固、致密和防渗性能的氧化锆-氧化钇陶瓷电解质薄片。如图 11.26(c)所示，使用这些氧化锆薄片的具有平面构型的 SOFC 已被开发出来(Steele，1987)。通过适当的技术对电极进行沉积，然后将单个薄片堆叠在一起组装多电池单元。掺杂 $LaCrO_3$ 烧结板和金属合金板能够作为连接材料。而玻璃陶瓷组合物能够将薄片密封在一起。Tonen 测试了一台 1 kW 的机组(Sakurada，1991)。虽然平面型 SOFC 在技术和经济上都很有吸引力，但在扩大规模时可能会遇到问题(Steele，1987)。

Argonne 国家实验室首先提出了一种基于瓦楞化单片概念的 SOFC 构型(Fee 等,1986)。其设计简图如图 11.26(b)所示。该电池包含两个三层组件，每个组件都通过流延法依次将阳极材料、电解质或连接材料以及阴极材料结合在一起。经过干燥，组件彼此堆叠，并一起焙烧。单片构型面临的主要问题与共焙烧阶段有关。电极需要保持多孔性，同时电解质 YSZ、连接体和掺杂的 $LaCrO_3$ 必须具有防渗性。其中一个特定的问题与 $LaCr(Mg)O_3$ 有关。为了获得致密、防渗的掺杂 $LaCrO_3$，研究人员尝试了许多方法。Argonne 国家实验室已经开发了一套制造流程以允许该组件在氧化环境中以及适度的温度条件下烧结得到一个致密的防渗层，这套流程包括在 $LaCr(Mg)O_3$ 中添加烧结助剂。但是，至于这些烧结助剂是否会扩散并导致电池退化，只有在长期性能测试时才会显现出来(Steele，1987)。Sakai 等(1990)

报道了铬的轻微缺失能够极大地提高钙掺杂铬酸镧的致密性。

因为高温 SOFCs 的工作温度为 1000℃，所以其电流密度能够高达 $1\,A\cdot cm^{-2}$。但是，Westinghouse 开发的大型管状构型 SOFC 的性能数据并没有预期的那么好。因此，要获得高性能的 SOFC，仍有许多技术和材料问题需要解决。

11.5 固体电解质传感器

根据 Kiukkola 和 Wagner(1957)的一份报告，基于固体电解质的不同类型的传感器已经被开发出来。这些传感器基于两个原理之一：①固体电解质之间的化学势差(电位传感器)；②通过电解质的电荷(安培传感器)。在下列原电池中：

$$\mu'_X / MX / \mu''_X \qquad [11.11]$$

电动势 E 由以下关系式给出

$$E = \frac{1}{Z_X F} \int_{\mu'_X}^{\mu''_X} t_{ion} d\mu_X = -\frac{1}{Z_M F} \int_{\mu'_M}^{\mu''_M} t_{ion} d\mu_M \qquad (11.12)$$

式中，M 和 X 分别表示 MX 电解质中的金属和非金属成分；μ' 和 μ'' 分别为阳极和阴极的化学势；Z 为化合价；F 为 Faraday 常量；t_{ion} 为 MX 中的离子迁移数。对于 $t_{ion}= 1.0$ 的固体电解质，可以将式(11.12)简化为

$$E = (\mu''_X - \mu'_X) / Z_X F = -(\mu''_M - \mu'_M) / Z_M F \qquad (11.13)$$

一般来说，在固体电解质中，离子电导率只在有限的化学势上占优势($t_{ion} = 1$)。因而，电解质的电导域是制约固体电解质在电化学传感器中应用的一个重要因素。

开发程度最高的固体电解质传感器是使用稳定氧化锆电解质的氧气传感器。这种类型的传感器是迄今为止最成功的商业化传感器之一。它们广泛应用于工业，特别是用于分析内燃机的废气。O_2 传感器采用以下构型：

$$Pt, P'_{O_2} / ZrO_2(Y_2O_3) / P''_{O_2}, Pt \qquad [11.12]$$

电池的电动势由下列关系式给出

$$E = -\frac{RT}{4F} \ln \frac{P''_{O_2}}{P'_{O_2}} \qquad (11.14)$$

式中，P'_{O_2} 为测试气体中氧气的分压；P''_{O_2} 为参考气体(一般为空气)中氧气的分压。因为参考室中的氧气含量是固定的，所以通过测量电池的电动势，可以根据式(11.14)确定化学势和测试气体中的氧气浓度。汽车发动机在化学计量空气/燃料比(A/F)下运行，既提高发动机效率，又能降低尾气中 CO、NO_x 等有毒气体的含量。为了降低废气中 NO_x 的含量，A/F 通常控制在化学计量比的几个百分点以内。废气还要通过三相催化体系以进一步降低 NO_x 含量。该传感器典型的电动势与 A/F 的函数关系如图 11.28 所示(Fleming, 1977)。电极是附着铂黑的稳定氧化锆管。阳极和阴极的铂在催化反应中起重要作用。在缺少有效催化剂的情况下，A/F-电动势曲线不会出现急剧的变化。

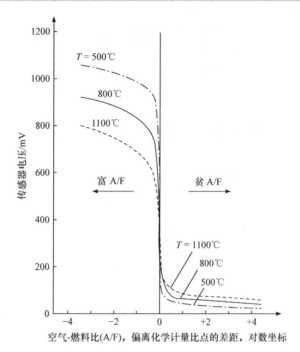

图 11.28 废气、Pt 稳定的 ZrO₂/Pt，空气电池的理想传感器电压曲线(Fleming，1977)。

基于稳定的氧化锆作为氧气泵的几个氧气传感器已经被报道(Hetrick、Fate 和 Vassell，1981)。这种类型的氧气传感器能够测试发动机进行稀薄燃烧后排放的废气中的氧分压。NGK 提出了传感器的工作原理，如图 11.29 所示(Soejima 和 Mase，1985)。该传感器由两个电池组成：一个泵浦电池和一个传感电池。通过控制流经泵浦电池的泵浦电流，废气中的过量氧气或燃料通过具有特定扩散阻力的缝隙到达泵浦电池的内部电极，并完全消耗在泵浦电池的内部电极表面。在这种情况下，通过泵浦电池转换的氧气量与泵浦电流成正比。因此，通过测量泵浦电流，可以获得废气中过量氧气或燃料的含量。同时，另一个电池作为氧气传感电池，对缝隙和参比气体(空气)之间的气体中的氧气分压进行检测。这种新型的安培型氧气传感器电池适用于贫和富 A/F 条件。图 11.30 给出了不同 A/F 下泵浦电流和电动势之间的典型关系。将传感器置于 310℃丙烷燃烧器的废气中，测量传感电池的电动势。将传感电池的电动势维持在 0.2～0.6 V，通过测试泵浦电流，可以连续探测富燃区和贫燃区。

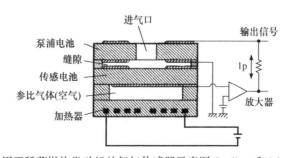

图 11.29 用于稀薄燃烧发动机的氧气传感器示意图(Soejima 和 Mase，1985)。

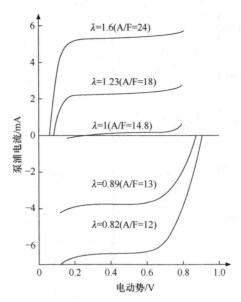

图 11.30　在不同 λ[=(空气/燃料比)/(理论空气/燃料比)]下稀薄燃烧传感器的泵浦电流与电动势的关系
(Soejima 和 Mase，1985)。

　　为降低固体电解质氧气传感器的工作温度，研究人员又提出了氟化物电解质。这样的传感器由下列电池组成(Sibert、Fouletier 和 Vilminot，1983)：

$$Sn, SnF_2 / PbSnF_4 / Pt, P_{O_2} \qquad\qquad [11.13]$$

其中，Sn/SnF_2 为参比电极，$PbSnF_4$ 为良好的氟离子导体。氧气通过 $PbSnF_4$ 和 Pt 电极界面扩散的准平衡条件能够得出 Nernst 电动势。而且，由于 F^- 的平衡，该 Nernst 电动势可以加到 $Sn/SnF_2/PbSnF_4$ 的常数项上。电位差 E 可以根据氧气的分压来测量：

$$E = E^\circ + \frac{kT}{2e}\ln P_{O_2} - \frac{1}{e}\left(\delta\mu_{O^{2-}} - \delta\mu_{F^-}\right) \qquad\qquad (11.15)$$

式中，$\delta\mu_{O^{2-}}$ 和 $\delta\mu_{F^-}$ 表示在 $PbSnF_4/Pt$ 界面附近的氧离子和氟离子的化学势的可能变化。

　　目前，能够检测其他气体(H_2、SO_2、CO_2 等)的传感器也已经被开发出来(参见《第 8 届国际固态离子学会议论文集》)。

11.6　电致变色器件(ECDs)

　　电致变色可以定义为外加电场或电流诱导下的材料颜色变化。固体化合物中的一些离子可以通过电致变色被还原或氧化(氧化还原)，从而导致颜色的变化。WO_3 和 MoO_3 固体膜已被广泛用于此目的。电致变色反应可表示为

$$xA^+ + MO_y + xe^- \Longrightarrow A_xMO_y \qquad (A=H、Li) \qquad\qquad (11.16)$$

其中，阳离子 A^+ 和电子 e^- 插入主体氧化物 MO_y 中，从而产生非化学计量比化合物 A_xMO_y。对于 WO_3 来说，A_xWO_3 的颜色是蓝色的。目前，大部分研究工作都集中在使用水系或有

机电解质将质子或锂注入 WO_3 中，也研究了将 $RbAg_4I_5$、$\beta\text{-}Al_2O_3$、$HUO_2PO_4\cdot4H_2O$ 和聚合物电解质用作 ECD 固体电解质。由 Green 和 Richman(1974)开发的使用 $RbAg_4I_5$ 的 ECD 构型为

$$Ag\,/\,RbAg_4I_5\,/\,WO_3,ITO \qquad\qquad [11.14]$$

从 WO_3 阴极看，电池最初是白色的。当在涂覆 WO_3 的 ITO(导电但透明的 Sn 掺杂 In_2O_3)上施加一个直流电压时，$RbAg_4I_5$ 覆盖的区域变成蓝色。即使去掉电压，薄膜仍然不褪色。

当前，人们对电致变色光传输调制器(称为"智能窗")越来越感兴趣，这种调制器可以用于调控建筑物和汽车的温度和亮度。图 11.31 所示为电致变色光传输调制器的横截面(Rauh 和 Cogan，1988)。该结构的两个电致变色元件分别为 EC1 和 EC2，它们被夹在两个透明 ITO 薄膜电极之间，并被电解质隔开。当施加一个负电势时，EC1 层显色；并且，EC2 层在正电势下也会显色或保持透明状态。这个现象可用以下化学反应表示：

$$\left.\begin{aligned}
&\left(EC1\right)+xM+xe^- \Longleftrightarrow M_x\left(EC1\right)\\
&\quad(\text{退色}) \qquad\qquad\qquad\quad (\text{显色})\\
&M_x\left(EC2\right) \Longleftrightarrow xM^+ +xe^- +\left(EC2\right)\\
&\quad(\text{退色}) \qquad\qquad\qquad (\text{显色或退色})
\end{aligned}\right\} \qquad (11.17)$$

WO_3 和 MoO_3 的多晶薄膜是制备 EC1 层的理想材料(Goldner 等，1988)。WO_3 已被广泛应用于电致变色显示器。V_2O_5、Nb_2O_5 和 In_2O_3(Goldner 等，1988)，IrO_2 和 NiO(Nagai，1990)是比较有前景的 EC2 层候选材料。

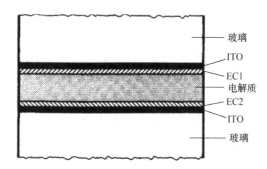

图 11.31　电致变色光传输调制器(智能窗)的横截面(Rauh 和 Cogen，1988)。

室温下电解质层在工作光谱窗口范围内($0.35\ \mu m < \beta < 1.5\ \mu m$)应具有较高的离子($H^+$ 或 Li^+)电导率和较低的电子电导率。在确定用于固体电解质层的候选材料中，$LiNbO_3$ 玻璃态薄膜(Goldner 等，1988)、水合 Ta_2O_3(Nagai，1990)和聚氧乙烯-H_3PO_4(Pedone、Armand 和 Deroo，1988)前景较好。图 11.32 显示了 Goldner 等(1988)报道的透射度随波长变化的典型曲线。每层的材料为：EC1 = WO_3，电解质= $LiNbO_3$，EC2 = In_2O_3。该器件在近红外和可见光谱部分表现出良好的光谱选择性透过。即使该器件在+3 V 之间转换超过 3000 次，其光学和电化学性能也几乎没有可检测的变化。

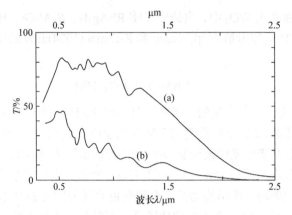

图 11.32 智能窗 ITO/WO₃/LiNbO₃/V₂O₅/In₂O₃ 的透射率 $T(\%)$ 与波长 λ 的关系: (a) 退色态; (b) 显色态 (Goldner 等, 1988)。

电子导电聚合物在电致变色器件中也扮演着重要的电极角色, 在第 9 章已有描述。

11.7 电化学电位记忆器件

电化学电位记忆器件由 Takahashi 和 Yamamoto(1973)提出。日本 Sanyo 电子公司的 Ikeda 和 Tada(1980)对这种器件进行了广泛开发, 并已实现商用。器件结构为

$$\mathrm{Ag}(1)/\mathrm{Ag_6I_4WO_4}/\underset{\underset{\mathrm{Pt}}{\uparrow}}{\mathrm{Pt}}(\mathrm{Ag_2Se})_{0.925}(\mathrm{Ag_3PO_4})_{0.075}/\mathrm{Ag_6I_4WO_4}/\mathrm{Ag}(2) \qquad [11.15]$$

其中, $(\mathrm{Ag_2Se})_{0.925}(\mathrm{Ag_3PO_4})_{0.075}$ 为混合物导体, 它在 25℃时具有较高的离子电导率 (0.13 S·cm⁻¹)和电子电导率(10^3 S·cm⁻¹)(Takahashi 和 Yamamoto, 1972)。25℃时 $\mathrm{Ag_6I_4WO_4}$ 的 Ag⁺电导率为 0.047 S·cm⁻¹, 并且具有极低的电子电导率(Takahashi、Ikeda 和 Yamamoto, 1972)。通入直流电从电池[11.15]中的铂电极到 Ag(1)电极, 一定数量的银从混合物导体相转移到银电极, 会降低混合物导体中阳离子与阴离子的比值。如果电流的方向相反, 则比值增大。混合物导体中银的化学势(μ_{Ag})与参比电极 Ag(2)和铂电极之间的电位差(E)有关:

$$-EF = \mu_{\mathrm{Ag}} - \mu_{\mathrm{Ag}}^{\circ} \qquad (11.18)$$

式中, $\mu_{\mathrm{Ag}}^{\circ}$ 为纯银的化学势; F 为 Faraday 常量。根据 Takahashi 和 Yamatomo(1973)所做的理论计算, 通过电池的库仑数 q 与 E 之间的关系为

$$q/x = 16.0\left[f(8.48) - f(-39.3E + 8.48)\right] \qquad (11.19)$$

式中, x 为混合物导体中阴离子的摩尔数; f 为 Fermi-Dirac 函数。Fermi-Dirac 函数 $f(\eta)$ 在 η 的偏差较小时可简化为 η 的线性函数, 则式(11.19)可用以下简单公式表示:

$$q/x = 1810 \times E \qquad (11.20)$$

该式表明, 通过电池的电荷量增加时, E 也随之线性增大。电池等温线的计算结果和实验

结果如图 11.33 所示，其中直线和圆圈分别表示计算结果和实验结果。结果表明，实验值与计算值较为吻合，并在 0～10 mV 呈良好的线性关系。

Sanyo 电子公司生产的记忆器件的实际构型如图 11.34 所示(该器件的商品名称为 Memoriode)。电流通过阳极引线和阴极引线之间，然后探测阴极引线和电位引线之间的电压。该器件的重要特性是能够保持并记忆电压。在保持 48 h 后，电压变化为 0.3 mV，电压的温度系数为 $-10\sim+40$ $\mu V \cdot \degree C^{-1}$。在循环 10^6 次后，器件的寿命特性几乎没有显示出任何容量变化，展示了非常高的可靠性。

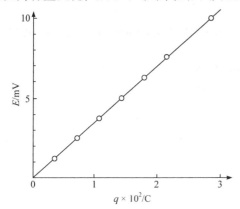

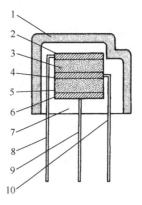

图 11.33　电池 Ag/RbAg$_4$I$_5$/(Ag$_2$Se)$_{0.925}$(Ag$_3$PO$_4$)$_{0.075}$ (0.484 g)在 25℃下的 *E-q* 曲线。圆圈代表实验数值，实线代表理论等温线(Takahashi 和 Yamamoto，1973)。

图 11.34　电化学电位记忆器件示意图(Ikeda 和 Tada，1980)。
1. 树脂外壳；2. 电位探测电极；3. 固体电解质 (Ag$_6$I$_4$WO$_4$)；4. 阴极(Ag$_2$S)$_{0.925}$(Ag$_3$PO$_4$)$_{0.075}$；5. 固体电解质(Ag$_6$I$_4$WO$_4$)；6. 银；7. 塑料封装；8. 探测用电位引线；9. 阳极引线；10. 阴极引线

参 考 文 献

Abraham, K. M., Goldman, J. L. and Dempsey, M. D. (1981) *J. Electroch. Soc.*, **128**, 2493-2500.

Akridge, J. R. and Vourlis, H. (1986) *Solid State Ionics*, **18/19**, 1082-7.

Argue, G. R. and Owens, B. B. (1968) *Abstracts, 133rd National Meeting of the Electrochemical Society, Boston, Mass*, No. 281, Electrochemical Society.

Bauer, E. and Preis, H. (1937) *Z. Elektrochem.*, **44**, 727-32.

Bradley, J. N. and Green, P. D. (1967) *Trans. Farad. Soc.*, **63**, 424-30.

Brummer, S. B. (1984) in *Lithium Battery Technology*, Ed. H. V. Venkatasetty, John Wiley and Sons, New York, p. 159.

Dudley, G. J., Cheung, K. Y. and Steele, B. C. H. (1980) *J. Solid State Chem.*, **32**, 269.

Fee, D. C. *et al.* (1986) *Fuel Cell Seminar Abs.*, *Tuscon, USA*, p. 40.

Fischer, W. (1989) in *High Conductivity Solid Ion Conductors: Recent Trends and Applications*, Ed. T. Takahashi, World Scientific, Singapore, p. 595.

Fleming, W. J. (1977) *J. Electrochem. Soc.*, **124**, 21-8.

Geller, S. (1976) *Science*, **157**, 21-8.

Goldner, R. B. *et al.* (1988) *Solid State Ionics*, **28/30**, 1715-21.

Green, M. and Richman (1974) *Thin Solid Films*, 24S45.

Gupta, N. K. and Tischer, R. P. (1972) *J. Electrochem. Soc.*, **119**, 1033-7.

Gupta, T. K., Bechtold, J. H., Kuznickl, R. C., Gadoff, L. H. and Rossing, B. R. (1977) *J. Mat. Sci.*, **12**, 2421.

Harada, M. and Mori, Y. (1988) *National Fuel Cell Seminar Abstract*, Courtesy Associates, Inc., Washington DC, p. 18.

Hetrick, R. E., Fate, W. A. and Vassell, W. C. (1981) *Sensors and Actuators Engineering*, Technical Paper Series No. 810433.

Holmes, O. F. (1986) *Batteries for Implantable Biomedical Devices*. Ed. B. B. Owens, Plenum Press, New York, p. 130.

Ikeda, H. and Tada, K. (1980) *Applications of Solid Electrolytes*, Eds. T. Takahashi and A. Kozawa, JES Press Inc., Cleveland, USA.

Isenberg, A. O. (1977) in *Electrode Materials and Processes for Energy Conversion and Storage*, Eds. J. D. E. McIntyre, S. Srinivasan and F. G. Will, The Electrochemical Society, Inc., Princeton, NJ, p. 572.

Kanno, R., Takeda, Y., Oda, Y., Ikeda, H. and Yamamoto, O. (1986) *Solid State Ionics*, **18/19**, 1068-72.

Kanno, R., Takeda, Y., Oya, M. and Yamamoto, O. (1987) *Mat. Res. Bull.*, **22**, 1283-90.

Kapfer, B., Gauthies, M. and Belanger, A. (1990) in *Proceedings of the Symposium on Primary and Secondary Lithium Batteries*, Eds. K. M. Abraham and M. Salomon, The Electrochemical Society, Inc., Pennington, p. 227.

Katayama, M. (1908) *Z. Phys. Chem.*, **61**, 566-87.

Kiukkola, K. and Wagner, C. (1957) *J. Electrochem. Soc.*, **104**, 379-87.

Liang, C. C. (1973) *J. Electrochem. Soc.*, **120**, 1289-92.

Linfold, R. G. (1991) in *Solid State Material*, Eds. R. Radhakrishna and G. Daud, Narosa Pub., New Delhi, p. 30.

Mashiko, E., Yokokawa, M. and Nagaura, T. (1991) in *Extended Abstract of the 32nd battery Symposium in Japan*, pp. 31-2.

Mizushima, K., Jones, P. C., Wiseman, P. J. and Goodenough, J. B. (1980) *Mat. Res. Bull.*, **15**, 783-9.

Mori, M. *et al.* (1989) *J. Power Sources*, **26**, 545.

Nagai, J. (1990) *Solid State Ionics*, **40/41**, 383-7.

Ohtsuka, H., Okada, S. and Yamaki, J. (1990) *Solid State Ionics*, **40/41**, 964-6.

Ohtsuka, H. and Yamaki, J. (1989) *Solid State Ionics*, **35**, 201-6.

Owens, B. B. (1971) in *Advances in Electrochemistry and Electrochemical Engineering*, Vol. 8, Eds. P. Delahay and C. W. Tobias, Wiley-Interscience, New York, p. 1.

Owens, B. B. and Argue, G. R. (1967) *Science*, **157**, 308-9.

Owens B. B. and Skarstad, P. M. (1979) in *Fast Ion Transport in Solid*, Eds. P. Vashishta *et al.*, North-Holland, New York, p. 61.

Pedone, D., Armand, M. and Deroo, D. (1988) *Solid State Ionics*, **29/30**, 1729-32.

Proceedings of the 8th International Conference on Solid State Ionics (1991) Lake Louise, Canada, Eds. P. S. Nicholson, M. S. Whittingham, G. C. Farrington, W. W. Smeltzer and J. Thomas, North-Holland, Amsterdam.

Rauh, R. D. and Cogan, S. F. (1988) *Solid State Ionics*, **28/30**, 1707-14.

Reuter, B. and Hardel, K. (1961) *Naturwissenschaften*, **48**, 161.

Sakai, N., Kawada, T., Yokokawa, H., Dokiya, M. and Iwata, T. (1990) *Solid State Ionics*, **40/41**, 394-7.

Sakurada, S. (1991) in *Proceedings of the Second International Symposium on Solid Oxide Fuel Cells*, Eds. F. Grosy, P. Segers, S. C. Singhal and O. Yamamoto, pp. 45-54.

Shahi, K., Wagner, J. B. and Owens, B. B. (1983) in *Lithium Batteries*, Ed. J. P. Gabano, Academic Press, London, p. 407.

Sibert, E., Fouletier, J. and Vilminot, S. (1983) *Solid State Ionics*, **9/10**, 1291-4.

Singhal, S. C. (Ed.) (1989) *Solid Oxide Fuel Cell*, The Electrochemical Society, Inc., Pennington, NJ.

Singhal, S. C. (1991) in *Proceeding of the Second International Symposium on Solid Oxide Fuel Cells*, Eds. F. Grosy, P. Segers, S. C. Singhal and O. Yamamoto, p. 25.

Soejima, S. and Mase, S. (1985) *Sensors and Actuators Engineering*, Technical paper series No. 850378.

Steele, B. C. H. (1987) in *Ceramic Electrochemical Reactors*, Ceramic, London.

Takada, K., Kanbara, T., Yamamura, Y. and Kondo, S. (1990) *Solid State Ionics*, **40/41**, 988-92.

Takahashi, T. and Yamamoto, O. (1966) *Electrochem. Acta*, **11**, 779-89.

Takahashi, T. and Yamamoto, O. (1972) *J. Electrochem. Soc.*, **119**, 1735-40.

Takahashi, T. and Yamamoto, O. (1973) *J. Appl. Electrochem.*, **3**, 129-35.

Takahashi, T., Ikeda, S. and Yamamoto, O. (1972) *J. Electrochem. Soc.*, **120**, 647-51.

Takahashi, T., Yamamoto, O., Yamada, S. and Hayashi, S. (1979) *J. Electrochem. Soc.*, **126**, 1655-8.

Tofield, B. C., Dell, R. M. and Jensen, J. (1984) *Energy Conservation Industry*, **2**, 120-4.

Weber, N. and Kummer, J. T. (1967) *Advanced Energy Conversion*. ASME conference, p. 916.

Whittingham, M. S. (1982) in *Intercalation Chemistry*, Ed. M. S. Whittingham, Academic Press, New York, p. 1.

Whittingham, M. S. and Silbernagel, B. G. (1977) in *Solid Electrolyte*, Eds. W. van Gool, and P. Hagenmuller, Academic Press, New York.

Wilhelmi, K. A., Waltersson, K. and Kihlburg, L. (1971) *Acta Chem. Scand.*, **25**, 2675.

Yamamoto, O., Dokiya, M. and Tagawa, H. (Eds.) (1989) *Solid Oxide Fuel Cells*, Science House Co. Ltd., Tokyo, Japan.

Yamamoto, O., Kaneko, S. and Takahashi, H. (1988) *National Fuel Cell Seminar Abstracts*, Courtesy Associates, Inc., Washington DC, p. 25.

Yao, Y. F. and Kummer, J. T. (1967) *J. Inorg. Nucl. Chem.*, **29**, 2456.

英汉词汇对照

crystalline electrolytes 晶体电解质
　alkali ion conductors 碱金属离子导体
　β-aluminas β-氧化铝
　conduction activation energy 传导活化能
　conduction mechanisms 传导机理
　conductivity spectrum 电导谱
　criteria for cell use 电池的使用标准
　defined 定义
　disordered sublattice 无序亚晶格
　doping 掺杂
　electronic energies 电子能级
　fluoride ion 氟离子
　hopping rates 跃迁速率
　intrinsic energy gap 固有能隙
　ion-trapping effects 离子捕获效应
　ionic conductivity 离子电导率
　ionic energies 离子能
　motional enthalpy 迁移焓
　oxide ion conductors 氧离子导体
　potential energy profiles 势能曲线
　proton 质子
　proton conductors 质子导体
　proton movements 质子迁移
　silver, α-AgI 银，α-AgI
　stoichiometric compounds 化学计量比化合物
　survey 调研
　trapping energies 捕获能
crystalline PEO see PEO 结晶 PEO，见 PEO
crystallisation suppression 结晶抑制
current 电流
　steady-state 稳态
　and surface roughness 和表面粗糙度
current fraction 电流分数
current and overpotential 电流和过电位
cyclic voltammetry 循环伏安法

D

d orbitals d 轨道
dc polarisation 直流极化
　linearity limit 线性上限
　and mobile associated ions 和可移动缔合离子
Debye length 德拜长度
Debye-Falkenhagen effect 德拜-福尔肯哈根效应
decoupling index 去偶联指数

defect formation, glasses 缺陷形成，玻璃态电解质
defect migration, glasses 缺陷迁移，玻璃态电解质
defects, and conductivity 缺陷，和电导率
dielectric constant 介电常数
　polymer host 聚合物主体
　relative, of glasses 相对的，玻璃态电解质中
dielectric screening 介电屏蔽
differential capacity 微分容量
diffraction, in cation solvation studies 衍射，在阳
　离子溶剂化研究中
diffusion 扩散
　doping process 掺杂过程
　enhancement 改善
　impedance response 阻抗响应
diffusion coefficient 扩散系数
diffusion layers, electrolyte 扩散层，电解质
diffusivity 扩散率
dipole generation 偶极产生
dipoles, and ion clustering; see also quadrupoles 偶
　极，和离子团簇；见四极
discharge, Ag_3SI cell 放电，Ag_3SI 电池
disorder 无序
dispersion region 弥散区域
dissociation, incomplete 解离，不完全
dissociation equilibria, glasses 解离平衡，玻璃态
　电解质
distortion, conducting channels 畸变，导电通道
LISICON 锂超离子导体
domains, free energy 畴，自由能
doping 掺杂
　activation energy 活化能
　aliovalent 异价
　band structure 能带结构
　composites 复合材料
　conducting polymers 导电聚合物
　　kinetics 动力学
　　monitoring 监测
　counter ion 反离子
　crystalline electrolytes 晶体电解质
　cyclic voltammetry studies 循环伏安法研究
　diffusion 扩散
　heterocyclic polymers 杂环高分子
　ideal ion size 理想离子尺寸
　low-temperature conductivity 低温电导率

intercalation 插嵌
  band-filling 能带填充
  Cu cell 铜电池
  expansion during 过程中的膨胀
  local environment 局域环境
  non-electronic 非电子的
  polymer electrode similarities 与聚合物电极的
    相似性
  staging 阶梯化
  see also host; lattice-gas models; polyacetylene
    见主体；晶格-气体模型；聚乙炔
intercalation compounds 插嵌化合物
  1-D host, 3-D sites 一维主体，三维位点
  2-D systems 二维体系
  3-D structure,1-D tunnels 三维结构，一维通道
  3-D systems 三维体系
  lithium 锂
intercalation electrodes 插嵌电极
  discovery 进展
  see also electrodes 见电极
interface 界面
  blocking metallic 金属阻塞
  Helmholz model 亥姆霍兹模型
  investigation methods 测量方法
  low ion concentration 低离子浓度
  non-blocking 非阻塞
    complex metallic 复杂金属
    multiple charge 多个电荷
    single charge 一个电荷
  non-metal contact models 非金属接触模型
  potential 电势
interfacial measurement 界面测量
  surface film 表面膜
  surface roughness 表面粗糙度
intermediate species 中间价态物种
internal resistance, cell 内阻，电池
interstitial pair 间隙离子对
  formation 形成
  ionic displacement 离子迁移
interstitialcy 推填机理
  conduction 传导
    alkali ion 碱金属离子
  indirect 间接
  migration 迁移

see also mobile ion sublattice 见可移动离子亚
    晶格
iodine 碘
ion 离子
  concentration at electrode 电极处浓度
  dilute, and conductivity 稀释，和电导率
  electrostatic interaction, polymer/salt dissolution
    静电相互作用，聚合物/盐的溶解
  free 自由
  mobile, low concentration 可移动，低浓度
  thermal vibration 热振动
  triple, motion of 三离子聚集体，运动
ion aggregation 离子聚集
  and molar conductivity 和摩尔电导率
ion association 离子缔合
  and dc polarization 和直流极化
  and molar conductivity 和摩尔电导率
  polymer electrolytes 聚合物电解质
ion atmosphere 离子氛
ion clustering 离子簇
ion conduction, fast 离子传导，快速
ion coupling 离子耦合
ion entropy 离子的熵
ion flux 离子通量
ion hopping see hopping 离子跃迁，见跃迁
ion interaction 离子相互作用
  elastic 弹性
  layered compounds 层状化合物
  long-range 长程
  short-range 短程
ion-ion relaxation effects 离子间的弛豫效应
ion migration 离子迁移
  cooperative 协同
  electrostatic barrier, see also interstitialcy
    mechanism 静电势垒，见推填机理
ion movement 离子的运动
  and segmental motion 和链段运动
  see also Wagner factor 见瓦格纳因子
ion pair 离子对
  dc polarisation linearity 线性范围内的直流极化
  solvent separated 溶剂间隔
ion retardation 离子运动受到阻碍
ion segregation, PbF$_2$ 离子分离，PbF$_2$
ion transport 离子传输

PEO salt   PEO 盐

polymer-salt   聚合物-盐

solid electrolytes   固体电解质

superionic conductor *see* LISICON   超离子导体，见锂超离子导体

lithium cells   锂电池

glass   玻璃

intercalation   插嵌

polymer   聚合物

rechargeable   可充电的

charge-discharge rate   充放电速率

charging   充电

energy content   能量含量

self-discharge   自放电

secondary   二次

solid electrolyte   固体电解质

lithium ion   锂离子

conductivity enhancement   电导率增强

mobility   迁移率

load levelling   负荷调控

localised systems   局域体系

lone-pair electrons, and proton movements   孤对电子，和质子迁移

M

Madelung energy   马德隆静电能

magnesium   镁

MgO, energy level diagrams   MgO，能级图

and polyelectrolytes   和聚电解质

manganese energy levels   锰能级

mean-field theory   平均场理论

short range   短程

MEEP   聚二(甲氧乙氧乙氧基)磷腈

memory device   记忆器件

metal/electrolyte contact   金属/电解质接触

metastability   亚稳态

microbalance studies   微天平研究

migration   迁移

mixed alkali effect   混合碱金属效应

mixed anion effect   混合阴离子效应

mixing enthalpy   混合焓

mobile ion sublattice   可移动离子亚晶格

disordered (α-AgI)   无序化(α-AgI)

mobility   迁移率

general   一般的

non-electroactive components   非电活性组分

molar conductivity   摩尔电导率

molar free energy, and conductivity   摩尔自由能，和电导率

molybdenum   钼

motion   运动

crank-shaft   曲轴扭转

segmental   链段

Mott transition   莫特转变

N

NASICON   钠超离子导体

framework structure   框架结构

Nernst-Einstein relationship   能斯特-爱因斯坦关系

network formers   网络形成体

network modifiers   网络修饰体

network polymers   网络状高分子

NGK, oxygen sensor   NGK，氧气传感器

niobium cell   铌电池

NMR, pulsed field gradient   NMR，脉冲梯度场

non-blocking electrodes   非阻塞电极

and surface roughness   和表面粗糙度

see also impedance   见阻抗

non-blocking interface   非阻塞界面

complex metallic   金属配合物

O

ohmic resistance   欧姆电阻

Onsager's equations   昂萨格方程

optical absorption, and doing monitoring   光学吸收，和监测

optical display *see* electrochromic display   光学显示器，见电致发光显示器

optical memory   光学记忆

order parameters, order-disorder transition   有序参数，有序-无序转变

order-disorder transition   有序-无序转变

overpotential   过电位

current   电流

multiple mobile charge   多种可移动电荷

resistance   电阻